U0269515

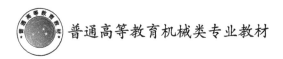

普通高等教育机械类专业教材

工程机械底盘理论与性能

王海飞　主　编

朱雅光　马鹏宇　**副主编**

人民交通出版社股份有限公司

北　京

内 容 提 要

本书为普通高等教育机械类专业教材之一。本书系统介绍了工程机械的行驶理论、传动原理和匹配原则、转向原理和稳定性分析等内容,共 12 章。主要分述了工程机械的基本概念,履带式车辆、轮式车辆的行驶理论,步行式底盘理论,柴油机在变负荷工况下的性能,液力传动工作原理与性能分析,行走液压驱动系统的工作原理与性能,行走电驱动系统的工作原理与性能,工程车辆的牵引性能和动力性能,牵引性能参数的合理匹配,工程机械转向理论,车辆的稳定性与通过性方面的内容。

本书主要作为高等院校工程机械、农业机械、特种车辆等相关专业的教材,也可作为相近专业的教材或教学参考书,同时还可供相关专业硕士研究生使用参考。

图书在版编目(CIP)数据

工程机械底盘理论与性能/王海飞主编. —北京:
人民交通出版社股份有限公司,2023.12
ISBN 978-7-114-19078-0

Ⅰ.①工… Ⅱ.①王… Ⅲ.①工程机械—底盘—高等学校—教材 Ⅳ.①TU6

中国国家版本馆 CIP 数据核字(2023)第 218180 号

Gongcheng Jixie Dipan Lilun yu Xingneng
书　　名:工程机械底盘理论与性能
著 作 者:王海飞
责任编辑:钟　伟　李佳蔚
责任校对:赵媛媛
责任印制:张　凯
出版发行:人民交通出版社股份有限公司
地　　址:(100011)北京市朝阳区安定门外外馆斜街 3 号
网　　址:http://www.ccpcl.com.cn
销售电话:(010)59757973
总 经 销:人民交通出版社股份有限公司发行部
经　　销:各地新华书店
印　　刷:北京虎彩文化传播有限公司
开　　本:787×1092　1/16
印　　张:14.625
字　　数:333 千
版　　次:2023 年 12 月　第 1 版
印　　次:2023 年 12 月　第 1 次印刷
书　　号:ISBN 978-7-114-19078-0
定　　价:50.00 元

随着工业机器人在生产制造工程中产生积极作用，工程建设需要更智能、自动化水平更高的工程机械，以提升施工质量、效率，保障安全性。除了传统的履带式、轮式移动方式，工程机械还需要更灵活的多足行走方式来适应崎岖不平的野外环境。因此，步履式、足式行走机构的运动学和动力学成为工程机械的重点研究方向之一。而新技术、新工艺和新材料的突破提高了液压元件的可靠性，液压传动取代了传统机械传动和液力传动，成为工程机械底盘应用的主流，设计良好的液压系统有助于实现工程机械的自动化和智能化。近年来，随着半导体技术和高能量高密度电池的发展，电传动技术在装甲车、装载机和矿车等工程车辆上得到广泛应用，逐步替代液压传动，其可通过软电缆连接动力源，具有简化系统、提高传动效率和可控性的优势，是实现节能减排目标的基础，为工程机械领域的可持续发展提供支持。

基于此，长安大学工程机械学院开发了"工程机械底盘理论与性能"课程，其是长安大学特色课程，探讨了工程机械中发动机、底盘（包括传动系统和行走机构）、工作装置之间的相互联系和相互制约关系，采用理论力学方法，分析工程车辆底盘各部件的运动和受力状态，深入研究车辆系统的工作原理，利用计算和试验来探究行走机构与地面的相互作用规律，论述了工程机械各部件之间的关系，分析了使用性能以及这些性能与各总成参数之间的联系，同时强调了参数之间的合理匹配。"工程机械底盘理论与性能"课程对于理论力学、机械原理、发动机理论、液压传动、车辆底盘构造等相关课程具有重要意义，是专业核心课的基础准备，是机械工程、机械电子工程、机械设计及其自动化等专业不可或缺的专业基础课。

本教材为"工程机械底盘理论与性能"课程的配套教材，是《工程机械底盘理论》一书的延伸。本教材共 12 章,第 1~3 章、第 5~7 章、第 9~12 章由王海飞编写,第 4 章由朱雅光编写,第 8 章由马鹏宇编写,李涛、宋云飞参与了插图绘制及文稿整理。

本教材的出版得到长安大学教务处的大力支持,长安大学工程机械学院诸多老师在编写过程中给予宝贵意见,同时,本书也参考了国内外诸多学者公开发表的资料,在此一并表示感谢。

由于编者水平有限,书中有错误或不当之处,欢迎读者批评指正。

编　者
2023 年 9 月

目录 Contents

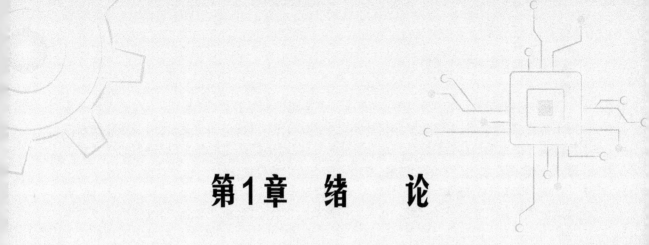

第1章 绪 论

为便于学生学习和了解工程机械底盘理论,有必要对这门课程发展的概况以及所涉及的内容作简要叙述。

1.1 工程机械的定义及类型

工程机械是指用于进行建筑、土木工程、交通运输、资源开发和生产制造等工程项目建设的机械设备。这些机械设备在施工和生产过程中,可以完成挖掘、起重、运输、压实、拆除、混凝土搅拌、道路施工等各种工作任务。工程机械广泛应用于各类建筑工程、道路建设、隧道挖掘、矿山开采、农业生产等领域。按工程机械的用途可以分成11类:

(1)挖掘机械:挖掘机械是一类用于挖掘、开挖、运输和搬运土壤、岩石和其他材料的机械设备。这些机械通常用于土木工程、矿山、建筑工地、道路施工、农业和其他相关领域。挖掘机械具有强大的挖掘能力和灵活性,可以完成各种规模和类型的工程任务。例如:挖掘机用于土方开挖、挖掘和装载作业;装载机用于装载、搬运和推土作业;推土机用于土地平整和推土作业。

(2)压实机械:压实机械是一类用于压实土壤、砂石、沥青混凝土和其他材料的机械设备。这些机械主要应用于道路、桥梁、建筑工地、堤坝、机场跑道等工程中,以增加地基、路面或其他结构的密实度和稳定性。例如:压路机用于道路、场地等地表层的压实作业。

(3)起重机械:起重机械是一类用于吊装、搬运和卸载重物的机械设备。这些机械通常用于建筑工地、港口、船舶、工厂、物流仓储等场所,以提供高效、安全的重物搬运解决方案。例如:塔式起重机广泛应用于建筑工地,用于吊装和搬运重物;履带式起重机由履带式底盘驱动,适用于复杂地形,也用于吊装重物。

(4)混凝土机械:混凝土机械是一类专用于混凝土生产、搅拌、输送、浇筑和成型等工艺的机械设备。这些机械通常用于建筑工地、基础工程、道路建设、桥梁施工、水利工程等领域,以满足混凝土制作和施工的需求。例如:混凝土运输搅拌车用于搅拌混凝土,并将混凝土从工地现场运输到目的地;混凝土泵车用于将混凝土泵送到需要的高层或远距离施工位置,提高了混凝土的输送效率。

(5)钻探机械:钻探机械是一类专用于进行地质勘探、矿产勘查、地下水资源开发、地质灾害预警和其他相关领域的机械设备。这些机械通常用于钻取地下岩石、土壤、矿石或水层等,以获取地下的地质信息或开采资源。例如:钻探车用于地质勘探和钻孔作业,常用于石油勘探、矿产勘探和水资源勘探等。

(6)路面机械:路面机械是一类专用于道路建设和维护的机械设备。这些机械通常用于公路、高速公路、市政道路和机场跑道等路面工程,以提供高效、快速的道路建设和维护解决方案。例如:摊铺机用于道路铺设沥青、混凝土等路面材料,保证路面的平整和质量;沥青喷洒车用于喷洒沥青材料,常用于路面维护和修补工作。

(7)拆除机械:拆除机械是指将复杂的机械设备或结构进行逆向过程,将其拆卸、解体或分解为其组成部分的过程。这是为了进行设备的维修、重新布置,回收废料或废弃不再使用的设备。拆除机械需要特定的技能、工具和安全措施,以确保在过程中不会造成人员伤害或环境污染。例如:拆迁挖机用于拆除建筑物和构筑物,配备特殊的附属设备,如破碎锤和抓斗等;拆除爆破设备用于爆破拆除建筑物和构筑物。

(8)矿山机械:矿山机械是指用于采矿和矿山作业的特殊机械设备。它们是被设计和制造用于开采、运输和处理矿石的机械设备。矿山机械在矿山行业中起着至关重要的作用,能够提高生产效率、降低人力劳动强度,同时确保矿山作业的安全性和可持续性。例如:矿山起重机用于在矿山中吊装和搬运矿石等重物;采矿装载机用于在矿山中装载和搬运矿石、岩石等材料。

(9)港口机械:港口机械是指用于港口和船舶装卸、搬运、堆放、装置、修理以及其他物流操作的特殊机械设备。这些机械设备在港口和码头等场所发挥重要作用,能够提高货物装卸效率,降低劳动强度,加快港口运营的效率和增大港口运营安全性。例如:港口起重机用于港口货物装卸作业,包括门座式起重机、门式起重机、码头起重机等;装卸机械手用于港口集装箱的装卸作业。

(10)泵类机械:泵类机械是指用于将液体、气体或混合物从一个地方输送到另一个地方的机械设备。泵类机械通过创建压力或真空来产生流体的流动,从而实现液体或气体的输送和流动控制。例如:泵车用于输送混凝土和水泥浆等;泵站用于输送水、油等液体介质及气体介质。

(11)环保机械:环保机械是指专门用于环境保护和污染治理的机械设备。这些机械设备的设计和应用旨在减少或消除对环境的污染、改善环境质量、保护自然资源和生态平衡。例如:垃圾处理设备,包括垃圾压缩车、垃圾焚烧炉等,用于城市垃圾处理;污水处理设备,包括污水处理站、污水处理设备等,用于处理和净化污水。

工程机械按照其行动方式和移动性质进行分类,可以分为以下三类:

(1)固定式施工机械(原地作业):这类工程机械在固定的位置进行作业,不具备移动能力。它们通常安装在固定的基础上,如钢结构的固定塔式起重机、混凝土搅拌站等。在施工过程中,这些机械不进行移动,而是通过起重、搅拌等操作完成作业。

(2)拖式施工机械(在牵引机拖动下工作):这类工程机械没有自身的行走能力,需要由牵引机(通常是拖拉机或其他牵引车辆)拖动,以实现移动和工作。拖式施工机械主要用于在场地之间或场地内的短距离移动,如拖拉机挖掘机、拖式混凝土泵等。

(3)自行式施工机械(自身具有行走作业能力):这类工程机械具备自主行走的能力,无须额外的牵引机,能够自主移动到作业地点,并进行作业。自行式施工机械通常配备有行走装置,如履带、轮胎等。它们具有较强的机动性,适用于不同场地和复杂地形。常见的自行式施工机械包括挖掘机、推土机、起重机、装载机等。

这三类分类方式主要是根据工程机械的移动性质进行的,每一类机械都有其特定的适用场景和优势。根据实际施工需求和工程特点,可以选择适合的施工机械来提高工作效率和安全性。

其中,自行式施工机械按其性能和工作特点,可以进一步分为以下三类:

(1)牵引型机械(具有被动式工作部件):这类机械通常由其他机械或车辆拖动,其工作部件是被动的,依赖于外部动力来实现工作。这些机械本身没有独立的动力源。例如:挖掘机械在作业时,可能需要由拖拉机或其他牵引车辆来拖动。

(2)运输型机械:这类机械主要用于物料或货物的运输,具有较大的载荷能力。它们通常被设计成能够自主行走,并将物料从一个地点运输到另一个地点。典型的例子包括自卸车、运输车等。

(3)驱动型工作机械(具有主动式工作部件):这类机械具备独立的主动动力源,能够自主行走,并通过自身的主动工作部件实现工作。它们不依赖于其他机械或车辆的拖动。例如,挖掘机、推土机、压路机等,都属于驱动型工作机械,它们可以自主行走并通过自身的动力来完成挖掘、推土、压实等任务。

这三类自行式施工机械在工程施工和运输中扮演着不同的角色,发挥的主要作用不同,形成了不同的车辆理论。牵引型机械主要用于牵引和拖动其他设备,运输型机械专注于货物和材料的运输,而驱动型工作机械则是直接用于各种施工和工程作业。不同类别的机械在施工项目中相互配合,共同完成各种复杂的任务。

本书研究的对象主要是工程机械中的自行式牵引型工作机械,以铲土运输机械为典型代表。

1.2　自行式工作机械的组成

自行式工作机械是一种能够自主行走并通过自身的主动工作部件来实现工作的机械设备。它们通常由多个组成部分构成,以实现不同的功能和任务。以下是自行式工作机械常见的组成部分。

(1)底盘:底盘是机械的主要支撑结构,通常由钢材制成,具有足够的强度和稳定性,以支持整个机械的运动和工作。底盘通常配备有行走装置,如履带或轮胎,以实现自主行走。

(2)动力系统:动力系统是自行式工作机械的核心部分,提供驱动力和动力来源。它通常由发动机、液压系统、电动机等组成。发动机可以是内燃机(如柴油机或汽油机)或电动机,用于提供机械的动力。液压系统用于控制和驱动各种液压执行器,实现工作部件的运动。

(3)驾驶室:驾驶室是机械操作员控制和操作机械的位置。它通常配备有操纵杆、操纵台、座椅、仪表等,以便操作员可以清楚地了解机械的运行状态,并准确地控制机械的各项功能。

(4)工作部件:工作部件是自行式工作机械实现特定任务的核心组成部分。根据不同的机械类型,工作部件可以是挖掘臂、铲斗、起重臂、压路辊等。工作部件由液压系统控制,并通过发动机或电动机提供的动力来实现工作功能。

(5)控制系统:控制系统是用于控制和调节机械的各项运动和功能的系统。它通常由电子、液压、机械控制等部分组成,确保机械的操作和工作过程稳定和安全。

不同类型的自行式工作机械根据其具体的功能和工作特点,可能会有一些其他特定的组成部分,但总体上,这些组成部分共同协作,使自行式工作机械能够高效地完成各种施工和作业任务。

对于铲土运输机械一类的自行式工作机械,它的全部作业都是在行驶中运行的,因此,底盘性能对整机性能有着决定性的影响,底盘理论包括了除工作装置之外的整个工程机械(工程车辆)的理论内容。

1.3 工程车辆的性能

工程车辆的性能指车辆在实际使用过程中表现出的各种性能,称为使用性能。这些性能可分为两类。

1)一般机械均应具备的技术性能

一般机械应具备以下技术性能,以确保其正常运行和满足工作需求:

(1)强度和稳定性:机械的结构应具备足够的强度和稳定性,能够承受工作时的载荷和力,并保持结构的稳定性,以防止机械发生变形或破损。

(2)动力和效率:机械应配备合适的动力源,能够提供足够的动力来完成预定的工作任务,并具有较高的能源利用效率。

(3)操纵性和控制性:机械的操纵和控制系统应设计合理,操作简便,操作员能够方便准确地控制机械的运动和工作,保证操作的安全和精确性。

(4)适应性:机械应具备较强的适应性,能够适用于不同的工作环境和工况,能够在各种条件下正常运行,并满足不同工作任务的要求。

(5)可靠性和耐久性:机械应具备良好的可靠性和耐久性,能够在长时间运行中保持稳定的性能,降低故障发生的可能性,降低维护和修理的频率和成本。

(6)安全性:机械设计和制造应符合安全标准,确保操作员和周围环境的安全,避免因机械故障或不当操作导致事故发生。

(7)维护性:机械应具备良好的维护性,易于维修,方便更换易损件,延长机械的使用寿命。

(8)环保性:机械应符合环保要求,减少废气、废水和噪声的排放,减小对环境的影响。

(9)经济性:机械应具有良好的经济性,包括成本效益和能源消耗效率,以确保在工程和生产中能够有效地利用资源和资金。

机械的技术性能是确保其高效、安全运行和满足工作要求的关键。设计和制造机械时,需要兼顾上述各项性能指标,以提供可靠的机械设备供应市场和用户使用。

2)与车辆工作能力、生产效率和经济效果直接相关的使用性能

与车辆的工作能力、生产效率和经济效果直接相关的使用性能包括以下几个方面:

(1)载荷能力：车辆的载荷能力是指车辆能够承载的最大重量或最大容积。较大的载荷能力能够一次性携带更多的货物或材料，提高物资运输效率，降低运输成本。

(2)动力和速度：车辆的动力性能和行驶速度直接影响车辆的工作能力和生产效率。足够的动力和适当的速度能够快速地完成运输和作业任务，提高生产效率。

(3)操控性：车辆的操控性能直接影响操作员的操作和控制体验。良好的操控性能使得操作员可以更加轻松和准确地驾驶车辆，提高工作效率。

(4)路况适应性：车辆的路况适应性是指车辆能够适应不同的道路条件和地形环境。具有良好路况适应性的车辆能够在各种复杂地形和道路条件下稳定行驶，保障工作的连续进行。

(5)维护性：车辆的维护性是指车辆的易维修性和易养护性。具有良好维护性的车辆可以降低故障发生的可能性，并减小维修和养护的成本，提高车辆的可靠性和使用寿命。

(6)能源效率：车辆的能源效率是指在完成工作任务过程中消耗的燃料或电力与实际产出的工作成果之间的比例。较高的能源效率能够降低车辆运营成本，提高经济效益。

(7)安全性：车辆的安全性是保障操作员和周围环境安全的重要指标。具有良好安全性的车辆能够预防意外事故的发生，保障生产过程的安全。

(8)环保性：车辆的环保性是指车辆在运行过程中对环境的影响。环保性好的车辆能够减少废气和废水排放，降低对环境的污染。

综合考虑上述使用性能，可以选择适合特定工程和任务需求的车辆，以提高工作效率、经济效果，并确保工作安全和环境保护。本书研究的性能主要有：车辆行驶的基本原理、牵引性能、通过性能、转向性能及简单的稳定性。

由于研究对象为牵引型工程机械，因而本教材突出了牵引性能方面的内容。

第2章　履带式车辆行驶理论

2.1　履带式车辆的行驶原理

2.1.1　驱动力矩与传动系统效率

发动机通过传动系统传到驱动轮上的力矩称为驱动力矩 M_K。发动机的功率经过传动系统传往驱动轮时,有一定的损失,这一功率损失主要由齿轮啮合的摩擦阻力、轴承间摩擦阻力、油封和轴间摩擦阻力以及齿轮搅油阻力等原因所造成。履带式车辆的传动系统效率 η_m 就是考虑了上述功率损失的效率,它可用车辆等速直线行驶时,传到驱动轮上的功率 P_K 与发动机有效功率 P_e 之比来表示,即:

$$\eta_m = \frac{P_K}{P_e} = \frac{M_K \omega_K}{M_e \omega_e} \tag{2-1}$$

式中:ω_K——驱动轮的角速度;

$\quad \omega_e$——发动机曲轴的角速度;

$\quad M_K$——驱动力矩;

$\quad M_e$——发动机的有效力矩。

假定离合器不打滑,则上式可表示为:

$$\eta_m = \frac{M_K}{M_e i_m} \tag{2-2}$$

式中:i_m——传动系统总传动比,它是变速器、中央传动和最终传动各部分传动比的乘

$\quad$积,$i_m = \dfrac{\omega_e}{\omega_K}$。

由式(2-2)可知,当车辆在水平地段上做等速直线行驶时,其驱动力矩 M_k 可由下式求得:

$$M_K = \eta_m M_e i_m$$

2.1.2　履带式车辆的行驶原理

履带式车辆是靠履带卷绕时地面对履带接地段产生的反作用力推动车辆前进的。

为了便于说明行驶原理,给出图 2-1 所示的履带式拖拉机行驶原理图。图中可将履带分成几个区段。其中,1～3 为驱动段,4～5 为上方区段,6～8 为前方区段,8～1 为接地

段或支承段。

车辆行驶时，在驱动力矩作用下，驱动段内产生拉力 F_t，F_t 的大小等于驱动力矩 M_K 与驱动轮动力半径 r_K 之比。即：

$$F_t = \frac{M_K}{r_K} \qquad (2\text{-}3)$$

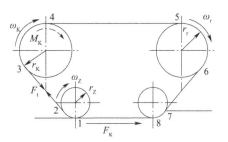

图 2-1　履带式拖拉机行驶原理图

对车辆来说，拉力 F_t 是内力，它力图把接地段从支重轮下拉出，致使土壤对接地段的履带板产生水平反作用力。这些反作用力的合力 F_K 叫作履带式车辆的驱动力，其方向与行驶方向相同。履带式车辆就是在 F_K 及作用下行驶的。

由于动力从驱动轮经履带驱动段传到接地段时，中间有动力损失，如果此损失用履带驱动段效率 η_r 表示，则履带式车辆的驱动力 F_K（以下称为切线牵引力）可表示为：

$$F_K = \eta_r F_r = \eta_r \eta_m \frac{i_m M_e}{r_K} \qquad (2\text{-}4)$$

此式也适用于轮式车辆，不过此时 $\eta_r = 1$。

为了分析驱动力 F_K 是如何传到车辆机体上的，给出图 2-2 所示的履带驱动力的传递

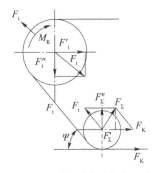

简图。我们在驱动轮轴上加两个大小相等、方向相反的力 F_t。其中一个力与驱动段内拉力 F_t 形成力偶，其值等于驱动力矩 M_K；另一个力则可分解成平行和垂直于路面的两个分力 F_t' 和 F_t''。其中 $F_t' = F_t \cos\psi$。

同理，将作用在后支重轮上的两个力（一个是驱动段内的拉力 F_t，另一个是土壤的反作用力 F_K）都分别移到该支重轮轴线上，结果得到一个合力 F_Σ。将合力 F_Σ 分解成平行与垂直于路面的两个分力 F_t' 和 F_Σ'，而 $F_\Sigma' = F_K - F_t \cos\psi$，推动机体前进的力应该是 F_t' 和 F_Σ' 之和，即：

图 2-2　履带式驱动力的传递简图

$$F_t' + F_\Sigma' = F_t \cos\psi + F_K - F_t \cos\psi = F_K \qquad (2\text{-}5)$$

假定履带销子和销孔间的摩擦损失等可略去不计，则推动机体前进的力 F_K 即等于履带驱动段内的拉力 F_t，它并不随驱动段的倾角 Ψ 的变化而变化。实际上，因为履带销和销孔间有摩擦，故 F_k 比 F_t 要小些。

2.2　履带式行走机构的运动学

履带行走机构在水平地面的直线运动，可以看成是台车架相对于接地链轨的相对运动和接地履带对地面的滑转运动（牵连运动）合成的结果。

根据相对运动的原理，台车架相对接地链轨的运动速度与链轨相对于台车架的运动速度，在数值上应相等，在方向上则相反。也就是说，如果设想人们站在接地链轨观察到台车架以某一速度向前运动，则当人们站在台车上观察接地链轨时，就会感到链轨以同一速度向台车架的后方移动。因此，完全可以通过考察链轨对静止的台车架的运动来求

取两者之间的相对运动速度。此时,可将台车架,亦即驱动轮、导向轮、支重轮、托链轮的轴线看成是静止不动的,而履带则在驱动轮的带动下以一定的速度围绕着这些轮子做"卷绕"运动。图 2-3 为履带相对于台架的卷绕运动图。由于履带链轨是由一定长度的链轨节所组成的,如通常的链传动一样,履带的卷绕运动速度即使在驱动轮等速旋转下,亦不是常数。从图 2-3 中可以看到,当履带处于图中 1 所示的位置时,履带速度达最大值,并等于:

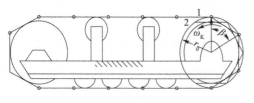

图 2-3 履带相对于台架的卷绕运动

$$v_1 = r_0 \omega_K \qquad (2-6)$$

式中:r_0——驱动链轮的节圆半径;

ω_K——驱动链轮的角速度。

当履带处于图中 2 所示的位置时,履带速度最低,等于:

$$v_2 = r_0 \omega_K \cos \frac{\beta}{2} = v_1 \cos \frac{\beta}{2} \qquad (2-7)$$

式中:β——驱动链轮的分度角,$\beta = \dfrac{360°}{Z_K}$;

Z_K——驱动链轮的有效啮合齿数。

由此可见,即使驱动轮做等角速旋转(ω_K = 常数),台车架的相对运动也将呈现周期性的变化,从而使车辆的行驶速度也带有周期变化的性质。

履带卷绕运动的平均速度可通过驱动轮每转一圈所卷绕(转过)的链轨节的总长来计算。设 l_t 为链轨节矩(m),ω_K 为驱动轮角度(s^{-1}),n_K 为驱动轮转速(r/min),则履带卷绕运动的平均速度 v_m 可由下式计算:

$$v_m = \frac{Z_K l_t}{2\pi} \omega_K = \frac{Z_K l_t n_K}{60} \qquad (m/s) \qquad (2-8)$$

当履带在地面上做无滑动行驶时,车辆的行驶速度显然就等于台车架相对于接地链轨的运动速度,后者在数值上等于履带卷绕运动的速度。通常,车辆履带在地面上没有任何滑移时,车辆的平均行驶速度称为理论行驶速度 v_T,它在数值上应等于履带卷绕运动的平均速度,亦即:

$$v_T = \frac{Z_K l_t}{2\pi} \omega_K = \frac{Z_K l_t n_K}{60} \qquad (m/s) \qquad (2-9)$$

由式(2-7)可知,当 β 角减小,亦即驱动轮有效啮合齿数 Z_K 增加时,则履带卷绕运动速度的波动就减小。对于 $\beta \to 0$,$Z_K \to \infty$ 这一极限情况,则有 $v_1 = v_2 = v_m$。

这表明当驱动轮啮合齿数增加时,履带卷绕运动的速度趋近于其平均速度,并趋向于常数。

为了简化履带行走机构运动学的分析,通常将这种极限状态作为计算车辆行驶速度的依据。此时,假设履带节为无限小,则履带可看成是一条挠性钢带。这一挠性钢带既不能伸长也不缩短,且相对于驱动轮无任何滑动。根据上述假设,履带就具有图 2-4 所示的形状。图 2-4 为履带与台车相对运

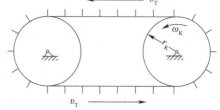

图 2-4 履带与台车相对运动的简化示意图

动的简化示意图。当驱动轮齿数相当多时,此种假设是可以允许的。

这样,当驱动轮做等角速度旋转时,履带卷绕运动的速度,也就是车辆的理论行驶速度,可用式(2-10)表示:

$$v_T = r_K \omega_K \qquad (2\text{-}10)$$

式中: v_T ——车辆理论行驶速度;

r_K ——驱动轮动力半径;

ω_K ——驱动轮角速度。

式(2-10)中的 r_K 是从运动学的角度提出来的,确切地应该称之为驱动链轮的滚动半径。所谓动力半径,是切线牵引力线到轮心的距离。但对于履带行走机构来说,驱动轮的滚动半径和动力半径接近一致,故无论做运动学还是动力学分析时均使用 r_K,并统称为动力半径。

驱动轮的动力半径 r_K 是一个假设的半径,它在驱动轮上实际并不存在(r_K 不等于链轮的节圆半径),其物理意义可解释如下:

在驱动轮相对于履带没有滑转的情况下,以一半径为 r_K 的圆沿链轨做纯滚动时,驱动轮轴心的速度即为车辆的理论行驶速度。由表达式(2-9)和式(2-10)可知:

$$r_K = \frac{Z_K l_t}{2\pi} \qquad (2\text{-}11)$$

当车辆在实际工作时,即使牵引力没有超过履带与地面的附着能力,履带与地面之间还是存在着少量滑转的。这是因为履带挤压土壤并使它在水平方向有滑转的趋向。在履带存在滑转的情况下,车辆的行驶速度称为实际行驶速度 v,它显然应该是履带的滑转速度和台车架对接地链轨的相对速度的合成速度,亦即:

$$v = v_T - v_j \qquad (2\text{-}12)$$

式中: v_j ——履带在地面上的滑转速度。

实际行驶速度 v 可以用单位时间内车辆的实际行驶距离来表示;滑转速度 v_j 则可用单位时间内的滑转距离来表示:

$$v_j = \frac{l_j}{t}$$

或
$$v_j = \frac{l_j}{t} = \frac{l_T - l}{t} \qquad (2\text{-}13)$$

式中: l ——在时间 t 内,车辆的实际行驶距离;

l_j ——在时间 t 内,履带相对地面的滑转距离;

l_T ——在同一时间 t 内,车辆的理论行驶距离,它可通过式(2-14)计算:

$$l_T = r_K \omega_K t = \frac{Z_K l_t}{2\pi} \omega_K t \qquad (2\text{-}14)$$

通常用滑转率 δ 来表示履带对地面的滑转程度,它表明了由于滑转而引起的车辆行程或速度的损失,并可由下式计算:

$$\delta = \frac{l_T - l}{l_T} = 1 - \frac{l}{l_T} \qquad (2\text{-}15)$$

或

$$\delta = \frac{v_T - v}{v_T} = 1 - \frac{v}{v_T} \qquad (2\text{-}16)$$

式(2-15)的表达形式,在做滑转率试验时非常有用。

2.3 履带式车辆的滚动阻力

履带式车辆的滚动阻力一般包括内部阻力和外部阻力两部分。滚动阻力是车辆前进运动时所必须克服的阻力,也就是说,当车辆的驱动力等于或大于滚动阻力时,车辆才能向前行驶,因此,它是车辆前进运动的必要条件。当车辆等速牵引作业时,其用于牵引作业的牵引力(挂钩牵引力),是车辆驱动力克服滚动阻力的剩余驱动力。

2.3.1 车辆的内部滚动阻力

所谓内部阻力,是指驱动轮、引导轮、支重轮和托链轮转动时轴承内部产生的摩擦力、上述各轮与履带轨链接触和卷绕时所产生的摩擦力。卷绕履带时轨链销轴和销套之间所产生的摩擦力等。

由于履带行走机构中各摩擦副中的摩擦力可近似地看作与摩擦副所承受的法向压力成正比(在履带式工程车辆的设计中,为简化计算过程,一般取内摩擦阻力系数为 0.07),因此根据法向压力的性质,换算的行走机构摩擦力矩 M_r 又可分为以下两组:

(1)由不变的法向压力所引起,例如由履带的预加张紧力 F 和使用重量 G_s 造成的法向压力所产生,车辆的使用重量应包括全部液体重量(燃料,容量的 2/3 以上,冷却液、润滑油、按规定量注入的工作油)、随车工具及驾驶人重量(按 60 ~ 65kg 计算)。这部分摩擦力矩与驱动力的大小无关,相当于拖动行驶时行走机构内部摩擦力矩,它可用 M_{r2} 来表示。

(2)由履带的附加张紧力 F_t 所引起,这部分摩擦力矩 M_{r1} 近似地与驱动力矩成正比,并可方便地用一个效率系数来表示。

这样,M_r 即可表示为:

$$M_r = M_{r1} + M_{r2} \qquad (2\text{-}17)$$

将式(2-17)代入式(2-3):

$$F_K = F_t = \frac{M_k}{r_K}$$

得:

$$\frac{M_K - M_{r1}}{r_K} - \frac{M_{r2}}{r_K} = F_K \qquad (2\text{-}18)$$

当车辆作为一个整体来考察各种外部阻力的总和,应与切线牵引力相平衡,亦即:

$$\sum F = F_{\mathrm{K}} \tag{2-19}$$

式中：$\sum F$——各种外部阻力的总和；

$\quad\quad F_{\mathrm{K}}$——切线牵引力。

将式(2-18)代入式(2-19)，可得：

$$\sum F = \frac{M_{\mathrm{K}} - M_{\mathrm{r1}}}{r_{\mathrm{K}}} - \frac{M_{\mathrm{r2}}}{r_{\mathrm{K}}} \tag{2-20}$$

如用车辆驱动段效率数 η_{r} 来表示 M_{r1} 引起的驱动力矩 M_{K} 之损失，则：

$$\eta_{\mathrm{r}} = \frac{M_{\mathrm{K}} - M_{\mathrm{r1}}}{M_{\mathrm{K}}} \tag{2-21}$$

将式(2-21)代入式(2-18)和式(2-19)，经移项整理后就可得到以下两个关系式：

$$\left. \begin{array}{l} \sum F + \dfrac{M_{\mathrm{r2}}}{r_{\mathrm{K}}} = F_{\mathrm{K}} + \dfrac{M_{\mathrm{r2}}}{r_{\mathrm{K}}} \\[3mm] \dfrac{\eta_{\mathrm{r}} M_{\mathrm{K}}}{r_{\mathrm{K}}} = F_{\mathrm{K}} + \dfrac{M_{\mathrm{r2}}}{r_{\mathrm{K}}} \end{array} \right\} \tag{2-22}$$

从关系式(2-22)中可以看出，如果将换算的摩擦力矩 M_{r2} 设想为某一作用在车辆上的等效外部阻力 $\dfrac{M_{\mathrm{r2}}}{r_{\mathrm{K}}}$，将扣除了换算的摩擦力矩 M_{r1} 后的驱动力矩 $\eta_{\mathrm{r}} M_{\mathrm{K}}$ 看成为一等效的驱动力矩，而地面对履带则作用一个等效的切线牵引力 $F_{\mathrm{K}} + \dfrac{M_{\mathrm{r2}}}{r_{\mathrm{K}}}$，那么就可以认为履带行走机构中并不存在任何内部摩擦阻力。此时，作用在车辆上各力的平衡关系显然是等效的，并完全可以用式 $F_{\mathrm{K}} = F_{\mathrm{t}} = \dfrac{M_{\mathrm{K}}}{r_{\mathrm{K}}}$ 和 $\sum F = F_{\mathrm{K}}$ 的形式来表示，只是外部阻力、切线牵引力和驱动力矩应以它们相应的等效值来代替。

从以上的推导可以看到，由于等效的摩擦阻力 $\dfrac{M_{\mathrm{r2}}}{r_{\mathrm{K}}}$ 可以由拖动试验中与由土壤变形而引起的外部滚动阻力一起测出，而等效的驱动力矩 $\eta_{\mathrm{r}} M_{\mathrm{K}}$ 则可用一个简单的效率系数来考虑。所以，上述等效计算在实际使用中极为有用。

按照通常习惯，等效的切线牵引力 $F_{\mathrm{K}} + \dfrac{M_{\mathrm{r2}}}{r_{\mathrm{K}}}$ 就直接称为切线牵引力，并以简写符号 F_{K} 来表示。

这样，履带式车辆在水平地面上做等速直线行驶时，作用在车辆上诸力的平衡方程仍可用以下形式来表示：

$$\sum F = F_{\mathrm{K}} \tag{2-23}$$

$$F_{\mathrm{K}} = \frac{\eta_{\mathrm{r}} M_{\mathrm{K}}}{r_{\mathrm{K}}} \tag{2-24}$$

此时应注意，外部阻力之总和 $\sum F$ 中包括有等效摩擦阻力 $\dfrac{M_{\mathrm{r2}}}{r_{\mathrm{K}}}$，而切线牵引力 F_{K} 则比

地面实际作用于履带上的水平反作用力要大 $\dfrac{M_{r2}}{r_K}$ 值。

2.3.2 车辆的外部滚动阻力

所谓外部阻力,主要是指地面土壤由于受到履带挤压而产生的变形阻力。当车辆前进运动时,履带前方区段与土壤接触部位因车辆重量而产生压陷变形,这一变形消耗了一定的能量,而等效成水平力,即车辆的外部滚动阻力。这是履带式车辆滚动阻力的主要部分,可使用功能转换的方法进行计算。

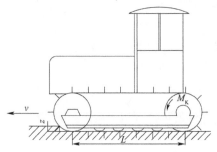

图 2-5 履带式车辆压实土壤简图

图 2-5 为履带式车辆压实土壤简图,当履带式车辆前进 L 距离,这时一条履带因压实土壤而消耗的功 W 为:

$$W = bL \int_0^{z_0} p\,\mathrm{d}z \tag{2-25}$$

式中:b——履带板宽度;

p——履带支承段单位面积上承受的压力,它是 z 的函数;

z_0——轨辙深度。

因此,履带式车辆行驶时的外部阻力 F_{f1} 可以表示为:

$$F_{f1} = \frac{2W}{L} = 2b \int_0^{z_0} p\,\mathrm{d}z \tag{2-26}$$

将 $p = \left(\dfrac{K_C}{b} + K_\varphi\right)z^n$ 代入式(2-26)并积分,得:

$$F_{f1} = 2b\left(\frac{K_C}{b} + K_\varphi\right)\frac{z_0^{n+1}}{n+1} \tag{2-27}$$

当轨辙 z_0 大时,土壤单位面积上承受的压力,即接地比压 $p = \dfrac{G_S}{2bL_0}$(L_0 为履带接地长度),则:

$$z_0 = \left(\frac{p}{\dfrac{K_C}{b} + K_\varphi}\right)^{\frac{1}{n}} = \left[\frac{G_S}{2bL_0\left(\dfrac{K_C}{b} + K_\varphi\right)}\right]^{\frac{1}{n}}$$

代入式(2-27)得:

$$F_{f1} = \frac{2bp^{\frac{n+1}{n}}}{\left(\dfrac{K_C}{b} + K_\varphi\right)^{\frac{1}{n}}(n+1)} = \frac{2}{(K_C + bK_\varphi)^{\frac{1}{n}}}\left(\frac{G_S}{2L_0}\right)^{\frac{n+1}{n}} \cdot \frac{1}{n+1} \tag{2-28}$$

式(2-28)是以平板穿入土壤得出的经验公式为基础而推导出来的,由于与履带接地情况相近,故用于进行履带式车辆外部滚动阻力计算是较为准确的。

2.3.3 滚动阻力系数

车辆外部滚动阻力有时计算起来比较麻烦,也不太准确。因此,有时还需要用实验来确定。

履带式车辆的外部滚动阻力是很难单独测出的,但它可以方便地同不变法向力引起的摩擦阻力一起测出。其测定的外部滚动阻力方法,一般是通过拖动试验,被测车辆由其他车辆牵引,用测力计测量被牵引时所需的力,即为滚动阻力,图2-6为履带式车辆滚动阻力的测定方式。

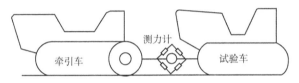

图2-6 履带式车辆滚动阻力的测定

履带式车辆在空载行驶时,履带驱动段的附加张紧力极小,因此,滚动阻力实际上相当于空载行驶时的滚动阻力。

实验证明,滚动阻力 F_f 近似地与车辆的使用重量成正比,即:

$$F_f = f \cdot G_S \tag{2-29}$$

式中:G_S——履带式车辆的使用量;

f——履带式车辆的滚动阻力系数。

表2-1中列出了不同地面条件下,试验获得的履带式车辆的滚动阻力系数与附着系数。

履带式车辆滚动阻力系数与附着系数　　　　　　　　　　　　　表2-1

路面条件	滚动阻力系数 f	附着系数 φ
铺砌道路	0.05	0.6 ~ 0.8
干土道路	0.07	0.8 ~ 0.9
柔软砂路	0.10	0.6 ~ 0.7
深泥土地	0.10 ~ 0.15	0.5 ~ 0.6
细砂土地	0.10	0.45 ~ 0.55
开垦的田地	0.10 ~ 0.12	0.6 ~ 0.7
冻结的道路	0.03 ~ 0.04	0.2

2.3.4 影响履带式车辆滚动阻力的主要因素

履带式车辆的滚动阻力是由外部滚动阻力和内部摩擦阻力两部分所组成的。外部滚动阻力主要是由土壤垂直变形引起的,因此,它取决于土壤性质和表面状态,当车辆在松软、含水率较大的黏性地面作业时,其阻力就增大,而在干燥密实的土壤地面作业时,则阻力就减小。同时,外部滚动阻力与车辆总质量和履带接地面积有关,履带单位接地面积所承受的垂直载荷,称为履带接地比压。这是履带式工程车辆一个非常重要的技术参数,它直接决定车辆的行驶通过性和工作稳定性,也是研究履带-地面附着力的先决条件。单位面积压力增大,土壤变形也就增大,因此外部滚动阻力增大。

履带式车辆接地比压的大小与分布,对履带式车辆的滚动阻力也有重要影响。

对于具有两条履带的工程车辆来说,当使用重量与垂直外载荷所构成的合力在水平地面上的投影同履带接地区段的几何中心相重合,且履带接地区段面积和地面都很光滑并近似于水平状态时,履带接地比压便接近均匀分布状态,称为平均比压,平均接地比压是履带式车辆的一个重要指标,在车辆的使用说明书中一般都要注明。其表达式为:

$$P_a = \frac{G}{2bL} \tag{2-30}$$

式中:P_a——履带平均接地比压,kPa;

$\quad\quad G$——车辆使用重量与垂直外载荷所构成的合力,kN;

$\quad\quad b$——履带接地宽度,m;

$\quad\quad L$——履带接地区段长度,m。

设计履带式工程车辆时,在总体布置上要尽量使垂直载荷对称并均匀地作用于履带接地区段上。这是保证履带式车辆具有良好的行驶通过性和工作稳定性的必要条件。

但是,平均接地比压并不代表车辆的实际接地比压,因为车辆重心在水平地面上的投影,一般不会恰好与履带接地区段的几何中心相重合。因此,必须研究车辆的最大接地比压和最小接地比压;最大接地比压才能反映车辆的实际行驶通过性和工作稳定性。

当使用重量与垂直外载荷所构成的合力在水平地面上的投影同履带接地区段的几何中心不重合时(使用重量与垂直外载荷所构成的合力在水平地面上的投影到车辆的几何中心的纵向距离,称为车辆纵向偏心距 e;到车辆的几何中心的横向距离,称为车辆横向偏心距 c),在车辆纵向偏心距 e 达到某定值以前,履带接地区段全部接地面积都不同程度地承受压力;但当车辆纵向偏心距超过某定值以后,则履带接地区段只有部分接地面积承受压力。

从履带接地比压和车辆纵向偏心距的这种依从关系出发,可以引证出履带接地平面核心域的概念。

履带接地平面核心域是履带装置两条履带接地区段几何中心周围的一个区域。只要车辆重心作用在这个区域以内,履带接地区段沿长度都能承受一定的载荷;但当车辆重心越出这个区域时,则履带接地区段沿长度方向只有一部分接地面积承受载荷。在此情况下,最大接地比压必然大幅增加。因此,用履带接地平面核心域理论研究履带接地比压随车辆纵向偏心距 e 的改变而变化的规律,对设计履带式工程车辆是有实用价值的。

研究履带接地平面核心域,主要是确定它的 4 条边界线。根据具有两条履带的车辆的结构特点可知,其横向边界为两条履带接地区段面积的纵向中心线 O_1-O_1 和 O_2-O_2;纵向边界为垂直于横向边界的两条平行线。因此,履带接地平面核心域,必然是一个矩形。纵向边界可根据式(2-31)求得:

$$a_x = \frac{i_y^2}{e_0} = \frac{L^2}{12e_0} = \pm\frac{L}{2} \tag{2-31}$$

式中:a_x——零压力线在 x 轴上的截距,即图 2-7 所示的履带接地区段面积的纵向端边与

y 轴间的距离,m;

i_y——履带接地区段几何平面对于 y 轴的惯性半径,m;

e_0——履带接地平面核心域纵向边界至中心线(y 轴)的距离,m。

由式(2-31)可得:

$$e_0 = \pm \frac{L}{6} \tag{2-32}$$

综上所述,履带接地平面核心域是由两条履带接地区段的纵向中心线,以及位于履带装置横向中心线 y 轴左右各 $L/6$ 的两条平行线所组成的一个矩形。图 2-7 即为履带接地平面核心域,其边长为 $L/3$ 和 B。只要车辆重心在地面上的投影落在这个矩形面积以内,则两条履带接地区段沿全部长度均不同程度地承受载荷。

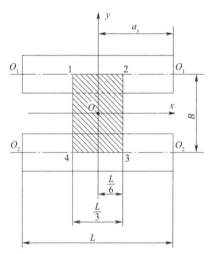

图 2-7　履带接地平面核心域

履带接地平面核心域,是提高履带式工程车辆设计水平的一个重要依据。设计时,要力求使车辆在行驶和工作状态下的重心在地面上的投影始终保持在履带接地平面核心域边界以内。有些机种(如履带式单斗挖掘机和履带式起重机等)在工作状态下难以达到这个要求,但至少也要使其在行驶状态下符合这个规律。

根据车辆实际接地比压确定履带沉陷深度的方法只是近似的,因为忽略了由于履带沉陷后接地长度产生的微小增量的影响,而且假设土壤是均质的。如果土壤中夹杂有石块或其他坚硬物体,则上述规律就被破坏了。但是,通过以上论述,可以归纳出以下结论:当车辆重力和垂直外载荷所构成的合力,以及履带宽度和接地长度都已确定时,履带沉陷深度主要取决于纵向偏心距 e 和土壤极限承载系数(即抗陷系数)P_0;若 e 增大,最大沉陷深度 Z_{max} 亦增大;P_0 增大,说明土壤变硬,因而最大沉陷度减小。这些规律与实际情况是吻合的。

预测出履带最大接地比压后,要用地面土壤的最大允许比压校核。工程车辆使用的土壤最大允许比压,一般指履带挤压土壤沉陷深度不大于 0.15m 时的接地比压而言,是通过试验确定的。各种常见土壤的抗陷系数 P_0 和最大允许比压 P'_{max} 见表 2-2。只有当最大接地比压不超过土壤最大允许比压时,车辆在该地面上才能正常行驶和稳定工作。

各种常见土壤的抗陷系数和最大允许比压表　　　　　　　　　　　表 2-2

土壤种类	$P_0(\text{kPa}/\text{m})$	$P'_{max}(\text{kPa}/\text{m})$
沼泽	490.33 ~ 980.67	29.23 ~ 56.84
沼泽土	1176.80 ~ 1471.00	78.45 ~ 98.07
湿黏土、松砂、耕过的土地	1961.33 ~ 2942.00	196.13 ~ 392.27
大粒砂、湿的中等黏土	2942.00 ~ 4412.99	392.27 ~ 588.40

土壤种类	P_0（kPa/m）	P'_{max}（kPa/m）
中等黏土和湿实黏土	4903.33 ~ 5883.99	784.40 ~ 686.47
中等湿度的实黏土、湿泥灰土、湿黄土	6864.66 ~ 9806.65	784.53 ~ 980.67
干实黏土、干泥灰土、干黄土	10787.32 ~ 12748.65	1078.73 ~ 1471.00

要全面反映具有两条履带的工程车辆在重心位置不同的情况下有关参数与沉陷深度之间的关系,可以用这样一组参数:表征土壤特性的参数 3 个(K_c、K_φ、n),表征车辆结构特性的参数 6 个(L、b、B、c、e、G)。这样就使土壤参数和车辆结构参数有机地结合起来,形成一个统一的计算系统,因而能够更加真实地反映履带与地面相互作用的关系。

土壤参数 K_c、K_φ 和 n 增大,均能引起滚动阻力和滚动阻力系数变小,这说明土壤较硬时,滚动阻力变小;较软时,滚动阻力增大。车辆参数 G、e 增大,则能引起滚动阻力和滚动阻力系数增大;L 增大,则能引起滚动阻力和滚动阻力系数变小。从降低车辆滚动阻力的要求出发,在履带宽度不变时,增大履带接地长度较为有利。

由履带接地比压与车辆纵向偏心距之间的函数关系知:以行驶方向为准,当车辆重心位于履带行驶装置几何中心之前时,最大接地比压必然产生在履带接地区段的最前端;由最前沿履带接地区段向后,接地比压逐次减小;最小接地比压产生在履带接地区段承压部分的最后端。

根据履带接地比压理论还可以看出,最小接地比压发生在履带接地区段的最前端;沿履带接地区段由前往后,接地比压逐次增大;最大接地比压发生在履带接地区段的最后端时,履带接地区段最前端在最小接地比压作用下产生一定的沉陷,沿履带接地区段向后,沉陷深度逐次增大,在最后端产生最大沉陷深度。由此可知,履带接地区段最前端产生一定的土壤水平变形;沿履带接地区段必然还将产生附加土壤水平变形阻力。在此情况下,履带最大沉陷深度 Z_{max},是由履带接地区段最前端和整个履带接地区段逐次挤压而成的。

由“重复加载和沉陷”理论知,最大沉陷深度产生在接地比压最大的履带部位,即在履带接地区段的最前端;由此向后由于接地比压逐渐减小,则不能产生附加沉陷。因此,土壤变形阻力只产生在履带接地区段的最前端,其他部位则不能产生附加土壤变形阻力。

“如果某台车辆的所有车轮都承受相同的单位载荷 P,就只有第一只车轮沉陷到深 Z,而其余的车轮将在同一车辙内滚动而不会有明显地更深的沉陷。”显然,这是多轴式车辆与地面作用时的压力-沉陷理论;该理论可以应用到履带式车辆与地面作用的研究上。由于接地比压是均匀分布的,则履带接地区段的沉陷深度也是均匀的,就是说,履带接地区段前端与地面作用而产生一定的沉陷之后,则履带接地区段的其余部分只在前端挤压成的车辙上通过,基本上不会再出现附加沉陷;因而土壤水平变形阻力只发生在履带接地区段最前端,其余部分将不产生附加土壤水平变形阻力。

通过以上分析可知,为了减小履带沉陷深度,降低接地比压是最直接的手段。对于这个结论,在理论上是不容怀疑的。但应该注意的是,影响沉陷深度的参数,是有着内在联系的,并按内、外部条件相互制约。应用时,要充分考虑到这种制约规律。履带的张紧度也是影响内部摩擦阻力的一个因素,即履带张紧度过大或过松弛时,都会引起摩擦阻力的增大。履带张紧度过大时,由于法向压力增大,而使各轴承和铰链中的摩擦损失增加。履带过分松弛时,在行驶过程中(特别是较高速度的行驶)会因上下振动而消耗功率,在相对托轮、驱动轮和引导轮产生冲击损失。

图2-8为同试验条件下测得的履带式车辆挂钩牵引功率与履带张紧度的关系曲线。履带张紧度是用履带上方区段的下垂毫米来表示的。

由图2-8可知,在各挡位下,当预加张紧开始减小时(即相当于张紧度从20mm开始增加时)挂钩牵引功率就随之增大,当预加张紧力减小到某一值时,挂钩牵引功率达到最大值,此后,预加张紧力进一步减小时,则挂钩牵引功率即开始减小。每一曲线中最大挂钩牵引功率所对应的张紧度称为最佳张紧度。

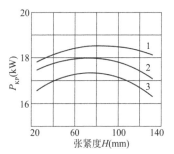

图2-8 挂钩牵引功率与履带张紧度的关系曲线

履带张紧度对内摩擦损失的影响,与拖拉机行驶速度有关。从图2-8中可知,当速度增大时,最佳张紧度也就随之提高,当行驶速度较低时,则最佳张紧度也较低,因此对于低速工作的履带式拖拉机,履带张紧度一般以较松为宜。

履带式行走装置各轮轴承,铰链的润滑和密封对内部摩擦损失也有较大影响。因为一般工业履带式车辆的工作条件较恶劣,当密封性差时,水分和泥沙就会进入摩擦表面而破坏摩擦副的润滑,使摩擦损失增加。

支重轮在履带上的行驶摩擦也是影响内部摩擦损失的因素之一。摩擦损失的大小主要决定于支重轮的直径,故适当地增大支重轮的直径,将有助于减少它的行驶摩擦损失。但支重轮直径越大,则履带接地区段单位面积压力越不均匀。履带在地面上的起伏较大,同样会增加支重轮的行驶摩擦损失,以及由于履带板附加转动而造成摩擦损失。支重轮数量增多时,车辆总重量在履带上的压力分配也就越均匀,则支重轮在履带上的行驶摩擦损失也就相应减少。

2.4 履带式车辆的附着性能

履带式车辆的附着性能是指履带式车辆提供最大切线牵引力的能力。

2.4.1 切线牵引力与土壤剪切应力的关系

土壤在剪切力的作用下,有使土粒与土粒间、一部分土壤与另一部分之间产生相对位移的趋势,这种相对位移受土壤抗剪强度的制约。当土壤受到剪切力时,就会在剪切表面出现抗剪应力 τ。当土壤因受剪切而失效时,抗剪应力达最大值 τ_m,称为抗剪强度。图2-9为土壤剪切位移沿履带支承段的变化图。

土壤抗剪强度是决定车辆在野外工作时发挥多大牵引力的主要因素。土壤抗剪强度是土壤、车辆性质的函数。同一种土壤,当含水率不同或密实程度不同时,抗剪强度也随之变化。

车辆行驶时,在驱动力作用下,履带与土壤接触的各个微小部分都产生土壤反作用力。所

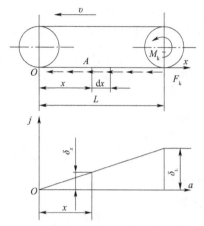

图2-9 土壤剪切位移沿履带支承段的变化

有土壤反力的水平分力,可以用沿着车辆行驶方向作用的切线牵引力来表示。

车辆在松软的路面上行驶时,履刺嵌入土内,切线牵引力主要由土壤的抗剪力产生。设履带支承面为 A,土壤的剪应力为 τ,则其相应的切线牵引力 F_K 应为:

$$F_K = \int_A \tau \mathrm{d}A \tag{2-33}$$

对于履带底盘,每一履带支承面积为 bL,则式(2-33)可写为:

$$F_K = 2b \int_0^L \tau \mathrm{d}x \tag{2-34}$$

由于大多数土壤为塑性土壤,因此式(2-34)中 τ 可表示为:

$$\tau = (C + \sigma \tan\varphi)(1 - \mathrm{e}^{-j/K}) \tag{2-35}$$

式中:j——剪切位移;

C——土壤黏聚力;

φ——土壤内摩擦角;

K——土壤的水平剪切变形模量。

在支承段上沿 x 坐标轴方向各点 j 不相等,j 可表为:

$$j = \delta x \tag{2-36}$$

式中:x——支承段上任意一点距前缘的距离(图2-9);

δ——滑转率。

因此,由式(2-34)~式(2-36)可得:

$$F_K = \int_A (C + \sigma \tan\varphi)(1 - \mathrm{e}^{-\frac{\delta x}{K}}) \mathrm{d}A \tag{2-37}$$

对履带式车辆,上式可写成:

$$F_K = 2b \int_0^L (C + \sigma \tan\varphi)(1 - \mathrm{e}^{-\frac{\delta x}{K}}) \mathrm{d}x \tag{2-38}$$

或

$$\begin{aligned}
F_K &= 2b \int_0^L \left(C + \frac{G}{2bL}\tan\varphi\right)(1 - \mathrm{e}^{-\frac{\delta x}{K}}) \mathrm{d}x \\
&= 2b\left(C + \frac{G}{2bL}\tan\varphi\right)\left(\int_0^L \mathrm{d}x - \int_0^L \mathrm{e}^{-\frac{\delta x}{K}}\right)\mathrm{d}x \\
&= 2\left(bCL + \frac{G}{2}\tan\varphi\right)\left(1 + \frac{K}{\delta L}\mathrm{e}^{-\frac{\delta L}{K}} - \frac{K}{\delta L}\right)
\end{aligned} \tag{2-39}$$

由于土壤能提供的最大切线牵引力可由 $F_{K\max} = 2\left(bCL + \dfrac{G}{2}\tan\varphi\right)$ 来表示,故切线牵引力 F_K 还可以下式表示:

$$F_K = F_{K\max}\left[1 - \frac{K}{\delta L}(1 - \mathrm{e}^{-\frac{\delta L}{K}})\right] \tag{2-40}$$

2.4.2　切线牵引力与滑转率的关系

式(2-40)表示的是切线牵引力与滑转率的关系,图2-10为切线牵引力与滑转率的关系。

曲线表明,开始阶段切线牵引力增大时,滑转率大致与其成比例地增加,但切线牵引力达到某一值后,对切线牵引力的微小增量,滑转率都有一个很大的增量与之对应。切线牵引力达到某一最大值时不再增加,这是土壤被剪切破坏的缘故。

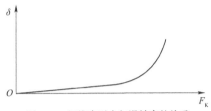

图2-10　切线牵引力与滑转率的关系

切线牵引力与滑转率的关系曲线称为滑转曲线,它表示行走机构与地面之间的附着性能。对于两条滑转曲线,当滑转率相同时,显然切线牵引力较大者附着性能好;或者在地面能够提供相等的切线牵引力时,滑转率较小者附着性能较好。

为了使不同重量的车辆具有可比性,这里引出无因次滑转曲线的概念,将图2-10的横坐标 F_K 除以车辆的附着重量 G_φ(附着重量指作用在驱动元件上的那一部分车辆使用重量。显然,双履带式车辆的使用重量等于附着重量),即:

$$\varphi'_x = \frac{F_K}{G_\varphi} \tag{2-41}$$

φ'_x 称为单位附着重量的切线牵引力(或相对切线牵引力)。我们把 δ-φ'_x 的关系曲线称为无因次滑转曲线。

为了能够定量地说明附着性能,规定在允许滑转率时,车辆能够发挥的最大切线牵引力 F_{Kmax} 称为理论附着力 F'_φ。允许的滑转率根据车辆的不同有不同的要求。农业拖拉机由于配用农业车辆,耕地工艺上要求稳定不变的前进速度,以及保护耕地表面,根本不允许完全打滑。所以,我国规定在旱田轮式拖拉机的允许滑转率为20%,履带拖拉为7%,手扶拖拉机为25%,工业拖拉机无上述要求,如推土机在推土时要求在短时间内能够提供最大牵引力,而且可以100%滑转来防止发动机熄火,所以允许滑转率可达100%。

允许滑转率时的相对牵引力称为理论附着系数,即:

$$\varphi' = \frac{F'_\varphi}{G_\varphi} = \frac{F_{Kmax}}{G_\varphi} \tag{2-42}$$

显然,理论附着系数大的土壤能够使车辆发挥出较大的切线牵引力,允许滑转率是人为给定的,车辆设计时选用的滑转率应小于允许滑转率。

2.4.3　牵引力、试验滑转曲线

上面谈到的切线牵引力是车辆能够发挥的或地面可以提供的推力,不是进行工作的有效力。切线牵引力减去滚动阻力后才是对外工作的有效力,称为牵引力 F_{kp}。车辆牵引试验时的牵引力实际上是 F_{kp},我们把 F_{kp} 与滑转率的关系称为试验滑转曲线,工业拖拉机的设计和性能分析大都以试验滑转曲线为基础。一般把试验滑转曲线也称为滑转曲线。

与以切线牵引力为横坐标的滑转曲线相比,试验滑转曲线是当车辆空载等速行驶时

$F_{KP} = 0$，滚动阻力 F_f 和 F_K 相等，理论上这时有滑转率存在，但很小。以牵引力试验为基础的试验滑转曲线，把 $F_{KP} = 0$ 时的滑转率以零来看待，即认为 $F_{KP} = 0$ 时的车速就是理论车速。

$$\varphi_x = \varphi'_x - f \tag{2-43}$$

式中：φ_x——相对牵引力。

$$\varphi_x = \frac{F_{KP}}{G_\varphi}$$

这就是两种相对牵引力之间的关系。

工业拖拉机允许滑转率可达100%，所以它的附着系数 φ 可以用下式表示。

$$\varphi = \frac{F_\varphi}{G_\varphi} = \varphi_{xmax} = \frac{F_{KPmax}}{G\varphi} \tag{2-44}$$

式中：F_φ——附着力，即最大有效牵引力。

表2-1中列出了与各种地面条件相应的附着系数 φ 的实验数据。

车辆设计时，选用的滑转率应小于允许滑转率，对于工业履带式拖拉机，滑转率应根据保证车辆作业时具有最大生产率的条件来确定，对应于车辆最大生产率时的滑转率称为额定滑转率，用 δ_H 表示，通常取 $\delta_H = 10\% \sim 15\%$。

在额定滑转率 δ_H 下的相对牵引力 F_{KPH}/G_φ 称为额定相对牵引力，并以 φ_H 表示。试验资料表明，对于工业履带式拖拉机，δ_H 与 φ 之间存在着以下关系：

$$\varphi_H = (0.86 \sim 0.92)\varphi \tag{2-45}$$

即

$$F_{KPH} = (0.86 \sim 0.92)F_{KPmax} \tag{2-46}$$

试验滑转曲线的横坐标 F_{KP} 除以车辆的附着重量 G_φ 表示的滑转曲线称为无因次试验滑转曲线，或称为无因次滑转曲线。

2.4.4 影响履带式车辆附着性能的因素

如前所述，地面对履带的抗滑转反力是由地面与履带间的摩擦力和履刺挤压、剪切土壤的反力所组成，它与土壤的性质和履带结构有关。

当拖拉机在刚性路面上（例如在冰面上）行驶时，抗滑转能力主要决定于履带与地面间的摩擦力。如拖拉机在砂石路面行驶时，抗滑转能力取决于砂的内摩擦因数，此时最大的附着力可用式（2-47）表示：

$$F_\varphi = G_\varphi \cdot \tan\varphi \tag{2-47}$$

式中：G_φ——车辆的附着重量；

$\tan\varphi$——砂的内摩擦因数，一般不大于0.7。

由此可见，当履带式车辆在砂土上工作时，附着力与履带的形状、尺寸以及履刺的高度基本无关，而仅仅取决于车辆的质量，并由于干砂土的内摩擦因数一般不超过0.7，所以其最大附着力不会大于 $0.7G_\varphi$。

对于黏性土壤来说，附着力还取决于 c 和履带接地面积 A，且加长履刺将使车辆附着力有显著的提高。

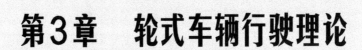

第3章　轮式车辆行驶理论

3.1　轮胎的类型和规格

3.1.1　轮胎的类型

车辆轮胎按用途可分为轿车轮胎、载重车轮胎、摩托车轮胎和特种车辆及工程机械用轮胎等。

按轮胎的结构特点,可分为斜交轮胎、子午线轮胎和带束斜交轮胎。

按轮胎的胎面花纹,可分为普通花纹轮胎(横沟花纹轮胎与纵沟花纹轮胎)、混合花纹轮胎(横沟与纵沟兼有花纹轮胎)和越野花纹轮胎(砌块花纹轮胎)。

按轮胎内空气压力大小,可分为高压轮胎(气压为 490~686kPa)、低压轮胎(气压为 196~490kPa)和超低压轮胎(气压为 196kPa 以下)。

此外,还可按轮胎带线类型分为钢丝轮胎、尼龙轮胎、人造丝轮胎和聚酯帘线轮胎等。上述各类轮胎又可概分为有内胎与无内胎的两种基本形式。

3.1.2　轮胎规格的常用表示方法

轮胎的商品规格多以轮胎外径 D、断面宽 B、轮辋直径 d 来表示。图 3-1 为轮胎的主要尺寸。

(1)对一般高压轮胎,以 $D \times B$ 表示,单位为 in,例如 32×6、34×7 等。

(2)对低压轮胎,以 $B\text{-}d$ 表示,单位多为 in,例如 6.00- 16、9.00-20 等。但也有公、英制混合表示的,例如 260-20,短横线前面的数字以 mm 为单位,短横线后面的数字仍以 in 为单位。

(3)对于轮辋直径 15in 以下的超低压轿车轮胎,以往用轮胎断面实际宽度和轮辋公称直径表示,即 $B\text{-}d$,单位为 in,例如 6.40-15、8.90-15 等。近年来删掉"零头数",改用整数,例如 7.00-14、9.00-14 等。

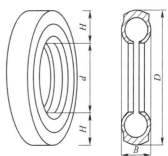

图 3-1　轮胎的主要尺寸

D-外径;d-轮辋直径;H-断面高;B-断面宽

(4)对于超低压拱形轮胎,用 $D \times B$ 表示,单位为 mm,例如 1140×700。

椭圆形轮胎采用 $D \times B\text{-}d$ 三个数字表示,例如 $1000 \times 1000\text{-}250$,单位都是 mm。

（5）对斜交结构钢丝轮胎,曾以 $B \cdot d$ 表示,单位为 in,例如 9·20。

（6）对无内胎载重车轮胎以 $B\text{-}d$ 表示,单位为 in。但由于采用了深式轮辋,所以标号较为特殊,例如：

8-22.5	相当于	7.50-22.5
9-22.5	相当于	8.25-22.5
10-22.5	相当于	9.00-22.5
11-22.5	相当于	10.00-22.5
11-24.5	相当于	10.00-22.5

（7）对子午线轮胎,用字母"R"表示,例如 9.00R20。

（8）对低断面轮胎,用字母"L"表示,例如低断面斜交轮胎为 7.5L-15、11L-15 等。

子午线结构的轮胎,国外采用了多种形式的规格标志。例如,欧洲采用公制体系表示轿车轮胎的规格,如 165SR13,其中 165 为断面宽(mm),S 为速度级别,R 表示子午线结构,13 为轮辋直径(in)。此外,法国米西林公司的子午线轮胎加"X"字母,如 10.00-20X。苏联对子午线轮胎用"P"字母,如 260-508P。

对于斜交结构或子午线结构的钢丝胎,国外还采用"A~G"字母代替断面宽。如 $A \cdot 20 = 7.5\text{-}20$,$B \cdot 20 = 8.25\text{-}20$,$C \cdot 20 = 9.00\text{-}20$,$D \cdot 20 = 10.00\text{-}20$,$E \cdot 20 = 11.00\text{-}20$,$F \cdot 20 = 12.00\text{-}20$,$G \cdot 20 = 14.00\text{-}20$。

另外,国外对冬季专用胎还标有"M+S""MS""M-S"等字母代号。

轮胎的规格标于胎侧部,在规格后面还标有层级;层级用汉字"层级"或用 P.R. 表示,如 10P.R.,即表示 10 层级。

轮胎的层级是指帘布的公称层级,与帘布的实际层数并不相符。我国是以棉帘布为基准的,如:10 层级载重车轮胎 9.00-20,其胎体帘布层或为 10 层棉帘布,或为 8 层人造丝帘布,或为 6 层尼龙帘布。

有时在层级后面又要用一个字母标明制造轮胎所用的帘布种类,如 M、R、N 和 G 分别代表棉帘布、人造丝帘布、尼龙帘布和钢丝帘布。

3.1.3　根据 ISO 国际标准的轮胎规格标号

根据 ISO 国际标准,车辆轮胎按用途分为二轮车用轮胎、轿车用轮胎、轻型载重汽车用轮胎、小型载重汽车用轮胎、载重汽车用轮胎、公共汽车用轮胎等。对各种轮胎并分别规定用途记号,表3-1 为轮胎的用途区分。

轮胎的用途区分 表3-1

用途	记号	用途	记号
轿车用	PC	小型汽车用(低压、特殊)	SLMC
轻型载重汽车用	ULT	工业车辆用	(I)
小型载重汽车用	LT	建筑车辆用	(OR)
载重汽车、公共汽车用	TB	农业机械用	(AG)
摩托车用	MC	轿车应急用(T型)	T
小型摩托车用	SC	轿车应急用(折叠型)	SF

除按用途区分外，轮胎本身又根据断面宽、扁平率、轮胎结构、适用轮辋直径、最大载荷、最大速度等来分类。而且，断面宽以5mm为单位来区分，扁平率以5倍数的百分率来区分。轮胎的结构区分为子午线、斜交、带束斜交三类，其各自标号为R、D、B。适用轮辋直径（mm）除以25.4的值（此值单位为in）表示。

部分最大载荷用表3-2所规定的载荷指数表示。另外，部分最高速度用表3-3规定的速度记号表示。

部分最大载荷对应的载荷指数　　表3-2

载荷指数	50	51	52	53	54	55	56	57	58	59	60
最大载荷（kN）	1.86	1.91	1.96	2.02	2.08	2.14	2.20	2.25	2.31	2.38	2.45
载荷指数	61	62	63	64	65	66	67	68	69	70	71
最大载荷（kN）	2.52	2.60	2.67	2.74	2.84	2.44	3.01	3.09	3.19	3.28	3.38
载荷指数	72	73	74	75	76	…	85	…	132	133	134
最大载荷（kN）	3.48	3.58	3.68	3.80	3.92	…	5.05	…	19.6	20.2	20.8
载荷指数	135	136	137	138	139	140	141	142	143	…	
最大载荷（kN）	21.4	22.0	22.5	23.1	23.8	24.5	25.2	26.0	26.7	…	

部分最高速度对应的速度记号　　表3-3

速度记号	$A_n(n=1\sim8)$	B	C	D	E	F	G	J	K	L
最高速度（km/h）	$5\times n$	50	60	65	75	80	90	100	110	120
速度记号	M	N	P	Q	R	S	T	U	H	
最高速度（km/h）	130	140	150	160	170	180	190	200	210	

在ISO国际标准《轮胎规格的标志》中，用上面的记号，按如下的排列表示：

［断面宽标号］/［扁平率标号］［轮胎结构记号］［适用轮辋直径标号］［载荷指数］［速度记号］［用途记号］

现在按上面的排列方式举例如下：

195/60R1485H

其中：195——表示断面宽（断面宽约195mm）；

60——表示扁平率（扁平率约60%）；

R——轮胎结构记号（子午线结构）；

14——表示适用轮辋直径（轮辋直径365mm）；

85——载荷指数（最大载荷5.05kN）；

H——速度记号（最高速度210km/h）。

上面前四项为结构尺寸，后两项为使用条件，在这个例子中省略了应位于最后的用途记号。

3.2　轮式车辆的行驶原理

车辆发动机产生的转矩经过传动系统传至驱动轮，这一部分作用在驱动轮上的力矩

称为驱动力矩 M_K。在发动机的转矩 M_e 经传动系统传至驱动轮的过程中,需要克服传动系统各部件中的损失,要消耗一定的功率,这一部分消耗的功率由传动系统中的部件——变速器、传动轴、中央传动、轮边减速器等的功率损失组成,一般用传动系统的机械效率 η_m 来扣除。传动系统功率损失可分为机械损失和流体损失两大类。机械损失主要是指齿轮传动副、轴承、油封等处的摩擦损失,机械损失与传动系统的传动形式有关;流体损失指消耗于润滑油的搅动、润滑油与旋转零件之间的表面摩擦等功率损失,流体损失与润滑油的品种、温度、箱体内的油面高度以及齿轮等旋转零件的转速有关。传动系统的机械效率一般是在专门的试验台上测得的,也可以通过理论计算的方法进行估算。

当发动机产生的转矩传至驱动轮后,作用于驱动轮上的转矩产生一个对地面的圆周力,根据作用力与反作用力的原理,地面也对驱动轮作用一个反作用力,即是驱动车辆的外力,并称为车辆的切线牵引力。切线牵引力的大小由式(3-1)确定:

$$F_K = \frac{M_K}{r} \tag{3-1}$$

式中:F_K——车辆的切线牵引力,N;

　　　M_K——车辆的驱动力矩,N·m;

　　　r——车轮的半径,m。

3.3　轮式行走机构的运动学

为了研究轮式车辆行走机构的效率和附着性能,必须分析车轮的运动学。根据产生运动的力学原因不同,车轮可分为从动轮和驱动轮。从动轮的运动是在轮轴上水平推力的作用下产生的;驱动轮的运动是在驱动力矩的作用下产生的。根据车轮承受载荷后是否变形,车轮可分为刚性轮和弹性轮两种。在研究车轮运动学时,为了方便起见,常以刚性轮在刚性地面上滚动作为例子。以下研究刚性轮在刚性地面上滚动的运动学问题。

1)车轮的三种滚动情况

图 3-2 为刚性车轮的三种滚动情况,车轮与地面相切于 O_1 点(实际是一条线),以角速度 ω 滚动。这时可能有三种滚动情况:

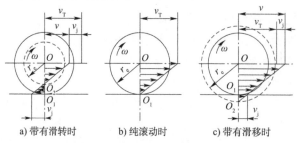

a)带有滑转时　　　b)纯滚动时　　　c)带有滑移时

图 3-2　刚性车轮的三种滚动情况

(1)纯滚动。

车轮相对于路面做纯滚动时,这时 O_1 点的速度为零,车轮的直线运动速度 $v_T = OO_1 \cdot \omega$。

因此，O_1 点即为瞬心[图 3-2b)]。

(2)滚动时带有滑移。

车轮滚动带有滑移时，O_1 点的速度不为零，而是有向前的滑移速度 v_j，所以车轮直线运动速度 $v = v_T + v_j = OO_1 \cdot \omega + v_j$。此时，瞬心移向 O_1 点的下方 O_2 点，相当于一个半径为 OO_2 的较大的车轮做纯滚动[图 3-2c)]。

(3)滚动时带有滑转。

车轮滚动带有滑转时，O_1 点的速度也不为零，而是有向后的滑移速度 v_j，所以车轮直线运动速度 $v = v_T - v_j = OO_1 \cdot \omega - v_j$。此时，瞬心移向 O_1 点的上方 O_2 点，相当于一个半径为 OO_2 的较小的车轮做纯滚动[图 3-2a)]。

车轮的几何中心 O 到速度瞬心的距离称为车轮的有效滚动半径 r_e，根据滚动时是否伴有滑移或滑转，r_e 可以大于或小于 OO_1。当纯滚动时，$r_e = OO_1$，这时的有效滚动半径称为滚动半径，以 r_g 表示。

弹性轮滚动时同样可认为具有纯滚动、带有滑移或滑转三种情况。驱动轮经常有滑转，而从动轮可能产生滑移，车轮在制动时也会产生滑移。

2)理论速度与实际速度

当车轮做无滑转无滑移滚动时，它的几何中心的运动速度称为车轮的理论速度 v_T，可用式(3-2)表示：

$$v_T = r_g \cdot \omega \tag{3-2}$$

式中：ω——车轮的角速度；

r_g——滚动半径，定义为车轮纯滚动一圈，轮子几何中心走过的距离除以 2π。

车轮有滑转时，其几何中心水平移动的速度称为车轮实际速度 v，以下式表示：

$$v = r_e \cdot \omega \tag{3-3}$$

式中：r_e——车轮的有效滚动半径，定义为车轮滚动一圈，轮子几何中心走过的距离除以 2π。

3)滑转率

滑转率的定义是车轮的理论速度减去实际速度与理论速度之比，可用式(3-4)表示：

$$\delta = \frac{v_T - v}{v_T} \tag{3-4}$$

实际速度与理论速度的关系可表示为：

$$v = (1 - \delta)v_T \tag{3-5}$$

3.4 轮式车辆的滚动阻力及附着性能

车轮滚动时产生滚动阻力，滚动阻力一般包括轮胎变形引起的滚动阻力 F_{fl} 及土壤变形的滚动阻力 F_{ft}。

3.4.1 轮胎变形引起的滚动阻力

车轮在滚动时，轮胎与路面的接触区域产生法向、切向的相互作用力以及相应的轮胎和支承路面的变形。轮胎与支承路面相对刚度决定了变形的特点。当弹性轮胎在硬路面（混凝土路、沥青路）上滚动时,轮胎的变形是主要的。此时,由于轮胎有内部摩擦产生弹性迟滞损失,使轮胎变形时对它做的功不能全部回收。

图 3-3 为 9-20 轮胎在硬支承路面上受径向载荷时的变形曲线。图中 OCA 为加载变形曲线,面积 $OCABO$ 为加载过程中对轮胎做的功;ADE 为卸载变形曲线,面积 $ADEBA$ 为卸载过程中轮胎恢复变形时放出的功。由图 3-3 可知,两曲线并不重合,两面积之差 $OCADEO$ 即为加载与卸载过程之能量损失。此能量系消耗在轮胎各组成部分相互间的摩擦以及橡胶、帘线等物质的分子间的摩擦,最后转化为热能而消失在大气中。这种损失称为弹性物质的迟滞损失。

在理论上计算轮胎变形引起的滚动阻力是非常复杂的,一般情况下可按经验法确定轮胎变形引起的滚动阻力,它是在实验的基础上建立的。根据经验提出,轮胎变形引起的滚动阻力 F_{ft} 与载荷 Q 成正比,从而可得:

$$F_{ft} = Qf_t \tag{3-6}$$

式中:f_t——轮胎变形引起的滚动阻力系数。

经验还表明,系数 f_t 随轮胎气压 p_i 而变化,p_i-f_t 的变化规律可通过试验求得。

试验方法是选用某一种轮胎(不同轮胎性能不一),在涂有润滑剂的水泥地面上,施以一定的负荷 Q,通过改变气压来分别测定滚动阻力。试验结果可得到一系列 p_i-f_t 参数。由于 $f_t = F_{ft}/Q$,且 $F_{ft} = F$ 是试验时的牵引力。所以,根据试验结果可绘制如图 3-4 所示的 p_i-f_t 曲线。当改变所施负荷 Q 时,试验曲线不变。

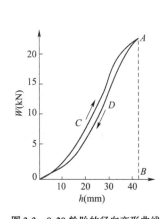

图 3-3　9-20 轮胎的径向变形曲线

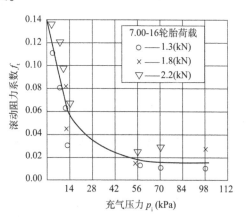

图 3-4　p_i-f_t 曲线

曲线可用下式表达:

$$f_t = \frac{u}{p_i^a} \tag{3-7}$$

式中:u、a——与轮胎结构有关的系数,借助 f_t-p_i 曲线,取其两点不难求出 u、a 的数据。

3.4.2　轮胎压实土壤引起的滚动阻力

弹性轮胎通过松软的土壤滚动时,土壤被压实变形,所引起的滚动阻力可按贝克法计算。图 3-5 为轮胎在松软地面上滚动时变简图形,承载面平均接地比压 p 为:

$$p = \frac{Q}{Lb} \qquad (3-8)$$

式中:Q——轮胎荷载;

L——接地平面长度;

b——轮胎接地平面宽度。

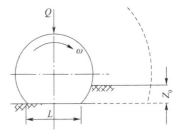

图 3-5 轮胎在松软地面上滚动时变简图形

土壤变形是在轮胎接地比压 p 作用下产生的。由土壤承载后的沉陷公式可知,土壤变形 Z_0 为:

$$Z_0 = \left(\frac{p}{\frac{K_C}{b} + K_K} \right)^{\frac{1}{n}} \qquad (3-9)$$

或

$$Z_0 = \left[\frac{Q}{L(K_C + bK_\varphi)} \right]^{\frac{1}{n}} \qquad (3-10)$$

根据功能转换原理,可通过计算得:

$$F_{fl} = \left[\frac{(K_C + bK_\varphi)^{-\frac{1}{n}}}{n+1} \right] \left(\frac{Q}{L} \right)^{\frac{n+1}{n}} \qquad (3-11)$$

又因:

$$Q = pbL = (p_i + p_c)bL$$

式中:p_i——轮胎气压;

p_c——胎壁刚度换算的气压。

所以:

$$F_{fl} = \frac{\left[b(p_i + p_C) \right]^{\frac{n+1}{n}}}{(K_C + bK_\varphi)^{\frac{1}{n}}(n+1)} \qquad (3-12)$$

3.4.3 滚动阻力系数

对于单个车轮,滚动阻力可用式(3-13)表示:

$$F_f = F_{fl} + F_{ft} \qquad (3-13)$$

对轮式机械来说,滚动阻力是驱动和从动轮滚动阻力之和,即:

$$F_f = F_{fK} + F_{fC} = G_\varphi f_K + G_C f_C \qquad (3-14)$$

式中:G_φ、G_C——驱动轮和从动轮载荷。

当 $f = f_K = f_C$,且 $G_S = G_\varphi + G_C$ 时,则:

$$F_f = G_S f \qquad (3-15)$$

式中:f——综合的滚动阻力系数,可由试验测得,在机械设计或性能预测时使用。

例如,一般轮胎,气压在 0.1~0.5MPa 时,滚动阻力系数与地面状况的关系见表 3-4。表中 φ 为附着系数。

表 3-4

f、φ 与路面的关系

地面状况	轮式车辆	
	f	φ
沥青路面	0.02~0.03	0.7~0.9
已耕田地	0.12~0.18	0.5~0.7
沼泥地	0.22~0.25	0.1~0.2

3.4.4 轮式车辆的附着性能

驱动轮在地面上滚动时,在驱动力矩的作用下,车轮与地的接触面上各微小单元都产生微观滑转,亦即地面各微小单元面上都产生抗滑转反力,这些抗滑转反力的水平合力就是切线牵引力 F_K。

车轮在坚硬地面上滚动时,切线牵引力主要由轮胎与地面之间的摩擦所产生;车轮在松软地面上滚动时,轮胎花纹嵌入土壤,切线牵引力主要来自土壤的抗剪切反力。地面对车轮产生抗剪切反力或切线牵引力 F_K 作用的同时,车轮对地面产生相对滑转,滑转程度用滑转率 δ 来表示,显然,当切线牵引力 F_K 一定时,δ 越小,地面的抗滑转能力就越高,地面这种抗滑转的能力称为附着性能。

土方工程机械多在土壤地面上工作,因此地面能够提供的切线牵引力由土壤的抗剪切力产生。轮式车辆切线牵引力 F_K 的理论计算与履带式车辆没有原则的区别,可按 Janosi 公式处理。施工中较常遇到的塑性土壤,一般当滑转率 $\delta = 100\%$ 时,可产生最大切线牵引力。

在运输工况下,轮式车辆多在较好的硬路面上行驶,如沥青路面等。此时切线牵引力主要由路面的摩擦反力提供。由于路面或土壤情况的复杂性,滑转率 δ 和牵引力 F 之间的关系(即滑转曲线)多由试验取得。这里需要说明的是,试验时的牵引力 F 是切线牵引力克服了驱动轮滚动阻力后可以对外做功的有效牵引力,即 $F = F_K - F_{fK}$。牵引

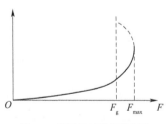

图 3-6 驱动轮试验滑转曲线

力 F 最初随滑转率 δ 成比例地增加,然后以稍快的速度增长到一个最大值 F_{max}。当滑转率继续增长时,牵引力下降,当滑转率 $\delta = 100\%$ 时,牵引力达到 F_g。F_{max} 到 F_g 以虚线表示,以示这一过程是不稳定的。图 3-6 是驱动轮在硬质地面上试验的滑转曲线。驱动轮滑转曲线和轮胎的类型、路面的材料以及路面的状况(如干湿情况)都有关系,道路条件对其影响较大。由图 3-6 可见,牵引力 F 有极值出现,一般可用动摩擦因数小于静摩擦因数来解释。

为了定量地说明附着性能,和履带式车辆一样,规定在允许滑转率时,驱动轮所发挥的牵引力称为附着力 F_{φ}。附着力与附着重量之比值称为附着系数,即:

$$\varphi = \frac{F_\varphi}{G_\varphi} \tag{3-16}$$

$$F_\varphi = G_\varphi \varphi \tag{3-17}$$

3.4.5 影响滚动阻力和附着性能的因素

影响滚动阻力的因素较多,且与附着性能有密切关系,下面将同时考虑影响附着性能及滚动阻力的各因素。对轮式车辆滚动阻力和附着性能影响因素的分析,目的在于考虑如何减小滚动阻力和提高附着性能。轮式车辆较履带式车辆附着系数小,且不能利用整机重量作为附着重量(指后桥驱动的车辆),所以提高附着性能更显得重要。

(1)土壤条件。

土壤抗剪强度越大,附着性能越好。土壤抗剪强度又受湿度变化的影响,土壤越潮湿,轮胎的附着性能就越差。土壤表层强度很低而底层强度较高时,采用高花纹轮胎可提高附着性能。

如果土壤过于软烂,则车辆就将下陷过深,滚动阻力就大。在这种情况下,可装用船体承受部分重量,从而减少车轮(或履带)的荷重,以减小滚动阻力。

(2)路面条件。

当轮式车辆进行运输作业,在硬质路面上行驶时,其附着性能取决于轮胎和地面的外摩擦因数。必要时,可装设防滑链,来防止打滑。

(3)附着重量。

在摩擦性土壤中,增大附着重量,可以增大附着力。但当土壤抗剪应力达到最大值后,如再增大附着重量,可能会降低驱动力。在纯黏聚性土壤中,不能仅靠增加附着重量来改善附着性能。在松软土壤中,如过度地增加附着重量,则轮胎下陷量增加,滚动阻力增大,挂钩牵引力反而降低。

采用四轮驱动,使整个拖拉机重量都成为附着重量,可使附着力增加。这是提高牵引附着性能的一项有效措施。

(4)轮胎充气压力。

图 3-7 为附着力和滚动阻力随轮胎气压的变化曲线,当轮胎的充气压力 p_i 从较大值开始降低时,附着力随 p_i 降低而增加。但当 p_i 进一步降低时,驱动轮滚动阻力 F_{fK} 就要增加。这是因为滚动阻力是由轮胎和土壤两者变形所引起的。在田间,土壤变形一般起决定性影响,因此在一定范围内降低 p_i,从而使土壤的垂直变形减小,也就降低了滚动阻力。但当 p_i 降低到一定值以后,再进一步降低 p_i 时,由于轮胎变形对滚动阻力起了决定性的影响,反而会使滚动阻力增加。

图 3-7 所示的试验曲线是在松砂土上取得的。如果地面或土壤条件发生变化,则试验曲线的趋向就会有所变化。例如,在硬质光滑路面上或石子路上,与最小滚动阻力(F_{fKmin})对应的最佳气压 p_{i0} 点就要向高的 p_i 方向移动。

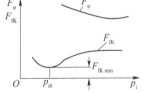

图 3-7 附着力和滚动阻力随轮胎气压的变化曲线

注:轮胎 14.00-18(八层),$Q = 14.7kN$,松砂地面。

由上面分析可知,在确定驱动轮胎的气压时,应从土壤条件、附着力和滚动阻力等多方面来考虑。

应该指出,当 p_i 减小时,轮胎变形将增加,因而增加了胎壁内部的摩擦,从而将引起轮胎磨损和破裂。因此,为提高轮式车辆牵引附着性能而降低 p_i 时,还要兼顾轮胎的使用期限。

(5)轮胎尺寸。

增大轮胎直径,可以增加轮胎支承长度,使附着力增加,滚动阻力降低。但轮胎直径的增加受到某些参数(如机器重心高度)的限制。近年来,为了能在不加大轮胎外径情况下提高轮胎承载能力,在适当条件下,可装用加宽型驱动轮胎。普通车辆轮胎断面的高宽比(H/b)通常为1;而加宽型轮胎断面的高宽比则降到 0.85 左右。在增加轮胎宽度的同时,最好同时适当降低轮胎的充气压力,使轮胎的接地面积增加,否则轮胎宽度增加,轮胎刚度也要随之相应增加,因而径向变形较小,轮胎接地面积并不一定能增加。近年来,某些拖拉机也并排安装了双轮胎。

(6)轮胎花纹。

越野轮胎的花纹多为人字形。图3-8 为轮胎花纹布置简图,在砂壤土上进行的模型试验表明:花纹长度相同时,适当增加花纹布置角,可以提高车辆的附着性能。

我国目前多采用45°花纹布置角。

花纹的形状和布置会影响轮胎的压力分布,因而也将影响附着力。轮胎的设计应使接地压力能够近似于均匀分布。

花纹的布置与轮胎的自洁性能有关,而轮胎的自洁能力又会影响附着力的发挥。

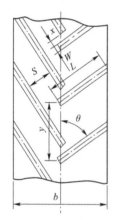

图3-8 轮胎花纹布置简图
θ-纹花布置角;S-花纹间距;y-花纹节距;x-花纹端部间隙;b-轮胎宽度;W-花纹宽度;L-花纹长度

(7)轮胎结构。

轮胎的刚度、帘布层数、帘布排列方法等对附着和滚动阻力的大小也有不同程度的影响。

3.5 轮式车辆总体受力分析

为了正确地设计和使用车辆,使之达到预期的性能,必须了解车辆的受力状态及其对车辆性能的影响。为了便于分析问题,设有一台后桥驱动的双轴牵引车,在水平地面上进行匀速牵引作业,图3-9 为轮式车辆在纵垂面内的受力图。

根据受力平衡条件,建立以下平衡方程式:

$$G_S = N_1 + N_2 \tag{3-18}$$

$$F_x = F - F_{fC} \tag{3-19}$$

$$N_2 L = G_S b + M_{fK} + M_{fC} + F_x h \tag{3-20}$$

由式(3-20)可得:

$$N_2 = G_S \frac{b}{L}\left(\frac{M_{fK} + M_{fC}}{L} + F_x \frac{h}{L}\right) \tag{3-21}$$

同理：

$$N_1 = G_S \frac{a}{L} - \left(\frac{M_{fK} + M_{fC}}{L} + F_x \frac{h}{L}\right) \tag{3-22}$$

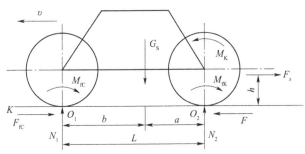

图 3-9　轮式车辆在纵垂面内的受力图

F_x-水平工作阻力；h-水平工作阻力 F_x 到地面的垂直距离；G_S-机械使用重量；F_{fC}-从动轮滚动阻力；N_1、N_2-从动轮和驱动轮的轴负荷反力；F-牵引力；M_{fC}、M_{fK}-从动轮、驱动轮滚动阻力矩

式(3-19)中的 $F - F_{fC}$ 表示整机可以对外输出的牵引力，称为挂钩牵引力，一般以 F_{KP} 表示。在稳定牵引时它与工作阻力 F_x 相平衡。

式(3-21)及式(3-22)表明轮式车辆在牵引负荷时，轴负荷 N_1、N_2 发生了变化，因为静止的轴负荷 $N_1 = G_S \frac{a}{L}$，$N_2 = G_S \frac{b}{L}$。由于牵引负荷的存在，驱动轮轴荷增加，我们称之为增重，同时前轮轴荷减少。由于驱动轮的增重与前轮轴荷的减小量相同，又称重量转移。

图 3-9 中 M_{fK} 与 M_{fC} 为驱动轮与从动轮的滚动阻力矩，当桥荷分配发生变化时，一般应重新计算。

附着重量分配系数 λ 一般用附着重量除以机械使用重量来表示，即：

$$\lambda = \frac{N_2}{G_S} \tag{3-23}$$

当驱动桥荷发生变化时，附着重量分配系数亦随之变化，显然全桥驱动或双履带式车辆 $\lambda = 1$。

3.6　双桥驱动车辆的运动学和动力学

3.6.1　双桥驱动车辆的特点

1)牵引附着性有显著的改善

双桥驱动车辆的牵引附着性能得到改善的原因有两个：

(1)车辆前后轮的负荷皆可利用作为附着重量，因此当前后轮上附着力皆得到充分利用时，其附着力 F_φ 可达到：

$$F_\varphi = \varphi(N_1 + N_2) \tag{3-24}$$

（2）在前后轮距相同的四轮驱动车辆上，后轮沿前轮轮辙滚动，减少了后轮的滚动阻力，并改善了后轮的附着性能。实验表明，在松土上，当后轮滑转率为 $\delta = 16\%$ 时，其附着重量利用系数 φ_x 提高了 $25\% \sim 30\%$。当 $\delta = 40\%$ 时，φ_x 提高 $14\% \sim 20\%$。在承载能力差的土壤上（如烂泥田），附着重量利用系数提高得更为显著。

由于上述原因，四轮驱动车辆的牵引附着性能较两轮驱动的优越，图 3-10 即为四轮驱动的车辆与两轮驱动车辆牵引附着性的比较。图 3-10 说明，在干燥土壤留茬地上，当 $\delta = 20\%$ 时，四轮驱动车辆的牵引力较两轮驱动的大 27%；在 $\delta = 50\%$ 时，牵引力大 20%。其最佳牵引效率，四轮驱动的为 77%，而两轮驱动的为 70%。

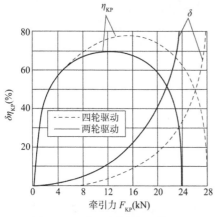

图 3-10　四轮驱动车辆与两轮驱动车辆牵引附着性的比较

2）较好的操纵性和纵向稳定性

四轮驱动车辆在前桥上有较大的重量分配。因此，上坡时纵向稳定性较好，前轮也不会因载荷过小而使操纵性变坏。由于前轮上存在驱动力，即可减小前轮的滚动阻力，又具有把车辆引导到正常轨迹上去的能力，在下坡时这一效果表现得较为明显。

3）较好的通过性

四轮驱动车辆与两轮驱动车辆相比，在附着性能较差的地区（如泥泞的土地、雪地），具有较好的通过能力。在附着系数小到 $0.1 \sim 0.3$ 的土壤上，四轮驱动车辆仍然可以通过并进行作业。

双桥驱动车辆也有其缺点，如在一定的使用条件下，传动系统将产生寄生功率。寄生功率的存在不但将增加发动机功率的消耗，还会加速传动系统和轮胎的磨耗。因此，设计和使用双桥驱动车辆时，必须注意到这一点。

3.6.2　双桥驱动车辆的运动学和动力学

在四轮驱动的车辆中，前、后驱动桥间传动系统为刚性闭锁式连接时，为了使前后轮运动协调，必须使前后轮的理论速度相等（$v_{T1} = v_{T2}$）。因为 $v_{T1} = v_{T2}$ 皆为车轮滚动半径的函数，而驱动轮的滚动半径在机器使用过程中是会变化的，所以即使在设计时做到了 $v_{T1} = v_{T2}$，实际工作时也仍会出现差异。

在工作过程中，驱动轮滚动半径（近似等于动力半径）因下列三种原因发生变化：

（1）前后轮载荷的变化；

（2）充气程度的不同；

（3）轮胎磨损程度的不同。

但前后轮皆安装在同一个车辆上，其实际速度必须相等，即：

$$v_1 = v_2 = v \tag{3-25}$$

式中：v_1、v_2——前轮和后轮的实际速度；

　　　v——车辆行驶的实际速度。

由于：

$$v_1 = v_{T1}(1 - \delta_1) \tag{3-26}$$

$$v_2 = v_{T2}(1 - \delta_2) \tag{3-27}$$

式中：v_{T1}、v_{T2}——前、后轮理论速度；

δ_1、δ_2——前、后轮的滑转率。

可以得出：

$$1 - \delta_1 = \frac{v_{T1}}{v_{T2}}(1 - \delta_2) \tag{3-28}$$

由于前后轮角速度 ω_K 相等，故前后轮的理论速度之比可用下式表示：

$$\frac{v_{T2}}{v_{T1}} = \frac{r_{g2}\omega_K}{r_{g1}\omega_K} = \frac{r_{g2}}{r_{g1}} \tag{3-29}$$

式(3-28)可改写为：

$$1 - \delta_1 = \frac{r_{g2}}{r_{g1}}(1 - \delta_2) \tag{3-30}$$

式(3-28)及式(3-30)称为双驱动运动学方程式。图 3-11 为四轮驱动车辆示意图，当外部工作阻力为 F_x 时，前后轮牵引力之和应与之平衡。即：

$$F_x = F_1 + F_2 \tag{3-31}$$

式(3-31)称为双桥驱动力学方程式。

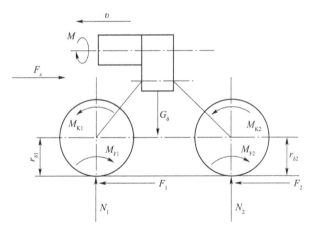

图 3-11　四轮驱动车辆示意图

为了定量确定前后轮的牵引力 F_1、F_2 和滑转率 δ_1、δ_2，还需要知道前后轮的滑转率与牵引力之间的关系，即知道滑转率曲线：

$$\left.\begin{array}{l} \delta_1 = \delta_1(F_1) \\ \delta_2 = \delta_2(F_2) \end{array}\right\} \tag{3-32}$$

根据以上的讨论，对双桥驱动车辆行驶过程中可能出现的一些情况就容易进行分析了。为便于分析，假设前后桥荷重相等，则只有当 $r_{g1} = r_{g2}$ 时，才有 $\delta_1 = \delta_2$。如两条滑转曲线相同，当负荷 F_x 增加时(不计因重量转移引起的滚动半径变化)，则可以使 δ_1、δ_2 同时达到额定值 δ_H，前后轮附着力均能得到充分发挥。

如果 $r_{g1} \neq r_{g2}$，这里假定 $r_{g1} > r_{g2}$，根据运动学方程式 $\delta_1 > \delta_2$，当外负荷 F_x 一定，根据动力学方程式 $F_x = F_1 + F_2$，F_1 与 F_2 一定不等，且保持一定比例。下面按照负荷 F_x 的变化情况进行分析。

（1）增加负荷 F_x，使 δ_2 达到 δ_{2H} 时，后轮能发挥较大的牵引力，附着力能得到较充分发挥，但前轮滑转率过大 $\delta_1 > \delta_{2H}$，滑转损失过大。反之，当 F_x 增加到使 $\delta_1 = \delta_{2H}$ 时，前轮附着力能得到充分发挥，而后轮 $\delta_1 < \delta_{2H}$，附着力得不到充分发挥。

（2）当负荷 F_x 增加到 $\delta_1 = 100\%$ 时，δ_2 也一定等于 100%，前后轮同时滑转，前后轮都发挥出百分之百滑转时的牵引力。

（3）当 F_x 减小到 $\delta_2 = 0$ 时，这时前轮发挥的牵引力与负荷相平衡，即 $F_1 = F_x$。根据运动学方程式（3-30），此时：

$$\delta_1 = 1 - \frac{r_{g2}}{r_{g1}} \tag{3-33}$$

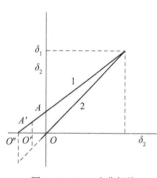

图 3-12　δ_1-δ_2 变化规律

（4）当负荷继续减小到 $\delta_1 < 1 - \frac{r_{g2}}{r_{g1}}$ 时，根据运动学方程式，可以求得：$\delta_2 < 0$，则后轮牵引 $F_2 < 0$，为负值，故 $F_x = F_1 - F_2$。

以上分析，可以用 δ_1-δ_2 关系曲线更清楚地看出。图 3-12 是根据运动学方程绘出的曲线，图中曲线 1 表示 $\delta_1 = \delta_1(\delta_2)$，曲线 2 表示滑转率 δ_2，根据 δ_2 由负值到正值以及到 100% 的变化，可以明显地看出 δ_1 的变化规律。结合前后轮的滑转曲线，不难分析前后轮牵引力的变化规律。

直线 1 的方程是：

$$\delta_1 = \left(1 - \frac{r_{g2}}{r_{g1}}\right) + \frac{r_{g2}}{r_{g1}}\delta_2 \tag{3-34}$$

可见直线 1 的截距 $AO = \left(1 - \frac{r_{g2}}{r_{g1}}\right)$，斜率为 $\frac{r_{g2}}{r_{g1}}$。

3.6.3　双桥驱动的寄生功率

从双桥驱动的运动学和动力学可知，当牵引负荷减小到 $\delta_1 < 1 - \frac{r_{g2}}{r_{g1}}$ 时，前桥驱动轮的牵引力 F_1 为正值，后桥驱动轮的牵引力为负值，即后轮在机体的推动下，一边向前滚动，一边向前滑移，并且起制动作用。

在这种状态下，由于后轮上作用着与车辆行驶方向相反的制动力 F_2，它所造成的力矩将经分动器和中央传动传给前轮。因此，传往前轮的动力有两路：一路是由发动机传来（图 3-13 中实线所示），另一路由后轮传来（图 3-13 中虚线所示），两路汇合后传到前轮，使前轮的驱动力增大。其增大部分仍

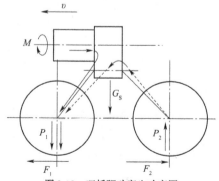

图 3-13　双桥驱动寄生功率图

将通过机体传给后轮,用以克服后轮制动所需的力。实际上,前轮驱动力的增加并不产生有效的牵引力。由制动力 F_2 所形成的功率 P_2 将在下列闭路中循环:由后轮经其主传动器到分动器,再经前桥主传动器到前轮,然后经机体重新传给后轮。这种现象称为功率循环,被循环的那部分功率称为寄生功率。

寄生功率并不能增加驱动功率或驱动力,而且会使传动系统零件过载,使轮胎因过多滑动而加速磨损,也降低传动系统效率及牵引效率。所以在设计和使用时,要尽量防止产生寄生功率。

为了防止双桥驱动车辆产生寄生功率,可以在结构上采用一些措施,例如:

(1)在分动器通往某个驱动桥的传动路线上,加装一个超越离合器,超越离合器的主动部分连接分动器,从动部分连接驱动桥。超越离合器的特点是:在正常情况下,动力可由主动部分传往从动部分(通过超越离合器);当从动部分的转速超过主动部分时,从动部分可自由转动,不受主动部分转速的限制。因此,当车辆的实际速度 v 大于该驱动桥车轮的理论速度时,其车轮可按速度 v 自由滚动,这时如同从动轮一样,因而避免了寄生功率的产生。

这种在通往一个驱动桥(如前桥)的传动系统中安装超越离合器的办法,只能防止一种情况下产生的寄生功率。例如,能防止在 $v_{T2}>v>v_{T1}$ 情况下产生的寄生功率,而不能防止在 $v_{T1}>v>v_{T2}$ 情况下产生的寄生功率。因此,在设计时必须注意。如果在通往前驱动桥的传动路线上装有超越离合器,则必须使 $v_{T2}>v_{T1}$,即后轮滑转超前。但超前率不宜取得过大,否则,当后轮滑转率已经很大时,前轮仍自由滚动,而不能发挥驱动作用,这样就失去了四轮驱动的优越性。

(2)在前后桥间安装轴间差速器。当前后桥间装有轴间差速器时,如果前后桥的车轮间有速度差,便可自动适应,因而也不会产生寄生功率。但是装设轴间差速器会降低牵引附着性能,因为当有一个驱动桥陷入附着系数很低的土壤中时,另一驱动桥上驱动力的发挥也受到了限制。所以,四轮驱动车辆很少采用这种机构。

3.6.4 四轮驱动车辆的滑转效率

设前后驱动轮滚动半径各为 r_{g1} 和 r_{g2}。当滑转不大时,可认为传递的牵引力与滑转率呈正比例关系,即:

$$F_1 = K_1\delta_1 \tag{3-35}$$

$$F_2 = K_2\delta_2 \tag{3-36}$$

式中:F_1、F_2——前、后轮的牵引力;

K_1、K_2——前、后轮 F-δ 曲线中线性部分 F/δ 的比值。

由此可列出四轮驱动车辆的牵引力为:

$$F = F_1 + F_2 \quad \text{或} \quad F = K_1\delta_1 + K_2\delta_2 \tag{3-37}$$

根据滑转效率的定义,在四轮驱动的情况下,滑转效率可表示为:

$$\eta_\delta = \frac{P_v}{P_v + P_{\delta1} + P_{\delta2}} \tag{3-38}$$

式中:P_v——行走机构传给机架的功率;

$P_{\delta1}$、$P_{\delta2}$——前、后轮滑转损失的功率。

因为：

$$P_{v} = (F_1 + F_2)v = (K_1\delta_1 + K_2\delta_2)v$$

$$P_{\delta1} = F_1 v_{T1}\delta_1 = (K_1\delta_1)\frac{v}{1-\delta_1} = \frac{K_1\delta_1^2 v}{1-\delta_1}$$

$$P_{\delta2} = F_2 v_{T2}\delta_2 = (K_2\delta_2)\frac{v}{1-\delta_2}\delta_2 = \frac{K_2\delta_2^2 v}{1-\delta_2}$$

将上式代入式(3-36)后，可得：

$$\eta_{\delta} = \frac{K_1\delta_1 + K_2\delta_2}{K_1\delta_1 + K_2\delta_2 + \dfrac{K_1\delta_1^2}{1-\delta_1} + \dfrac{K_2\delta_2^2}{1-\delta_2}} \qquad (3-39)$$

当 K_1 和 K_2 已知时，就可将前、后轮上的滑转率 δ_1 和 δ_2（或牵引力 F_1 和 F_2）代入式(3-37)，从而求出车辆的滑转效率 η_{δ}。

根据式(3-39)作出的滑转效率曲线如图3-14所示，计算时取 $K_1 = K_2 = K = 200\text{kN}$。

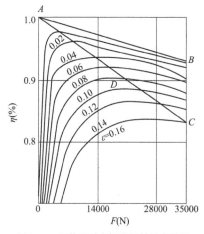

图 3-14 四轮驱动车辆的滑转效率曲线

当仅有后轮接通动力时（相当于两轮驱动），即 $F_1 = 0$，$\delta_1 = 0$，因此由式(3-39)可得：

$$\eta_{\delta} = \frac{\delta_2}{\delta_2 + \dfrac{\delta_2^2}{1-\delta_2}} = 1 - \delta_2 = 1 - \frac{F_2}{K} = 1 - \frac{F}{2K} \qquad (3-40)$$

式(3-38)表示 η_{δ} 与 F 呈直线关系，如图3-14中 AC 线所示。当前后轮皆接通动力，且 $\delta_1 = \delta_2$ 时，即为理想状态的四轮驱动时，由式(3-39)可得：

$$\eta_{\delta} = \frac{2\delta_2}{2\left(\delta_2 + \dfrac{\delta_2^2}{1-\delta_2}\right)} = 1 - \delta_2 = 1 - \frac{F_2}{K} = 1 - \frac{F}{2K} \qquad (3-41)$$

注意：此时 F_2 等于 $F/2$。式(3-41)表示 η_{δ} 与 F 仍呈直线关系，如图3-14中 AB 线所示。

由图3-14可看出，当 F 为35kN时，若只接通后轮，则 $\delta_2 \approx 16\%$，$\delta_1 \approx 0$，$\eta_{\delta} \approx 84\%$（图3-14中 C 点）；但若前后轮皆接通，且 $\delta_1 = \delta_2 = 8\%$，$\eta_{\delta} = 92\%$，滑转效率就提高了。

下面分析 $\delta_2 \neq \delta_1$，且令 $\varepsilon = \delta_2 - \delta_1$ 为超前率的情况。

当 ε 值已知时，式(3-37)可改写为：

$$F = F_1 + F_2 = K(\delta_1 + \delta_2) = K(2\delta_2 - \varepsilon) \qquad (3-42)$$

因此，给定 ε 值时，由 F 可确定 δ_2，由 δ_2 又可确定 δ_1，将 δ_1、δ_2 代入式(3-39)可求得 η_{δ}。所以，可作出各 ε 值时的 F-η_{δ} 曲线（如图3-14中 $\varepsilon = 0.02$、0.04……各曲线）。

各 ε 值时的 F-η_{δ} 曲线与 AC 线的交点有重要意义，现以 $\varepsilon = 0.1$ 曲线与 AC 线交点 D 来说明。D 点在 AC 线上，可看作后轮驱动（δ_2 为正值），前轮为纯滚动（$\delta_1 = 0$）；但 D 点又

在 $\varepsilon = 0.1$ 曲线上,因而又表示 $\varepsilon = 0.1$,所以可判定此时 $\delta_2 = \delta_1 + \varepsilon = 0.1$。$D$ 点以右,随 F 增大,δ_1 和 δ_2 皆增大,即 δ_1 由零变为正值,δ_2 由 0.1 又增加了一些,因此这时前后轮皆发挥驱动力。在 D 点以左,随着 F 的减小,δ_1 和 δ_2 皆减小,因而 δ_1 由零变为负值,前轮成为制动轮。因此,图 3-14 中 AC 线的上方表示前后轮皆发挥驱动力的区域,而 AC 线的下方是前轮起制动作用的区域,AC 线是这两个区域的界线,在 AC 线以上相当于仅后轮驱动。

在 AC 线上如 D 点以右,随着 F 的增大,δ_1 和 δ_2 皆增大,因而滑转效率 η_δ 下降;在 D 点以左,随着 F 的减小,虽然 δ_2 也减小,但因 δ_1 已成为负值,前轮起制动作用,所以 η_δ 也下降,这在图 3-14 中可明显地看出。

在给定牵引力 F 的情况下,若 ε 已知,则在图 3-14 中可找出与其相对应的滑转效率点。若该点位于 AC 线的左下方,那么还不如切断通往前驱动桥的动力,这样 η_δ 反而可增大。这也说明在轻负荷、大的超前率时,采用四轮驱动效果反而不好。

第4章 步行式底盘理论

4.1 概　　述

步行运动方式具有较好的机动性,即具有较好的对不平地面的适应性能。步行运动方式的立足点是离散的,可以在可能达到的地面上最优地选择支撑点。同时步行运动系统还可以通过松软地面以及跨越较大的障碍,如沟、坎和台阶等。

步行运动系统可以主动减振,即允许机身运动轨迹与足运行轨迹解耦。尽管地面高低不平,机身运动仍可做到相当平稳。具体地讲,步行系统对步长小于两倍腿行程的平面度没有响应。

步行运动系统在不平地面和松软地面上的运动速度高,而能耗较少。实验和观察研究表明,在崎岖不平的坚硬地面上行驶(行走)的平均速度:履带式车辆为 8~16km/h,轮式车辆为 5~8km/h,而足式行走机构的奔跑速度最高可达 56km/h。在有 25.4cm 深软土的地面上,履带式车辆所需的推进功率为 7460W/t,轮式车辆为 11300W/t,而足式行走机只需 5220W/t。这个结果可以用土壤力学来解释:轮子或履带陷入泥土而形成的连续凹坑是车辆或履带需要不断爬越的,而足履陷入后的离散凹坑使得足端不再向后滑移,从而提高了推进效果。关于这一点,在泥泞的道路上或雪地里行走过和骑过自行车的人一定深有体会。

步行式底盘不仅能在平地上而且可在凹凸不平的地上步行,跨越沟壑,上下台阶,具有广泛的适应性。但要控制它迈步而不倾倒是有难度的,目前还没有能完全实现上述要求的步行式工程机械底盘。

步行式底盘如果按其行走时保持平衡的方式不同大致可分为两类。一类是静态稳定的多足机,其机身的稳定通过足够数量的腿支撑来保证。在行走过程中,机身重心的垂直投影始终落在支撑足着地点垂直投影所形成的凸多边形(称为支撑图形)内,机身也不会有倾覆的危险(这种性能称之为抗倾覆能力)。通常,多足机的速度较慢。步行式底盘的另一类则是动态稳定的,主要有两足机和单足跳跃机。此类机在运动循环中,机身重心有时不在支撑图中,必须在不断的运动中变换姿势,以保证整机的平衡,因此,运动速度一般较快。这一类底盘不适合用作工程机械底盘。

实用步行机械的研制有赖于科学和工程技术多学科的进步。步行机需要有多个子系统才能完成诸如关节运动的产生、足运动先后顺序的安排、平衡的监视和实现、地形的感知、落足点的选择、障碍的回避和克服、机体姿态的控制等任务。其中,许多规律人们尚不了解或理解欠深。目前步行式工程机械大都处在实验与研制阶段,在研究开发的过程中主要遇到下列困难。

4.1.1 各腿之间的协调控制

为了充分利用足运动系统在不平坦地面上的优越性能,要求步行机械的每条腿上至少要有三个独立可控自由度,只有这样,机身运动与地面形状才能完全解耦(这样能力称为完全地面适应能力)。于是,一台四足机需要12个独立可控自由度(四足是保持机身静态稳定的最小足数),六足机需要18个自由度,协调控制计算量甚大。虽然目前计算机的处理速度很快,但是要想有效地控制机器完成相当难度的运动,必须对操作员进行长时间的训练,而且工作很短一段时间就筋疲力尽了。

4.1.2 机身姿态控制

轮式车辆的平稳性问题是通过充气轮胎和其他弹簧阻尼系统来解决,这种办法只在有限范围内有效。对于步行机械在爬越阶梯或在有较大障碍物的地面上行走时,其机身保持近似水平和保证静态或动态稳定至关重要,一般是通过腿足与在地面的支撑状态来控制的,即使仅有三足支撑地面,要通过对9个自由度的控制以实现对机体6个自由度的姿态控制,无疑是有相当难度的。

4.1.3 转向机构及转向控制

在步行机械系统中,转向是一个极其困难的问题,转向时各腿的运动常常由一个复杂的计算机程序或由一个相当精确的凸轮系统来控制,转向方式可归纳如下。

(1)断续转向:在机械转向时机身的运动必须停下来,然后机身可以下降到地面上以完成转向,或者用一条额外的足支撑机身绕其转动,还可以把机架做成可以相对回转的双层结构形式。

(2)连续转向:机构运动(从一种直线轨迹到另一种直线轨迹的连接弧上)要计算机或特殊机构来产生足运动弧所需的曲率和把连续转向进一步细分为精确运动转向和精确运动回转两种,前一种转向方式机身总是面向运动方向而足端在内直线向圆弧运动的过渡点上发生打滑;后一种回转方式足不打滑,机体的所有部件的运动轨迹是同心圆弧。

(3)全向运动:全向运动步行机械保持机身方位不变,由腿机构的偏转来实现任意方向的运动。全向运动的优点是对狭窄地形的适应能力强、转向控制简单而且消耗在转向运动上的能量较少,主要缺点是全向性腿机构的机械实现较困难。

4.1.4 动力的有效传递式

在动力传递方面,行走系统往复运动的足比连续转动的轮子要复杂得多。这个情况由于大量独立运动的自由度的存在而变得更加严重。相比之下,单自由度驱动的大多数轮式车辆或履带式车辆的动力传递效率较高。而对于全地形适应性步行机的机械效率相当低,这就使得步行运动方式在不平坦地面上的优越性不能充分展示出来。

步行机械除了发动机的动力传递效率不理想外,步行机械本身的往复运动也会在启动和停止时消耗大量能量。此外,沉重的机身在垂直方向的波动和前进方向的波动难以避免,同样也要耗费能量。从理论上讲,平地行走是不消耗能量的,所以步行机械的大部分能量实际上都以某种方式消耗在机械摩擦中,变成热量而耗散了。

4.1.5 行走系统的其他运动机理

足式行走机构行走时很多规律尚待探索,如动态行走原理、动态稳定性的控制方法、奔跑跳跃控制机理、不平地面的行走策略等。

以上便是步行式机械之所以发展缓慢的五个难以解决的问题。本章主要从原理上学习步行机械的腿机构、腿的配置形式、步行机械的稳定性、步态分析及步行机械的运动学与动力学分析。

4.2 典型腿机构

步行机械的腿机构是步行机械的一个重要组成部分,它性能的好坏直接影响到整个步行机械性能的好坏。

4.2.1 腿机构的基本要求和分类

步行机械的腿机构,为满足实际运动和受力的需要一般要满足下述基本要求:

(1)实现运动的要求;

(2)承载能力的要求;

(3)结构实现和方便控制的要求。

从运动角度出发,在机械行走过程中,一般要求处于支撑状态的足端相对于机身走直线轨迹,这样才不至于因机身重心上下波动而消耗不必要的能量,同时有利于各支撑足驱动时的协调运动和机身姿态的控制。为了使步行机械能在不平地面上行走,以及腿复位的需要,腿的伸长(即足端相对于机身的高度)应该是可变的。如果考察整机的运动性能:一方面要求机身能走出直线运动轨迹呈平面曲线轨迹(在严重崎岖不平地面),另一方面要求能够转向。当前进运动和转向运动均由腿机构完成时,腿机构应为不少于三个自由度的空间机构,并且足端具备一个实体的工作空间。当机械的转向由腿机构之外的独立转向机构完成时,腿机构可以是两个自由度的平面机构。当机械的推进和转向运动均由复合机架完成时,只要求腿机构是单自由度的伸缩机构。

步行式机械在运动过程中由腿机构交替地支撑机身的重力并在负重状态下推进机体向前运动,因此,腿机构必须具备与机器重力相适应的刚性和承载能力。由于步行机械的腿机构自由度较大、结构比较复杂,给提高其刚度及承载能力带来了很大的困难,因此制约着步行机械的发展。

步行机械的腿机构按其机构形式的不同一般可分为两大类:一类是开链机构,二类是闭链机构。开链机构的特点是工作空间大,结构简单,承载能力小。闭链机构一般刚性好,承载能力大,功耗较小,但工作空间有局限性。

4.2.2 步态的描述

步行机械在运动过程中,各腿交替地呈现两种不同的状态,即支撑状态和摆动状态。腿处于支撑状态时,足端与地面接触支持机体重力,并且推动机体前进,这种状态称为支撑相或立足相。当腿处于摆动状态时,足端抬离地面,向前迈步为下一个支撑相做准备,这种状态称为摆动相。

各腿的支撑相和摆动相随时间变化的顺序集合称为步态。对于匀速行走的步行机械,腿的两种状态呈现周期变化规律。由于这时步态是周期变化的,故称周期步态。

设在一个周期 T 内,第 i 腿处于支撑相的时间为 t_p,则第 i 腿处于支撑相的时间与周期之比,称为该腿的占地因素,用 β_i 表示:

$$\beta_i = \frac{t_{pi}}{T} \tag{4-1}$$

当每个腿的 β_i 均相等时,这时的步态称为规则步态。

步态还可以直观地用步态图来描述,图 4-1 为六足步行机械周期规则步态图。图中实线表示腿处于支撑相,没有画线的地方表示腿处于摆动相。

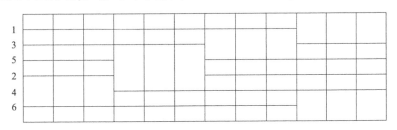

图 4-1 步态图

步态图中包含的信息有周期 T、占地系数 β 和各腿的落足先后次序,若以 t_i 表示足 i 的落足时刻,则相对于足 i 的相对相位可表示为:

$$\varphi_i = \frac{t_i - t_1}{T} \quad (0 \le \varphi_i \le 1) \tag{4-2}$$

当对步态周期 T 进行归一化处理时,步态信息可由 β 和 φ_i 来全面描述,即所谓步态式 g:

$$g = (\beta_i, \varphi_2, \cdots, \varphi_n)^{\mathrm{T}} \tag{4-3}$$

对于几何尺寸一定的行走系统,步态式确定后,各足在机体坐标系中的运动便随之确定了。

一个步态周期中步行机械机体重心向前移动的距离称为步距,用 λ 表示。腿处于支撑相时相对于机体的移动距离称为腿行程,用 R 表示。两者的关系为:

$$R = \lambda\beta \tag{4-4}$$

在多足步行机械的行走过程中的任一瞬时,立足点在水平面上的铅锤投影点构成了凸多边形称为支撑图形。行走过程中支撑图形是按周期规律变化的,图 4-2 示出了相应于图 4-1 的支撑图形变化规律,它不仅与步态性质有关,还决定于步行机械的腿行程布置方式。

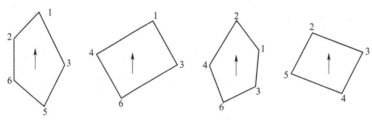

图4-2　支撑图形变化规律

在步态及其特性的分析中,常将时间参数按周期归一化,将长度参数按步距归一化,以取得一般性的分析结果。

4.2.3　开链腿机构

在早期的步行机械的研究中,人们多是着力于让机器采用类似于动物的腿机构,即关节式腿机构。根据第一轴(近机体)布置形式的不同,腿机构可分为第一轴垂直放置和第一轴水平放置两类,图4-3所示为三个转动关节的开链腿机构。

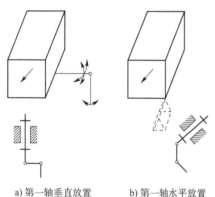

a) 第一轴垂直放置　　b) 第一轴水平放置

图4-3　三个转动关节的开链腿机构简图

第一轴垂直放置,在一个步行行程中,主要关节位移在垂直轴上,其他关节只有相当小的位移。由于产生了主要位移的轴与重力方向平行,所以在平地上行走时不需要克服重力做功。

另外两个关节的运动虽然需要相对重力做正功或负功,但由于位移很小,功也很小。因此,这种方案是一套节能的方案。

第一轴水平布置,在腿的摆动行程终了时,动能和势能可以相互转换。另外由于第一关节的腿机构的上部受到的重力弯矩较小,因此,机体宽度可以小一些而长度可以大一些,使机体的正向面积也可减小,便于穿越野外草丛或其他狭窄区域。

但第一轴水平放置形式存在严重的缺点,图4-4示出了步行机械走水平直线时腿的相对位置,图中只画出了第二和第三关节,因为第一关节在这时不起作用。图4-4a)和图4-4b)分别为同一机构在推进运动中的两个不同的位置,当立足点P在前方时,如图4-4a)所示,两关节的转动方向均为顺时针,足端的地面反作用力F引起的转矩T在K关节处是逆时针的,而在关节H处是顺时针的,于是H关节对载荷做正功,但K关节对载荷做负功。实际上,K关节驱动器吸收载荷对此关节所做的功,相当于起了制动器的作用。当立足点P处于关节H的后方时,如图4-4b)所示,情况正好相反,K关节做正功,而H关节驱动器起制动作用。

当步行机械做水平运动时,在理想情况下(不计摩擦阻力),运动系统不做功,于是,在上述两种情形中,一个驱动器在输出能量而另一个驱动器在吸收同样的能量。这样既浪费了能量又增加了传动系的负荷,使机械的经济性和寿命都有所下降。

对于开链腿机构,虽然结构简单,但是其承载能力较差,为了克服这一缺点,在步行机械的研究中不断开发闭链腿机构。

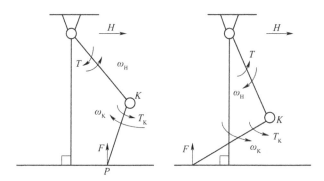

图 4-4 步行机械走水平直线时腿的相对位置

4.2.4 闭链腿机构

在步行机的行走过程中,一般要求在支撑相中,作为支撑点的足相对于机身走直线轨迹,这样才不至于因机身重心上下波动而消耗不必要的能量。另外,为了使步行机能在不平等地形上行走,以及腿复位的需要,腿的长度即机身相对于足的高度应是可变的。对于开链腿机构由于每个关节都有驱动器,因此,比较容易满足上述要求,对于闭链腿机构,推进驱动器没有在关节处,比开链式腿机构更为节省能量,刚性也较好。

由于闭链腿机构驱动器没有装在关节处,杆件的运动相互有制约作用,因此,不是所有的连杆机构都可以用作腿机构,一般情况我们分别列出两类"评判准则"来考察机构是否是比较理想的腿机构。机构只有满足"评判准则一"中的各项准则才能成为腿机构,进而可以考虑机构是否满足"评判准则二"的准则。"评判准则二"中主要是一些性能评价项目,不一定非满足不可,但若满足,则机构能更为有效地工作。

评判准则一:腿机构必须满足的条件

(1)机构所含运动副只能是转动副,或移动副;

(2)机构的自由度不应大于2;

(3)机构的杆数目不宜太多;

(4)须有连杆曲线为直线的点,以保证在支撑中,足端做平行于机身的直线运动(绝对直线或近似直线运动);

(5)足机构上的点,相对于机身的高度应是可变的;

(6)机身高度发生变化时,机构中上述点仍能做直线运动,且与上述点的直线轨迹平行;

(7)根据需要有腿的基本形状。

评判准则二:腿机构的性能评价条件

(1)推进运动和抬腿运动最好是独立的;

(2)为使控制简单,机构的输入、输出运动之间的函数关系应尽可能简单;

(3)平面连杆机构不应与提供第三维运动的其他关节发生干涉;

(4)实现直线运动的近似程度,不应因直线位置的改变而过大的改变;

(5)足机构上的足端在水平和垂直方向上运动范围应较大,近似直线运动轨迹在较长范围内直线近似程度应较好。

满足上述条件的连杆机构有许多,目前许多步行机械所采用的闭链腿机构是图 4-5 所示的缩放式腿机构。当主动副 O_1、O_2 沿直线运动时,E 点分别在两个相互垂直方向做直线运动,且这两个运动是彼此独立的。图 4-5a)称为斜缩放机构,图 4-5b)称为正缩放机构。

4.2.5 框架式步行机械的移动机构

当步行机械的前进运动和转向运动由三层机架(允许相对运动)完成时,腿机构仅需一个升缩自由度,以适应地面不平。当机架之间相对移动时,机器便向前或向后直线行走;当机架之间相对转动时,即可改变机器的前进方向(原地转向)。这种机构的运动是间歇的,图 4-5 即为缩放式腿机构结构模型。

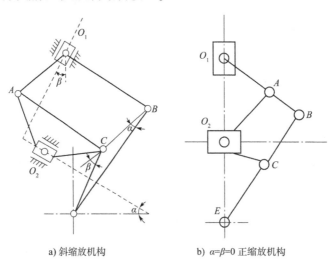

a) 斜缩放机构   b) $\alpha=\beta=0$ 正缩放机构

图 4-5 缩放式腿机构

图 4-6 示出了框架式步行机前进和转向的分步动作过程。

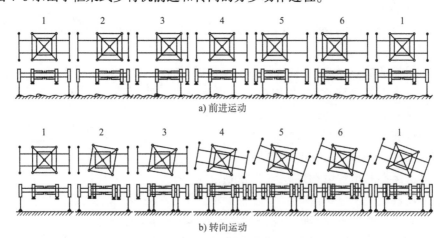

a) 前进运动

b) 转向运动

图 4-6 缩放式腿机构

框架式步行机的移动机构虽然行走机动性较差,但由于结构刚性好,行走控制简单,应用比较广泛。

4.3 步行机腿机构的运动学与动力学

步行机的运动与承载最终都可归结为其腿机构的运动与承载能力,因此,研究腿机构的运动学和动力学是研究整机的运动学和动力学的基础。

对于腿机构来说,在研究其运动学与动力学时可以假定:步行机的腿机构是由一系列刚性杆件与运动副(可动连接)构成的运动机构。运动副按其自由度可分为低副与高副。低副是具有一个自由度的运动副,高副是具有一个以上自由度的运动副。低副的例子有转动副、棱柱副、螺旋副。高副的例子有凸轮和从动杆接触处的滚-滑副、球座构成的球关节。表4-1中给出了六种基本运动副。含有高副的机构可以简化成运动效果与它相同的一系列低副。如一个圆柱副在运动学上与一个转动副和一个棱柱副联合起来的效果是相当的。

六种基本运动副 表4-1

序号	运动副名称	几何形状	简图符号	自由度
1	转动副 (R)			1
2	圆柱副 (C)			2
3	棱柱副 (P)			1
4	球面副 (S)			3
5	螺旋副 (H)			1
6	平面副 (P_L)			3

由于步行机腿机构的结构比较复杂,自由度较大,因此,在研究其运动学时常常借助于齐次坐标,下面对齐次坐标作简要介绍。

4.3.1 齐次坐标

把不同时等于零的任意四个数(X_1,X_2,X_3,X_4)称为三维空间里点的齐次坐标,这四个数同该点的笛卡儿坐标(X,Y,Z)的关系是:

$$X = \frac{X_1}{X_4}, Y = \frac{X_2}{X_4}, Z = \frac{X_3}{X_4} \tag{4-5}$$

齐次坐标不是单值确定的。也就是说,如果(X_1,X_2,X_3,X_4)是某一点的齐次坐标,则$(\lambda X_1,\lambda X_2,\lambda X_3,\lambda X_4)$当$\lambda \neq 0$时也是该点的齐次坐标。当然,对于空间的每一点$(X,Y,Z)$,可以给出齐次坐标为$(X,Y,Z,1)$。特别要指出的是:点$(1,0,0,0)$,$(0,1,0,0)$,$(0,0,1,0)$分别是轴$OX$、$OY$、$OZ$上的无穷远点,而点$(0,0,0,1)$则是坐标原点。现在我们来考察对齐次坐标给定的矢量运算。

矢量$A = [a_1,a_2,a_3,a_4]$与标量S相乘,定义为:

$$SA = [a_1,a_2,a_3,a_4/s]$$

矢量$R = [r_1,r_2,r_3,r_4]$为矢量$A = [a_1,a_2,a_3,a_4]$与矢量$B = [b_1,b_2,b_3,b_4]$的相加或相减,则定义为:

$$r_i = \frac{a_i}{a_4} \pm \frac{b_i}{b_4} \quad (i=1,2,3,r_4=1)$$

两个矢量的数量积为:

$$A \cdot B = \frac{a_1b_2 + a_2b_2 + a_3b_3}{a_4 \cdot b_4}$$

两个矢量的矢量积为$R = A \times B$,这里:

$$r_1 = a_2b_3 - a_3b_2, r_2 = a_3b_4 - a_1b_3, r_3 = a_1b_2 - a_2b_1, r_4 = a_4b_4$$

矢量A的长度为:

$$|A| = \frac{\sqrt{(a_1^2 + a_2^2 + a_3^2)}}{|a_4|}$$

知道了空间点的齐次坐标,就可以用齐次坐标来描述构件的空间位置与姿态。

4.3.2 构件空间位置与姿态的描述

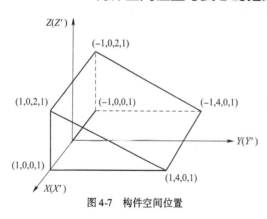

图4-7 构件空间位置

为了用齐次坐标变换来描述步行机腿机构中各构件在空间的位置与姿态,下面要介绍两个坐标系:基准参考坐标系和构件坐标系,其中前者又简称为参考坐标系。图4-7所示为构件空间位置。

参考坐标系的位置和方向不随腿机构的运动而变化,而构件坐标系是固联在腿机构的构件上,它是随构件在空间的运动而运动(旋转或平移)。

如图 4-7 所示的构件(楔块),在构件坐标系 O'-$X'Y'Z'$ 中,用 6 个点描述。而参考坐标系 O-XYZ 和构件坐标系 O'-$X'Y'Z'$ 未进行变换时,它们是重合的。

如果把楔块绕 Z 轴旋转 90°,然后绕 Y 轴旋转 90°,接着沿 X 方向平移 4 个单位,可以描述这个变换为:

$$\text{Trans}(4,0,0)\text{Rot}(Y,90)\text{Rot}(Z,90)=\begin{bmatrix} 0 & 0 & 1 & 4 \\ 1 & 0 & 0 & 0 \\ 0 & 1 & 0 & 0 \\ 0 & 0 & 0 & 1 \end{bmatrix} \tag{4-6}$$

这个变换表示构件坐标系进行旋转加平移的操作。

楔块上六个点的齐次坐标经过旋转和平移变换后为:

$$\begin{bmatrix} 4 & 4 & 6 & 6 & 4 & 4 \\ 1 & -1 & 1 & 1 & 1 & -1 \\ 0 & 0 & 0 & 0 & 4 & 4 \\ 1 & 1 & 1 & 1 & 1 & -1 \end{bmatrix}=\begin{bmatrix} 0 & 0 & 1 & 4 \\ 1 & 0 & 0 & 0 \\ 0 & 1 & 0 & 0 \\ 0 & 0 & 0 & 1 \end{bmatrix}\times\begin{bmatrix} 1 & -1 & -1 & 1 & 1 & -1 \\ 0 & 0 & 0 & 0 & 4 & 4 \\ 0 & 0 & 2 & 2 & 0 & 0 \\ 1 & 1 & 1 & 1 & 1 & 1 \end{bmatrix}$$

这个结果画在图 4-8 中,图 4-8 即为构建的空间位置。

由于被描述的构件与固联在其上的构件坐标系有固定关系,而构件坐标系与参考坐标系的相对位置用变换矩阵来描述,因此,可以简单地确定这个构件在空间的位置与方位。

4.3.3　连杆坐标系的确定

开链式腿机构由一系列活动关节连接在一起的连杆所组成,一个 n 自由度的腿机构有 n 个连杆和 n 个关节,连杆 1 与机体相连,在最后一个连杆的末端没有关节。连杆都是刚体。对于任何一个两端带有关节 n 和关节 $n+1$ 的连杆 n,都可以用两个量来描述:一个是两关节轴线的公垂线距离 a_n,另一个是垂直于 a_n 的平面上两个轴的夹角 α_n,习惯上称 a_n 为连杆长度,α_n 为连杆的扭转角。图 4-9 为连杆的长度 a_n 和扭转角 α_n。

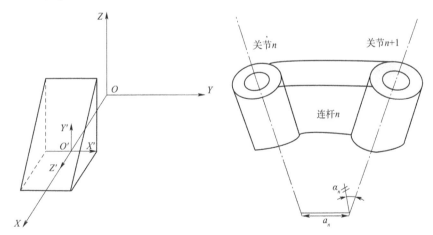

图 4-8　构建的空间位置　　　　图 4-9　连杆的长度 a_n 和扭转角 α_n

如果在一个关节轴上有两个连杆相连,图 4-10 所示为连杆的参数。

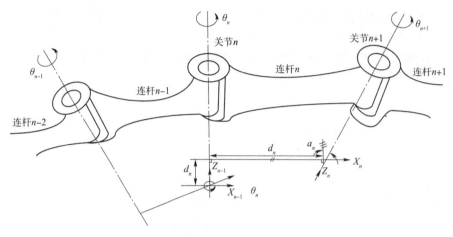

图 4-10　连杆的参数

两个这样相连的连杆的相对位置用 d_n 和 θ_n 来确定。d_n 是沿着 n 关节轴线两个垂线距离，θ_n 是在垂直于这个关节平面上两个被测垂线之间的夹角。d_n 和 θ_n 分别称为连杆之间的距离和夹角。为了描述连杆之间的关系，我们给每个连杆赋予一个坐标角。

在转动关节中，θ_n 是关节变量。连杆 n 的坐标系原点没在关节 n 轴和关节 $n+1$ 轴之间的公共垂线与关节 $n+1$ 轴的交点上，在关节轴相交的情况下，这个原点就在两个关节轴的相交点上；如果某连杆的两关节轴平行，且已定义了下一个连杆的坐标原点，则这个连杆的坐标原点的选择，要使得这两个连杆之间的距离为零。连杆 n 的 Z 轴将与 $n+1$ 关节轴重合，X 轴与公共垂线重合，并且沿着这条垂线从 n 关节指向 $n+1$ 关节。在相交关节的情形下，X 轴的方向平行或逆平行于 $Z_{n-1}XZ_n$ 的矢量积。应该注意，这个条件对于沿关节 n 和关节 $n+1$ 之间垂线的 X 轴同 n 和关节 $n+1$ 之间垂线的 X 轴同样满足。当 X_{n-1} 和 X_n 平行，且有相同的指向时，定义第 n 个转动关节的 θ_n 为零。

如果对腿机构各连杆坐标系都赋了值，各连杆参数为 θ、d、a 和 α，就可以确定齐次坐标，并进行坐标变换，就可以获得各连杆在空间的位置。

4.3.4　开链式腿机构的动力学

步行机腿机构的运动是一个十分复杂的运动过程。下面只介绍利用拉格朗日方程建立简化的动力学模型，在建立方程时作如下假定：

（1）腿只在前进平面内运动；

（2）腿机构的连杆为刚性，它们之间用旋转副连接，且具有与运动平面正交的旋转轴；

（3）各构件内的质量均匀分布。

当腿处于支撑相时，按倒立摆处理，当腿处于摆动相时，以复摆处理。下面看一个例子。假定如图 4-11 所示的两自由度腿机构处于摆动相，两个连杆的质量分别为 m_1 和 m_2，由各连杆的端部质量代表。两个连杆的长度分别为 d_1 和 d_2，且处在加速度为 g 的重力场中，广义坐标选为 $\theta_1\theta_2$。

先计算动能。动能的一般表达式为 $K=\dfrac{1}{2}mv^2$。质量 m_1 的动能可直接写为：

$$K_1 = \frac{1}{2} m_1 d_1^2 \dot{\theta}_1^2 \qquad (4\text{-}7)$$

位能与质量的垂直高度有关,高度用 Y 坐标表示,于是位能可直接写为:

$$P_1 = -m_1 g d_1 \cos\theta_1 \qquad (4\text{-}8)$$

对于质量 m_2,先写出笛卡尔坐标位置的表达式,然后求其微分,以便得到速度。

$$X_2 = d_1 \sin\theta_1 + d_2 \sin(\theta_1 + \theta_2) \qquad (4\text{-}9)$$

$$Y_2 = -d_1 \cos\theta_1 - d_2 \cos(\theta_1 + \theta_2) \qquad (4\text{-}10)$$

于是,速度的笛卡儿坐标分量为:

$$\dot{X}_2 = d_1 \cos\theta_1 \dot{\theta}_1 + d_2 \cos(\theta_1 + \theta_2)(\dot{\theta}_1 + \dot{\theta}_2)$$
$$(4\text{-}11)$$

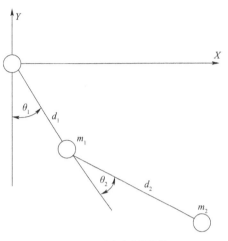

图 4-11　两自由度腿机构

$$\dot{Y}_2 = d_1 \sin\theta_1 \dot{\theta}_1 + d_2 \sin(\theta_1 + \theta_2)(\dot{\theta}_1 + \dot{\theta}_2) \qquad (4\text{-}12)$$

从而 m_2 的动能为:

$$
\begin{aligned}
K_2 &= \frac{1}{2} m_2 (\dot{x}^2 + \dot{y}^2) \\
&= \frac{1}{2} m_2 d_2^2 \dot{\theta}_1^2 + \frac{1}{2} m_2 d_2^2 (\dot{\theta}_1^2 + 2\dot{\theta}_1 \dot{\theta}_2 + \dot{\theta}_2^2) + \\
&\quad m_2 d_1 d_2 \cos_2 (\dot{\theta}_1^2 + \dot{\theta}_1 \dot{\theta}_2) \qquad (4\text{-}13)
\end{aligned}
$$

质量 m_2 的位能为:

$$P_2 = m_2 g \cdot Y_2 = -m_2 g d_1 \cos\theta_1 - m_2 g d_2 \cos(\theta_1 + \theta_2) \qquad (4\text{-}14)$$

因此拉格朗日算子为:

$$
\begin{aligned}
L &= K - P \\
&= \frac{1}{2}(m_1 + m_2) d_1^2 \dot{\theta}_1^2 + \frac{1}{2} m_2 d_2^2 (\dot{\theta}_1^2 + 2\dot{\theta}_1 \dot{\theta}_2 + \dot{\theta}_2^2) + \\
&\quad m_2 d_1 d_2 \cos\theta_2 (\dot{\theta}_1^2 + \dot{\theta}_1 \dot{\theta}_2) + (m_1 + m_2) g d_1 \cos\theta_1 + \\
&\quad m_2 g d_2 \cos(\theta_1 + \theta_2)
\end{aligned}
$$

为了求得动力学方程,我们现在对拉格朗日算子进行微分,即。

$$
\begin{aligned}
\frac{\partial L}{\partial \dot{\theta}_1} &= (m_1 + m_2) d_1^2 \dot{\theta}_1 + m_2 d_2^2 \dot{\theta}_1 + m_2 d_2^2 \dot{\theta}_2 + \\
&\quad 2 m_2 d_1 d_2 \cos\theta_2 \dot{\theta}_1 + m_2 d_1 d_2 \cos\theta_2 \dot{\theta}_2 \qquad (4\text{-}15)
\end{aligned}
$$

$$
\begin{aligned}
\frac{\mathrm{d}}{\mathrm{d}t} \cdot \frac{\partial L}{\partial \dot{\theta}_1} &= \left[(m_1 + m_2) d_1^2 + m_2 d_2^2 + m_2 d_1 d_2 \cos\theta_2 \right] \ddot{\theta}_1 + \\
&\quad \left[m_2 d_2^2 + m_2 d_1 d_2 \cos\theta_2 \right] \ddot{\theta}_2 - \\
&\quad 2 m_2 d_1 d_2 \sin\theta_2 \dot{\theta}_1 \dot{\theta}_2 - m_2 d_1 d_2 \sin\theta_2 \dot{\theta}_2 \qquad (4\text{-}16)
\end{aligned}
$$

$$\frac{\partial L}{\partial \theta_1} = -(m_1 + m_2) g d_1 \sin\alpha_9 - m_2 g d_2 \sin(\theta_1 + \theta_2) \qquad (4\text{-}17)$$

$$\frac{\partial L}{\partial \theta_2} = m_2 d_2^2 \dot{\theta}_2 + m_2 d_2^2 \dot{\theta}_2 + m_2 d_1 d_2 \cos\theta_2 \dot{\theta}_1 \tag{4-18}$$

$$\frac{\partial}{\partial t} \cdot \frac{\partial L}{\partial \theta_2} = m_2 d_2^2 \ddot{\theta}_1 + m_2 d_2^2 \ddot{\theta}_2 + m_2 d_1 d_2 \cos \ddot{\theta}_1 -$$
$$m_2 d_1 d_2 \sin\theta_2 \dot{\theta}_1 \dot{\theta}_2 \tag{4-19}$$

$$\frac{\partial L}{\partial \theta_2} = -m_2 d_1 d_2 \sin\theta_1 \dot{\theta}_1 \dot{\theta}_2 - m_2 g d_2 \sin(\theta_1 + \theta_2) \tag{4-20}$$

由此可以得到关节 1 和 2 的力矩为：

$$M_1 = \frac{d}{dt} \frac{\partial L}{\partial \theta_1} - \frac{\partial L}{\partial \theta_1}$$

$$= \left[(m_1 + m_2) d_1^2 + m_2 d_2^2 + 2m_2 d_1 d_2 \cos\theta_2 \right] \ddot{\theta}_1 +$$
$$\left[m_2 d_2^2 + m_2 d_1 d_2 \cos\theta_2 \right] \ddot{\theta}_2 -$$
$$2m_2 d_1 d_2 \sin\theta_2 \dot{\theta}_1 \dot{\theta}_2 - m_2 d_1 d_2 \sin\theta_2 \ddot{\theta}_2 +$$
$$(m_1 + m_2) g d_1 \sin\theta_1 + m_2 g d_2 \sin(\theta_1 + \theta_2) \tag{4-21}$$

$$M_2 = \left[m_2 d_2^2 + m_2 d_1 d_2 \cos\theta_2 \right] \ddot{\theta}_1 + m_2 d_2^2 \ddot{\theta}_2 -$$
$$2m_2 d_1 d_2 \sin\theta_2 \dot{\theta}_1 \dot{\theta}_2 - m_2 d_1 d_2 \sin\theta_2 \dot{\theta}_1^2 +$$
$$m_2 g d_2 \sin(\theta_1 + \theta_2) \tag{4-22}$$

上式可简写成如下形式：

$$M_1 = D_{11} \ddot{\theta}_1 + D_{12} \ddot{\theta}_2 + D_{111} \ddot{\theta}_1^2 + D_{122} \ddot{\theta}_2^2 +$$
$$D_{112} \dot{\theta}_1 \dot{\theta}_2 + D_{121} \dot{\theta}_2 \dot{\theta}_1 + D_1 \tag{4-23}$$

$$M_2 = D_{21} \ddot{\theta}_1 + D_{22} \ddot{\theta}_2^2 + D_{211} \dot{\theta}_1^2 + D_{222} \dot{\theta}_2^2 +$$
$$D_{212} \dot{\theta}_1 \dot{\theta}_2 + D_{221} \dot{\theta}_2 \dot{\theta}_1 + D_2 \tag{4-24}$$

式中： D_{ii}——关节 i 的等效惯量，因为关节 i 的一个加速度可使关节 i 产生一个力矩 $D_{ii} \ddot{\theta}_i$；

D_{ij}——关节 j 与关节 j 之间的耦合惯量，因为 i 或 j 的加速度 $\ddot{\theta}_{ij}$，可使关节 j 或 i 分别是产生一个力矩 $D_{ij} \ddot{\theta}_i$ 或 $D_{ij} \ddot{\theta}_j$；

$D_{ijj} \dot{\theta}_j^2$——由于关节 j 的速度作用在关节 i 的向心力；

$D_{ijk} \dot{\theta}_j \ddot{\theta}_k + D_{ijk} \dot{\theta}_k \ddot{\theta}_j$——作用在关节 i 上的哥氏力，这是由于关节 i 和 k 的速度造成的结果；

D_i——作用在关节 i 上的重力。

4.3.5 闭链式腿机构的运动学与动力学分析

1）闭链式腿结构的运动学分析

步行机腿机构的运动空间是步行机运动性能的重要衡量指标之一。运动空间大，步行机越沟以及跨障碍能力强。所以，对步行机腿机构进行运动空间的分析是完全必要的。

由于腿机构的种类较多,下面我们仅对一种较为常用的腿机构——圆柱形空间缩放机构(图 4-12)进行学习。

(1)机构可到达的空间的确定。

图 4-12 所示的缩放机构称为圆柱形空间缩放机构。在 A 处有两个运动副,一个是圆柱副,另一个是转动副,A 点在静系 XYZ 中的坐标为 $(0,0, P_Z)$,在坐标系 $OXYZ$ 中的坐标为 $(0,0,0)$,B 点位于 OXY 平面上,距原点为 P_X,足端点为 M。

设各杆的结构尺寸为:

$$AD = s, AC = a_1, DM = b, DE = b_1$$

图 4-12 为圆柱形空间缩放机构,由图可以得到两组相似三角形 $\triangle AMD \sim \triangle ABC$,$\triangle AMG \sim \triangle AOB$,根据相似三角形性质,我们得到:

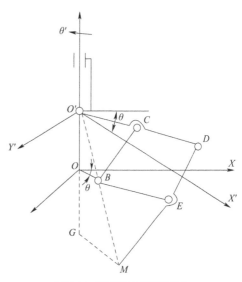

图 4-12　圆柱形空间缩放机构

$$AM/AB = AD/AC = DM/DE$$
$$= a/a_1 = b/b_1 = K_1 \tag{4-25}$$
$$AG/AO = MG/BO = K_1 \tag{4-26}$$

足端 M 在静系中的坐标为:

$$\overline{M} = [M_X, M_Y, M_Z]^{\mathrm{T}} \tag{4-27}$$

由图 4-12 可知,在 $\triangle AOB$ 中,由直角三角形性质得:

$$P_Z^2 + P_X^2 = AB^2 \tag{4-28}$$

又因

$$P_Z = M_Z/(1 - K_1) \tag{4-29}$$
$$P_X^2 = (MG/K_1)^2 = (M_X/K_1)^2 + (M_Y/K_1)^2 \tag{4-30}$$
$$AB^2 = (AM/K_1)^2 = (r/K_1)^2 \tag{4-31}$$

将式(4-29)~式(4-31)代入式(4-28):

$$[M_Z/(1 - K_1)]^2 + (M_X/K_1)^2 + (M_Y/K_1)^2 = (r/K_1)^2 \tag{4-32a}$$

设 $\overline{K}_1 = \dfrac{K_1 - 1}{K_1}$,并代入式(4-32a):

$$M_X^2 + M_Y^2 + (M_Z/\overline{K}_1)^2 = r^2 \tag{4-32b}$$

式中:r——A 和 M 两点的距离,当杆 a 和 b 重叠时 r 成为最小,而杆 a 和 b 拉成一直线时,r 变为最大。

则有:

$$\begin{cases} r_{\min} = |b - a| \\ r_{\max} = |b + a| \end{cases} \tag{4-33a}$$

对步行机构而言,$b > a$ 相当于小腿比大腿长,而 $b < a$ 相当于大腿比小腿长,前者要比后者优越。所以设 $b > a$,式(4-33a)变为:

$$\begin{cases} r_{\min} = b - a \\ r_{\max} = b + a \end{cases} \qquad (4\text{-}33\text{b})$$

r 的约束方程可以从式(4-33b)推导出：

$$b - a = r_{\min} \leqslant r \leqslant r_{\max} = b + a \qquad (4\text{-}33\text{c})$$

当 O 点与机体固联时，足端点 M 不能抬到 XOY 平面以上，因而 M_z 只能取负值。M_z 还受到 P_z 运动区间的约束。由于结构所限，A 点和 O 点不能重合，因而 $P_{Z\min} = \delta > 0$，代入式(4-29)：

$$M_{Z\max} = \delta(9 - K_1) \qquad (\delta > 0) \qquad (4\text{-}34)$$

方程式(4-32b)、式(4-33c)、式(4-34)构成足端 M 的运动空间：

$$\left(\frac{M_X}{r}\right)^2 + (M_Y/r)^2 + (M_Z/\overline{K}_1 r)^2 = 1$$

$$b - a \leqslant r \leqslant b + a$$

$$M_Z \leqslant \delta(9 - K_1) \qquad (\delta > 0) \qquad (4\text{-}35)$$

式(4-35)表明，步行机足端可到达的运动空间是小于半个空心椭球体的空心椭圆球冠表面积所包容的空间。

(2)机构可利用运动空间的确定。

为了方便起见，不妨在机构运动的主平面上研究其运动，然后让机构绕 Z 轴旋转 $\pm \pi/2$，就可以得到机构的运动空间。

从以上研究可知，步行机足端的运动空间由方程式(4-35)确定，但是，正如人类或动物行走那样，步行机的膝关节不能着地，应该将这个约束条件考虑进去。图 4-13 所示为机构可利用的运动空间。椭圆 I 是足端可达到的最远边界；椭圆 II 是膝关节不能着地的约束；椭圆 III 是足端可到达的最近边界。现在分别求椭圆 I 、II 、III 的方程。

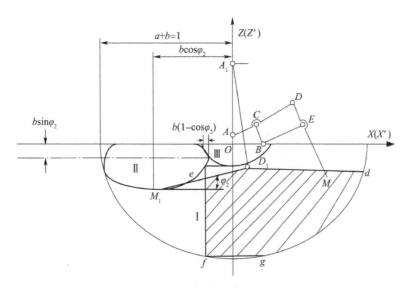

图 4-13　机构可利用的运动空间

椭圆 I 是当 AD 和 DM 成一直线时足端的运动轨迹，即当令方程式(4-35)中 $r = b + a = 1$，就可得到：

$$M_{X\text{I}}^2 + M_{Y\text{I}}^2 + (M_{Z1}/\overline{K}_1)^2 = 1 \tag{4-36}$$

椭圆 II 则是 D 点有低于 M 点的约束方程, 可知:

$$M_{X\text{II}} = a\cos\varphi_2 - b\cos\varphi_2$$

整理可得：

$$M_{X\text{II}} + b\cos\varphi_2 = a\cos\varphi_1 \tag{4-37a}$$

同样可以求得：

$$M_{Z\text{II}} + b\sin\varphi_2 = -\overline{K}_1 a\sin\varphi_1 \tag{4-37b}$$

在式 (4-37a) 和式 (4-37b) 中消去 φ_1, 得

$$\left(\frac{M_{X\text{II}} + b\cos\varphi_2}{a}\right)^2 + \left(\frac{M_{Z\text{II}} + b\sin\varphi_2}{\overline{K}_1 a}\right)^2 = 1 \tag{4-37c}$$

椭圆 III 是令 $r = b - a$ 时的式 (4-35):

$$\left(\frac{M_{X\text{III}}}{b-a}\right)^2 + \left(\frac{M_{Y\text{III}}}{b-a}\right)^2 + \left(\frac{M_{Z\text{III}}}{(b-a)\overline{K}_1}\right)^2 = 1 \tag{4-38}$$

考虑步行机跨越障碍能力及腿行程等综合因素, 取图 4-13 中的阴影部分 $defg$ 绕轴 Z 旋转 $\pm\dfrac{\pi}{2}$ 的体积为优化区间。步行机构的工作区间是由方程式 4-35 决定的空间, 当步行机构处于抬起时刻, 椭圆 II 的约束消失, 并设 ed 线与椭圆 III 相切, e 点位于椭圆 II 上, 且在其长轴下方, 这相当于约束条件:

$$(b-a)\overline{K}_1 \geqslant b\sin\varphi_2 \tag{4-39}$$

令 e 点的坐标为 (X_1, Z_2); f 点的坐标为 (X_1, Z_2)。由方程式 (4-38) 可计算出 Z_1, 并令

$$a/b = K_2$$

所以：

$$Z_1 = -\overline{K}_1(b-a) = -\left(\frac{9-K_2}{1+K_2}\right)\overline{K}_1 \tag{4-40}$$

将方程式 (4-40) 代入方程式 (4-37c), 可得：

$$X_1 = -\frac{1}{1+K_2}\left[\cos\varphi_2 - \sqrt{K_2^2 - \left(K_2 - 1 + \frac{1}{\overline{K}_1}\sin\varphi_2\right)^2}\right] \tag{4-41}$$

将方程式 (4-41) 代入方程式 (4-36), 可得：

$$Z_2 = -\frac{\overline{K}_1}{1+K_2}\sqrt{(1+K_2)^2 - \left[\cos\varphi_2 - \sqrt{K_2^2 - \left(K_2 - 1 + \frac{1}{\overline{K}_1}\sin\varphi_2\right)^2}\right]^2} \tag{4-42}$$

计算 $defg$ 面积绕 Z 轴旋转 $\pm\dfrac{\pi}{2}$ 所得到的体积:

$$v = \frac{\pi}{2}X_1^2(Z_1 - Z_2) + \frac{\pi}{2}\int_{Z_2}^{Z_1} M_{X\text{I}}^2 \, \mathrm{d}M_{Z\text{I}}^2$$

将方程式 (4-36) 代入可得：

$$v = \frac{\pi}{2}\overline{K}_1(Z_{20} - Z_{10})\left[1 + X_1^2 - \frac{1}{3}(Z_{10}^2 + Z_{10}Z_{20} + Z_{20}^2)\right] \tag{4-43}$$

其中：$Z_{10} = Z_1/\overline{K}_1$，$Z_{20} = Z_2/\overline{K}_1$。

从方程式(4-41)和方程式(4-39)可得 K_2 的取值范围：

$$\frac{\overline{K}_1 - \sin\varphi_2}{2\overline{K}_1} \leqslant K_2 \leqslant 1 - \frac{1}{\overline{K}_1}\sin\varphi_2 \tag{4-44}$$

为了使足端 M 点的运动得到一定的放大，取 $K_1 > 2$，那么 $\overline{K}_2$ 的取值范围：

$$0.5 < \overline{K}_1 < 1 \tag{4-45}$$

在一般条件下，只要膝关节略高于或等于足端高度就可以，因而取：

$$0° \leqslant \varphi_2 \leqslant 10° \tag{4-46}$$

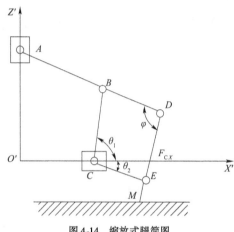

图4-14 缩放式腿简图

上面学习了圆柱形空间缩放机构的运动范围。如果决定了足端 M 在静坐标系中的位置坐标，然后对其求一阶和二阶导数，就可得到足端点 M 的运动速度与加速度，这里就不作详细学习。

2)闭链式腿机构的动力学分析

通过对缩放式腿机构所受驱动力的计算，可以得出腿机构所消耗的功，进而可以得出腿机构的最佳腿行程。

为了简化学习，假设腿机构如图 4-14 所示，且步行机以低速行走时忽略其腿部的动能。

利用虚功原理有：

$$\begin{aligned}
\delta X_C = {}& m_1 g(-Kl\cos\theta_2\delta\theta_2/2) + \\
& m_2(l\cos_1\delta\theta_1) + m_{11}g(l\cos\theta_1\delta\theta_{1/2}) + \\
& m_{22}g[-l(K-1)\cos\theta_2\delta\theta_2]
\end{aligned} \tag{4-47}$$

式中：m_2——杆 DF 的质量；

m_1——杆 AD 质量；

m_{11}——杆 BC 质量；

m_{22}——杆 CE 的质量；

l——杆 BC 的长度。

并注意到：

$$\delta\theta_1 = \delta X_c\cos\theta_2/l\sin\varphi\delta\theta_2$$
$$\delta\theta_2 = \delta X_c\cos\theta_1/l\sin\varphi$$

可得：

$$F_{CX} = L\cos\theta_1\cos\theta_2/\sin\varphi$$

其中：

$$L = [m_1gK/2 + m_2gK/2 + m_{11}g/2 + m_2(K-1)/2]$$

当步行机的腿行程 $R = KX$ 时，其消耗的功为：

$$\Delta W = 2 \int_0^x |F_{CX}| dX_C$$

$$= 2L \int_0^x |\cos\theta_1 \cos\theta_2 / \sin\varphi| dX_C$$

我们知当 $X_C > 0$ 时,$\cos\theta_2 > 0$,$\sin\varphi < 0$,令:

$X_1 = \sqrt{2Z_A L - Z_z^2}$,则当 $X_C < X_1$ 时,$\cos\theta_1 < 0$,$X_C > X_1$ 时,$\cos\theta_1 < 0$。

当 $X < X_1$ 时,有:

$$\begin{cases} \Delta W = 2Ll^2 \sin\varphi X / (Z_A^2 - X^2) \\ \dfrac{\Delta W}{R} = 2Ll^2 \sin\varphi / (Z_A^2 + X^2) \end{cases} \tag{4-48}$$

对式(4-48)求得:

$$\frac{d\left(\dfrac{\Delta W}{R}\right)}{dX} = \frac{-2Ll^2 X}{K(Z_A^2 + X^2)\sqrt{4l^2(X^2 + Z_A^2) - (X^2 + Z_A^2)^2}} \tag{4-49}$$

由式(4-49)知 $d(\Delta W/R)/dX < 0$,$X < 0$,因此当 $X < X_1$ 时,最佳腿行程为 $R_{\min} = K\sqrt{2LZ_A - Z_A^2}$。

当 $X > X_1$ 时,有:

$$\begin{cases} \Delta W = 2lL[2 - Z_A / L - 2Xl^2 \sin\varphi / 2L(X^2 + Z_A^2)] \\ \dfrac{\Delta W}{R} = 2lL / K\left(\dfrac{2L - Z_A}{L_X} - \dfrac{L\sin\varphi}{X^2 + Z_A^2}\right) \end{cases} \tag{4-50}$$

式(4-50)对 X 求导,并令其为零,则有:

$$(2l - Z_A)^2 [4L^2(X^2 + Z_A^2)^3 - (X^2 + Z_A^2)^4] = 4L^4 X^6 \tag{4-51}$$

当 $X \geqslant Z_A$ 时,我们由式(4-51)得:

$$X_{\min} \approx \sqrt{4l^2 - 4l^4 / (2l - Z_A)^2 - Z_A^2}$$

最佳腿行程为:

$$R_{\min} \approx K\sqrt{4l^2 - 4l^4 / (2l - Z_A)^2 - Z_A^2}$$

当 $X < Z_A$ 时,可用数值方法求出最佳腿行程。

4.4 步行机械的稳定性

稳定性在机器的步行运动中至关重要,尤其是在不能实现动态平衡控制的静稳定步行机械系统中。对于现有的步行机械,按照腿数目的多少一般可分为一足、二足、三足、四足、六足、八足甚至更多,由于工程机械在其工作和行走在工况下,一般步行速度较慢而承载却较大,因此,通常为四足、六足、八足甚至更多足机。

不同足数步行的稳定性能对比见表4-2

步行机足数与稳定性评价　　　　　　　　　　　　　　表4-2

评价指标	足数							
	1	2	3	4	5	6	7	8
保持静态稳定姿态的能力	×	×	○	◎	◎	◎	◎	◎
静态稳定行走的能力	×	×	×	○	◎	◎	◎	◎
高速静态稳定行走的能力	×	×	×	△	○	◎	◎	◎
动态稳定行走的能力	△	△	◎	◎	◎	○	○	○

注：×-无；△-有；○-好；◎-最好。

4.4.1　稳定性分析的基础理论

1）静态稳定的必要条件

$2k$（k为自然数）足步行机器人周期规则步态静态稳定的必要条件为占地因素 β 满足：

$$\beta \geqslant \frac{3}{2k} \tag{4-52}$$

证明。周期规划步态占地系数的定义为：

$$\beta = \frac{支撑时间（t_p）}{足运动周期（T）} \tag{4-53}$$

即有：$t_{pi} = \beta T, i = 1, 2, \cdots, 2k$。

静态稳定步态在任何时刻至少有三足处于支撑相，即有：

$$\sum_{i=1}^{2k} t_{pi} \geqslant 3T \tag{4-54}$$

将式（4-53）代入式（4-54）得：$\sum_{i=1}^{2k}（\beta T）= 2k\beta T \geqslant 3T$

则：

$$\beta \geqslant \frac{3}{2k}$$

所以原命题成立。

2）静态稳定的充分条件

静态稳定的充分条件证明相当烦琐，在这里仅用六足步行机械进行说明。

六足步行机械静态稳定的充分条件是各相邻足不同时处于摆动相，或以下六式同时成立。

$$\begin{cases} 1 - \beta \leqslant |\varphi_i - \varphi_j| \leqslant \beta \\ i = 1, j = 2,3 \\ i = 4, j = 2,6 \\ i = 5, j = 3,6 \end{cases} \tag{4-55}$$

式中：φ_i——第 i 足的相对相位；

i、j——足端号。

图4-15 为腿形成布置模型及足编号。

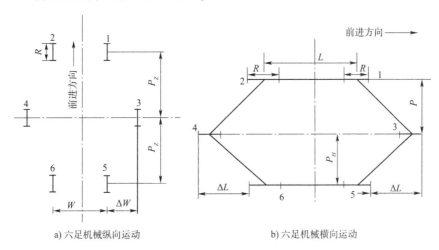

a) 六足机械纵向运动 　　　　　　　b) 六足机械横向运动

图4-15 腿形成布置模型及足编号

4.4.2 稳定性度量方法

1)最短距离法

在某一支撑状态下,各支撑足在某一水平面上的投影所构成的凸多边形区域称为支撑构形,根据支撑构形,可以根据不同需要来衡量机械的稳定性。

设图4-16是对应某一支撑状态的支撑构形,则其对应的三种稳定性的度量分别是:

(1)最短距离稳定裕度(稳定性的数量表示)σ_m,是机体重心投影到支撑构形各缘最短距离:

$$\sigma_m = \min(S_{m\cdot f}, S_{m\cdot t}, S_{m\cdot r}) \qquad (4\text{-}56)$$

(2)轴向最短距离稳定裕度 σ_{bX}、σ_{bY}即支撑构形截取 X、Y 轴的最短距离:

$$\sigma_{bX} = \min(S_{x\cdot 1}, S_{x\cdot 2}) \qquad (4\text{-}57)$$

$$\sigma_{bY} = \min(S_{y\cdot 1}, S_{y\cdot 2}) \qquad (4\text{-}58)$$

(3)运动方向最短距离稳定裕度 σ'_{cx},即支撑形在运动方向 X'轴上截取的最短距离:

$$\sigma'_{cx} = \min(S_{x'\cdot 1}, S_{x'\cdot 2}) \qquad (4\text{-}59)$$

对于步行机械的稳定裕量,是步态周期中各支撑构形稳定裕量的最小值。

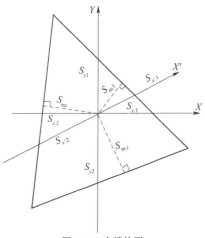

图4-16 支撑构形

这种稳定性的度量方法形式简单,对于平地上静态步行的机器,能较好地反映其稳定性,特别是最短距离稳定裕度法已得到成功应用。但对动态步行和不平地面支撑的情况,则不能真实地反映步行运动的稳定性。图4-17 所示为具有相对最短距离稳定性的几种不同情况,显然根据以上定义,不同速度 V 情况下,它们均有相当的稳定性,但是实际的稳定性却是各不相同。

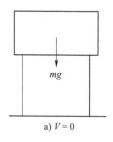 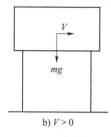 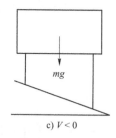

a) $V = 0$ b) $V > 0$ c) $V < 0$

图 4-17 具有相对最短距离稳定性的几种不同情况

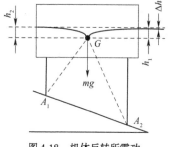

图 4-18 机体反转所需功

势能稳定性度量方法:如图 4-18 所示,机体重心 G 在水平面上的投影距两支撑边缘 A_1A_2 在水平面上的投影虽然有相同的距离,但绕此两支撑边缘将机体翻转过去所需做的功是有差异的。显然,向左翻转时,重心需要上升的高度大于向右翻转时重心需要上升的高度。也就是说,向右翻转所需要做功比向左翻少,其差值为:

$$W_{左} - W_{右} = mg(h_1 - h_2) = mg\Delta h \qquad (4-60)$$

由此看来,用翻转所需做功(势能差)多少来衡量机体的稳定裕度更切实际些。下面给出一般情况下势能稳定裕度的一种通用表达式。如图 4-19 所示,a_1a_2 表示两个构成支撑边界的支撑点,平面 S 是包含线段 a_1a_2 的一个铅重面;G 点代表机体重心的位置;GD 是垂直于 a_1a_2 的线段并交 a_1a_2 为 O 点;Z 表示平面 S 内通过 O 点的铅垂线,OC 是由 GO 绕 a_1a_2 旋转至平面 S 内所得线段;令 OC 与 GO 的夹角为 θ,OC 与 Z 的夹角为 φ,OG 的长度为 R。

$$AO = R\cos\theta$$
$$AC = R - R\cos\theta = R(1 - \cos\theta)$$
$$AB = R(1 - \cos\theta)\cos\varphi$$

机体重心绕 a_1a_2 翻转到平面上 S 内,其高度升高了。

$$h = R(1 - \cos\theta)\cos\varphi$$

则所需做的功为:

$$W = mgR(1 - \cos\theta)\cos\theta \qquad (4-61)$$

根据势能稳定裕度的定义

$$\sigma_w = \min(W_i) = \min[mgR_i(1 - \cos\theta_1)\cos\varphi_i] \qquad (4-62)$$

式中,$i = 1, 2, \cdots$表示某支撑构形所有支撑边缘。

2)机械能稳定性度量

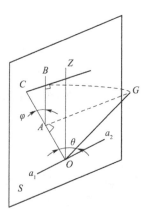

图 4-19 绕边翻转

前两类稳定裕度的度量方法没有考虑运动速度的影响,是稳定性的静态度量。但在步行机械运动的过程中,其具有一定的速度,由于速度惯量的影响,机器的重心有翻转的趋势,在特定的情况下可以使机器的重心越过临界状态,造成机器失去稳定性。因此,有必要通过分析机器的机械能来衡量机器的稳定性。

为了分析机械能稳定裕度量,可观察图 4-20 所示的情形。图 4-20 所示为速度对稳定性的影响。

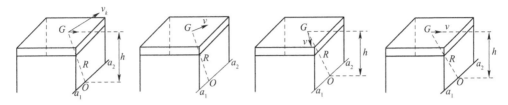

图 4-20　速度对稳定性的影响

图中 G 为重心，R 为重心到支撑构形边缘 a_1a_2 的距离，h, h_1 为重心高度，v 为步行速度。

即使相同大小的速度 v 和相同机构及支撑状态的步行机，当速度的方向不同时，速度惯量的影响就不相同，即速度 v 所产生的使步行机绕支撑边缘的翻转效果大小不同。假设速度 v 均在铅垂平面内，图 4-20b）中速度 v 所能产生的翻转效果最大，图 4-20a）中次之，图 4-20c）中最小。对于有相同大小和方向的运动速度的情况，若机构的特点不同，则运动速度所产生的翻转效果也不同。比较图 4-20a）和图 4-20d）两者的情形，后者速度的影响比前者大（假设 $h_1 > h$）。

从以上的分析易见，步行运动速度所产生的对运动稳定度的影响大小，受到速度的大小及其方向与机体重心到支撑边缘垂线 R 之间的夹角大小的影响。

如图 4-20a）所示，真正促使机体绕支撑边缘翻转的有效速度是运动速度 v 垂直于 GO 的分量 v_K，当机体绕 a_1a_2 翻转时，v_K 的动能可以使机体的重心升高，故转动动能为：

$$E = \frac{1}{2}mv_K^2 \qquad (4\text{-}63)$$

步行运动的速度对稳定裕度的影响有两种效果：增加某些方向上的稳定裕度和减少某些方向上的稳定裕度，这取决于运动方向及其与机构之间的相对关系。

图 4-21 为运动方向与机构对应关系对裕度的影响示意图，速度 v_1 对机体绕支撑边缘 a_1a_2 的翻转运动做正功，而速度 v_2 对机体绕支撑边缘 a_1a_2 的翻转运动做负功。前者减少步行机在该方向的稳定度，而后者增加其稳定度。实际上，位于由 $GO \perp O_1O_2$ 且与 a_1a_2

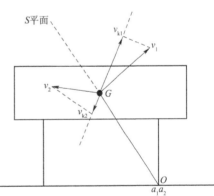

图 4-21　运动方向与机构对应关系对裕度的影响

交于 O 点，和支撑边缘 a_1a_2 所构成平面 S 的上方的所有速度 v，因其有效速度（指对翻转作用而言）的分量 v_K 的方向向上，其对翻转运动做正功，而位于 S 平面以下的速度，则对翻转运动做负功。

综合前面介绍的势能稳定裕度度量和这里研究的动能稳定裕度度量，得到统一的既适合不平地面支撑和机构特点，又适合动态特性的机械能稳定裕度度量方法。

相对于某一支撑边缘的机械能，稳定裕度有如下形式：

$$E = mg\,|R|\,(1 - \cos\theta)\cos\varphi \mp \frac{m}{2}v_{ki}^2 \qquad (4\text{-}64)$$

R、θ、φ 见图 4-19。

故对于某一支撑状态和运动速度 v 的机械能稳定裕度：

$$\sigma_{\mathrm{E}} = \min(E_i) \tag{4-65}$$

式中，$i = 1, 2, \cdots$ 表示某支撑构形所有支撑边缘。

从前面学习的两类稳定裕度的表达式中可见，影响步行机机体稳定裕度的因素为步行机构和支撑地形，因支撑地形是不可改变的，故只能通过改变步行机腿的支撑状态来提高其稳定裕度。而从机械能稳定裕度的度量方法中可知，还可通过改变步行运动的速度来提高某些稳定裕度，如对于沿斜坡上行的机器，可通过增加步行速度来削弱步行机沿斜坡向下翻倒的趋势。

4.4.3 步行机在坡道上的稳定性分析

步行机在行走时的步态直接影响步行机的稳定性，对于步行车辆来说，随着其足数的增加，步行机可能的步态也随之增加。在这里，我们仅对 n（n 为自然数）足步行机的规则对称步态进行分析，从而得出步行机能够稳定运行的最大纵向坡度和最大横向坡度以及能够在坡道上沿任意方向稳定行走时的最大坡度角。

对于规则对称步态，在一个行走周期内存在四个稳定性最差时刻，即：当最前面右足或者左足刚要踏地时刻，此时步行车辆的重心靠近支撑多边形的边界，步行车辆容易发生前倾，当步行车辆的后左足或者后右足刚离开地面时刻，步行车辆的重心靠近支撑多边形的后边界，步行车辆易于发生倾翻。下面仅对 $2n-1$ 足离开地面时刻的后纵向稳定性进行分析，由于考虑的是后纵向稳定性，故取步行机上坡时的状态进行分析。为了分析方便，用运动方向最短距离稳定裕度来衡量步行车辆的稳定心间行走时的情况。

图 4-22 是一步行车辆在坡道上沿任意方向行走时的情况。

在分析步行机在坡道上行走的稳定性时，假定其行走姿态不变，即车体坐标的 xy 平面平行于坡道表面。步行机的行走方向与坡道的最大梯度方向之夹角在坡道表面上度量为 φ，坡道的最大梯度方向和水平面的夹角为 θ。坐标系 XYZ 的 XY 面平行于水平面，坐标原点为车辆质心在坡道表面上的投影点 O。$x'y'z'$ 坐标系的 $x'y'$ 平面在坡道表面上，x' 的正向指向坡道的最大梯度方向，原点和 O 重合。$x''y''$ 平面为 xy 平面在坡道表面上的投影，并且 Z'' 和 Z 重合。g 点为车辆质心在水平面投影和坡道表面的交点，S_0 为步行机在水平面上行走时最小的后纵向稳定裕量。

图 4-22 为步行机在坡道上行走图。

可以看出，步行机在坡道上行走时的后纵向稳定裕量为：

$$S = (S_0 - E_x - E_y \tan\gamma)\cos\psi \tag{4-66}$$

式中：ψ——行驶方向与水平面的夹角；

γ——步行机支多边形后边界与 y 轴的夹角；

E_x、E_y——由于步行机在坡道上行走质心后移和侧移引起的后纵向稳定裕量的减少量。

从图 4-22 中还可以看出：

$$E_x = h\tan\theta\cos\varphi \tag{4-67}$$

$$E_y = h\tan\theta\sin\varphi \tag{4-68}$$

式中:h——步行机重心到坡道面的距离;

 θ——坡度角;

 φ——步行机行走方向与坡道最大梯度方向的夹角。

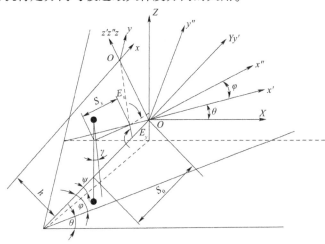

图 4-22 步行机在坡道上行走

把式(4-67)和式(4-68)代入式(4-66),可得步行机在坡道上沿任意方向行走时的后纵向稳定裕量表达式:

$$S = (S_0 - h\tan\theta\cos\varphi - h\tan\theta\sin\psi\tan\gamma)\cos\varphi \tag{4-69}$$

在式(4-69)中,对某一固定步态和已知的步行车辆结构参数,S_0、h、γ 是已知的;对于一定的坡道与行走方向,θ 与 φ 也是已知的,只有 ψ 角是一未知量,ψ 角可以通过坐标变换的方法求得。

实际上,$X''Y''Z''$坐标系可以通过 XYZ 坐标系旋转而成。先把 XYZ 坐标系绕 Y 轴旋转 θ 角后形成 $X'Y'Z'$坐标系;再使 $X'Y'Z'$绕 Z'轴旋转角度 φ 形成 $X''Y''Z''$坐标系。用旋转阵表示上述的坐标变换可写为:

$$\begin{Bmatrix} X \\ Y \\ Z \end{Bmatrix} = \begin{bmatrix} \cos & 0 & \sin\theta \\ 0 & 1 & 0 \\ -\sin\theta & 0 & \cos\theta \end{bmatrix} \begin{Bmatrix} X' \\ Y' \\ Z' \end{Bmatrix} \tag{4-70}$$

$$\begin{Bmatrix} X' \\ Y' \\ Z' \end{Bmatrix} = \begin{bmatrix} \cos\varphi & -\sin\varphi & 0 \\ \sin\varphi & \cos\varphi & 0 \\ 0 & 0 & 1 \end{bmatrix} \begin{Bmatrix} X'' \\ Y'' \\ Z'' \end{Bmatrix} \tag{4-71}$$

因此有:

$$\begin{Bmatrix} X \\ Y \\ Z \end{Bmatrix} = \begin{bmatrix} \cos\theta\cos\varphi & -\cos\theta\sin\varphi & \sin\theta \\ \sin\varphi & \cos\varphi & 0 \\ -\sin\theta\cos\varphi & \sin\theta\sin\varphi & \cos\theta \end{bmatrix} \begin{Bmatrix} X'' \\ Y'' \\ Z'' \end{Bmatrix} \tag{4-72}$$

$X''Y''Z''$和机体坐标 XYZ 的变换关系为:

$$\begin{Bmatrix} X'' \\ Y'' \\ Z'' \end{Bmatrix} = \begin{bmatrix} 1 & 0 & 0 \\ 0 & 1 & 0 \\ 0 & 0 & 1 \end{bmatrix} \begin{Bmatrix} X \\ Y \\ Z \end{Bmatrix} + \begin{Bmatrix} 0 \\ 0 \\ h \end{Bmatrix} \tag{4-73}$$

如果在 X'' 轴上取一点 A，A 点在 $X''Y''Z''$ 坐标系中的坐标为 $(1,0,0)^T$，那么，A 点在 XYZ 坐标系中的坐标可以由式(4-72)计算出来：

$$\begin{Bmatrix} X_A \\ Y_A \\ Z_A \end{Bmatrix} = \begin{Bmatrix} \cos\theta\cos\varphi \\ \sin\varphi \\ -\sin\theta\cos\varphi \end{Bmatrix} \tag{4-74}$$

由式(4-74)可以求得 X 轴与 XY 平面夹角 ψ 的余弦为：

$$\cos\psi = \sqrt{\sin^2\varphi + \cos^2\theta\cos^2\varphi} = \sqrt{1 - \sin^2\theta\cos^2\varphi} \tag{4-75}$$

把式(4-75)代入式(4-69)，可获得步行车辆在坡道上沿任一方向行走时的纵向稳定裕量：

$$S = \sqrt{1 - \sin^2\theta\cos^2\varphi}\,(S_0 - h\tan\theta\cos\varphi - h\tan\theta\sin\varphi\tan\gamma) \tag{4-76}$$

下面讨论一下步行机在坡道上行走时的最大爬坡角。

(1)步行机沿最大梯度方向行走时的最大爬坡角。

在式(4-76)中，令 $\varphi = 0$ 可得出车辆沿坡道的最大梯度方向行走时的纵向稳定裕量(图4-23)：

$$S = \cos\theta(S_0 - h\tan\theta) = S_0\cos\theta - h\sin\theta \tag{4-77}$$

当 $S \geq 0$ 时，步行机在坡道上才能稳定行走，因此，步行机能够爬上的最大纵向坡度角为：

$$\theta_{max} = \arctan\left(\frac{S_0}{h}\right) \tag{4-78}$$

(2)步行机沿横向坡道行走时的最大坡角。

在式(4-76)中令 $\varphi = 90°$，可获得步行车辆沿横向坡行走时的后纵向稳定裕量(图4-24)：

$$S = S_0 - h\tan\theta\tan\gamma \tag{4-79}$$

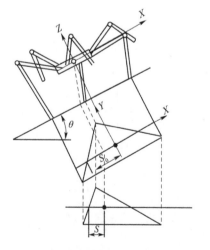

图4-23 步行机沿纵向坡道行走

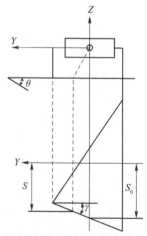

图4-24 步行机沿横向坡道行走

当 $S \geq 0$，步行机在坡道上才能稳定行走，因此，步行机能够稳定行走的最大横向坡度角为：

$$\theta_{\max} = \arctan \frac{S_0}{h\tan\gamma} \tag{4-80}$$

利用式(4-76)、式(4-77)和式(4-79)可以方便地求出步行车辆沿纵向坡道、横向坡道和在坡道上沿任一方向行走时的运动方向最短距离稳定裕量。利用式(4-78)和式(4-80)可以求得步行车辆能够稳定行走的最大纵向坡度和最大横向坡度。

（3）步行机能够在坡道上沿任意方向行走的最大坡度角。

当步行机在坡道上沿任意方向行走时,存在某一行走方向,该方向和坡道的最大梯度方向的夹角在坡道一面上度量为 φ^*。当步行机沿该方向行走时,其稳定性最差。

将步行机在坡道上沿任意方向行走时的纵向稳定裕量 S 对 φ 求一阶数,并令导数为零,即 $\dfrac{\mathrm{d}S}{\mathrm{d}\varphi}=0$,求解即可得 φ^*。把 φ^* 代入式(4-29)可求得步行车辆在坡道上行走时的最小纵向稳定裕量。

$$\frac{\mathrm{d}S}{\mathrm{d}\varphi} = \frac{2\,\sin^2\theta\cos\varphi\sin\varphi}{\sqrt{1-\sin^2\theta\,\cos^2\varphi}}(S_0 - h\tan\theta\cos\varphi - h\tan\theta\sin\varphi\tan\gamma) +$$

$$\sqrt{1-\sin^2\theta\,\cos^2\varphi}\cdot(h\tan\theta\sin\varphi - h\tan\theta\cos\varphi\tan\gamma) \tag{4-81}$$

利用式(4-81)和式(4-76),令 $S=0$ 联立求解,即可得到步行机在坡道上行走时稳定性最差的行走方向和沿该方向行走时的最大坡度角。如果为了安全起见,要求步行车辆在坡道上行走时有一定的纵向稳定裕量 S^*,则步行车辆能够沿任意方向行走的最大坡度可由下式确定

$$\begin{cases} 2\,\sin^2\theta\cos\varphi\sin\varphi(S_0 - h\tan\theta\cos\varphi - h\tan\theta\sin\varphi\tan\gamma) + \\ (1 - \sin^2\theta\,\cos^2\varphi)(h\tan\theta\sin\varphi - h\tan\theta\cos\varphi\tan\gamma) = 0 \\ \sqrt{1-\sin^2\theta\,\cos^2\varphi}\,(S_0 - h\tan\theta\cos\varphi - h\tan\theta\sin\varphi\tan\gamma) = S^* \end{cases} \tag{4-82}$$

4.4.4 步行机稳定性的影响因素

1）结构参数

这里所指的结构参数主要是腿的布置及结构、步行机重心的位置和重心的高度。对于步行机来说,其重心越靠近支撑边界其稳定性越差,如果其重心在水平面上的投影落到支撑边界之外,则步行机就失去了稳定性,因此,步行机在运动的过程中,其重心在水平面上的投影应始终在支撑多边形内,而其支撑多边形的形状又受腿的布置、结构运动范围及步态的影响重心高度对步行机稳定性的影响。步行机在水平地面上行走时,其重心高度对其稳定性的影响可以参看图4-20。

步行机在坡道上行走,其重心高度对其稳定性的影响,可以通过四足机在坡道上的运动情况来作一下讨论。

假设四足机在平面上的初始姿态如图4-25所示,分别表示了步行机沿纵向和横向坡道行走。图4-25a)中,中间方框为四足步行机机体四周方框,为每只足在 X、Y、Z 方向上的运动范围,由机构设计所决定。四足机在 Z 方向的位置相同,且在运动过程中保持机体高度不变,通常机构设计对称。四条腿的重量相对于机体重量可忽略不计,机体的重心总在机体中心。

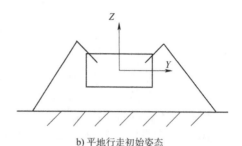

a) 平地行走初始状态俯视图　　　　　b) 平地行走初始姿态

图 4-25　平地上行走的初始姿态

四足机在斜坡上运动时,机体应和支撑面保持平行,在一只腿抬起时,三只腿支撑机体向前移动,机体重心向前移动 $\frac{1}{4}\lambda$（λ 为步距）,支撑腿的 Z 方向自由度不必改变位置。如果四条腿在支撑面上仍然对机体保持对称姿态(图 4-26),则由于坡度的影响,其重心

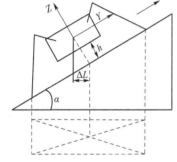

垂线不再穿过四足端点构成的矩形对角线交点,而是向左偏移了一段距离。

$$\Delta t = \tan\alpha h \qquad (4-83)$$

这种姿态对机体来说是对称的,对机体重心垂线来说是不对称的,如果使步行机仍按腿 4→腿 1→腿 3→腿 2 的腿序运动,将会引起步行机稳定性的下降。为了使机体的重心仍能过四足构成的矩形对角线交点,则必须调整步行机的初始姿态,调整的方法是将前后腿都后移 ΔL（图 4-27）。其中 O 为机体重心位置,

图 4-26　斜坡上四足步行机的对称姿态

O' 为重心垂线与斜面交点位置,在调整到新的姿态后,设步行机上坡运动时的步距为 λ,腿相对于机体前摆为正,后摆为负,在一个周期内,各足在 Y 方向上相对于机体运动的距离见表 4-3。

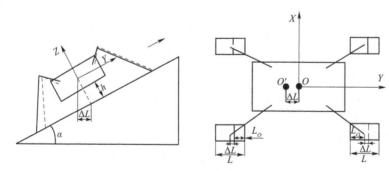

图 4-27　斜坡上四足机正确初始姿态

在一个周期中四足机在 Y 方向上相对于机体运动的距离　　　　　表 4-3

足 1	$-\frac{1}{4}\lambda$	$\frac{3}{4}\lambda$	$-\frac{1}{4}\lambda$	$-\frac{1}{4}\lambda$
足 2	$-\frac{1}{4}\lambda$	$-\frac{1}{4}\lambda$	$-\frac{1}{4}\lambda$	$\frac{3}{4}\lambda$

| 足3 | $-\dfrac{1}{4}\lambda$ | $-\dfrac{1}{4}\lambda$ | $\dfrac{3}{4}\lambda$ | $-\dfrac{1}{4}\lambda$ |
| 足4 | $\dfrac{3}{4}\lambda$ | $-\dfrac{1}{4}\lambda$ | $-\dfrac{1}{4}\lambda$ | $-\dfrac{1}{4}\lambda$ |

设 L 为四足步行机 Y 方向的运动范围,L_0 为各足初始位置在 Y 方向上的距离,靠近机体处为 O,则动作 1 时足 4 为摆动相,其运动应满足结构与稳定性的要求。

$$R - \frac{3}{4}\lambda \geqslant 0 \quad (R \text{ 为腿行程}) \tag{4-84}$$

$$R_{\max} = L_{04} + \Delta L \tag{4-85}$$

则:

$$L_{04} + \Delta L - \frac{3}{4}\lambda \geqslant 0 \tag{4-86}$$

对于足 1、2、3 处于支撑相,则其运动应在其相对于机体运动的范围之内。

对于足 1:

$$\begin{cases} L_{01} - \Delta L - \dfrac{1}{4}\lambda \geqslant 0 \\ L_{01} - \Delta L + \dfrac{2}{4}\lambda \leqslant L \end{cases} \tag{4-87}$$

对于足 2:

$$L_{02} + \Delta L - \frac{3}{4}\lambda \geqslant 0 \tag{4-88}$$

对于足 3:

$$\begin{cases} L_{03} + \Delta L + \dfrac{2}{4}\lambda \leqslant L \\ L_{03} + \Delta L + \dfrac{1}{4}\lambda \geqslant 0 \end{cases} \tag{4-89}$$

解式(4-86)~式(4-89),得:

$$L_{04} + \Delta L \geqslant \frac{3}{4}\lambda \tag{4-90}$$

$$L - \frac{1}{2}\lambda \geqslant L_{01} - \Delta L \geqslant \frac{1}{4}\lambda \tag{4-91}$$

$$L - \frac{1}{2}\lambda \geqslant L_{03} + \Delta L \geqslant \frac{1}{4}\lambda \tag{4-92}$$

$$L_{02} - \Delta L \geqslant \frac{3}{4}\lambda \tag{4-93}$$

根据前假设,在平地上各是初始位置在 Y 方向的距离 $L_{01} = L_{02} = L_{03} = L_{04} = L_0$,则:

$$\begin{cases} L_0 - \Delta L \geqslant \dfrac{3}{4}\lambda \\ L_0 + \Delta L \leqslant L - \dfrac{1}{2}\lambda \end{cases} \tag{4-94}$$

在式(4-94)中,当机器的重心高度 h 和坡度角 α 已知时,ΔL 是一个常数,则:

$$\lambda \leqslant \frac{4}{5}(L - 2\Delta L) \tag{4-95}$$

要使四足机能在斜坡上运动,则:

$$\frac{4}{5}(L - 2\Delta L) > 0 \tag{4-96}$$

$$\Delta L < \frac{L}{2}n \tag{4-97}$$

把式(9-83)代入式(9-97)得:

$$\alpha < \arctan\frac{L}{2h} \tag{4-98}$$

因此,当机体重心高度 h 较小时,四足步行机在坡道上运动的稳定性较大,即在上坡时降低步行机的机体重心高度,可以增加步行机的稳定性。另外,我们可以看出,当步行机 L 值越大时,其稳定爬坡的角度也有可能越大。

2)步态

对于步行机来说,步态是影响步行机行走稳定性的一个重要因素。当步行机腿数目与结构一定时,步行机的步态决定了步行机的支撑多边形的形状及占地系数,从静态稳定的必要和充分条件来看,都与支撑多边形的形状和占地系数有关,因此,步行机在行走过程中应根据不同的地面条件选择合适的步态。在对四足行走机构的步态进行研究时发现,一般四足行走机构的步态根据行走速度来分,大致为五种:爬行、小跑、缓驰、慢跑和飞奔。随行走速度的增加,支撑的腿数目减少,在慢跑和飞奔时,甚至四足全不接触地面。步行机在行走时(严格讲应该是爬行)为了保证静态稳定性,一般至少要有三条腿同时支撑。

3)行走速度

行走速度的大小和方向直接影响步行机行走时的稳定性。步行机在平地上行走时,可以参看图4-20;在坡道上行走时,其稳定性也与行走的方向和坡度角有关。根据前面对于机械能稳定性的讨论可知,有时可以通过改变步行机的行走速度来提高某些方向的稳定裕度。如对于沿斜坡上行走的步行机,可以通过增加步行速度来削弱步行机沿斜坡向下翻倒的趋势。

对于步行机来说,其行走过程实际上非常复杂,不但与机械结构有关,而且还与其传感器的性能及控制系统有关。在这里着重讨论了机械结构及运动状态对步行机的影响,而没有更多的涉及其他问题的讨论,有兴趣的读者可以参看其他有关资料。

4.5 步行机械的转向

步行机械要具有好的行走性能,不但要具有好的地面适应性,而且应有好的变向性能、灵活性和轻便性。对于步行机械来说,由于其行走机构复杂,而且步态变化多种多样,要研究步行机械的转向问题,只能在一种特殊的状态下进行研究,下面着重讨论六足机周期步态的转向情况。对于步行机械来说,要改变行走方向,无非采用下面两种方法中的一种:①平移改变:步行机械不改变机身的方位而实现改变行走方向的方法,如步行机械由原来的纵向行走变为横向行走而实现 90° 的转向;②转向改变:步行机械通过改变机身的方位,使机身绕垂直坐标轴转过一定的角度而实现行走方向的改变。

为分析方便,我们首先给出如下定义:

角行程 θ_R:指步行机转向时,在一足行程中转过的角度。

角位置:指某点在转动坐标系中的位置矢量与转动坐标系的 i^s 轴的夹角。

角稳定裕度 $S_{\theta O}$:指步行机械转向时,在步态循环中机体重心到达各支撑边界要转过角度的最小值。

为了方便讨论,我们给出六足不行机械的转向示意图(图 4-28)。

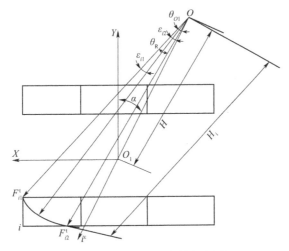

图 4-28 六足步行机械的转向示意图

从图中可以看出,O_1 为步行机的中心,O 为转向中心,OO_1 为 z 转向半径用 H 表示,OO_1 与 Y 轴的夹角为侧行角用 α 表示。设步行机各足行程中心都定在各自的足可达区域中心,i 足行程中心在机体坐标系中的位置为 (X_{Oi}^b, Y_{Oi}^b),则:

$$\begin{cases} H_i\cos\theta_{Oi} = H + X_{Oi}^b\sin\alpha - Y_{Oi}^b\cos\alpha \\ H_i\sin\theta_{Oi} = X_{Oi}^b\cos\alpha + Y_{Oi}^b\sin\alpha \end{cases} \quad (4\text{-}99)$$

解得:

$$H_i = \left[(H + X_{Oi}^b\sin\alpha - Y_{Oi}^b\cos\alpha)^2 + (X_{Oi}^b\cos\alpha + Y_{Oi}^b\sin\alpha)^2 \right]^{\frac{1}{2}}$$

$$\theta_{Oi} = \arctan\left[LX_{Oi}^b\cos\alpha + Y_{Oi}^b\sin\alpha / (X_{Oi}^b\sin\alpha - Y_{Oi}^b\cos\alpha) \right] \quad (4\text{-}100)$$

由于转向时各足的行程不相同,外侧足的行程大于内侧足,因此,步行机用规则对称步态(规则步态:指各足具有相同的占地系数;对称步态:指对相位差为半个周期)转向时,在一个步态周期中所能转过的角度将受到其外侧足可达区域范围的限制。为简便计算,在确定转向的角行程时,可以考虑通过足行程轨迹半径最大的足来选择角行程。选择的方法为:首先求出该足行程轨迹圆弧与其足可达区域边界的交点 F_{i1}^t 和 F_{i2}^t,随之可以分别求得在转动坐标系中此两点的角位置与该足行程中心角位置间的夹角 ε_{i1} 和 ε_{i2}。图 4-28 中角行程可以由此确定:

$$\theta_{R1} = 2\varepsilon_{i1}$$

$$\theta_{R2} = 2\varepsilon_{i2}$$

$$\theta_{R3} = \min[\theta_{R1}, \theta_{R2}]$$

角行程确定以后,第 i 足行程起止点在程转动坐标系中的角位置 θ_{i1}、θ_{i2} 可分别确定为:

$$\theta_{i1} = \theta_{0i} + \theta_R/2$$

$$\theta_{i2} = \theta_{0i} - \theta_R/2n$$

各足行程起止点在转动坐标系中的坐标可以求得:

$$\begin{bmatrix} F_{xi1}^\varepsilon \\ F_{yi1}^\varepsilon \end{bmatrix} = \begin{bmatrix} H_i\cos\theta_{i1} \\ H_i\sin\theta_{i1} \end{bmatrix} \tag{4-101}$$

$$\begin{bmatrix} F_{xi2}^\varepsilon \\ F_{yi2}^\varepsilon \end{bmatrix} = \begin{bmatrix} H_i\cos\theta_{i2} \\ H_i\sin\theta_{i2} \end{bmatrix} \tag{4-102}$$

根据坐标之间的变换关系,就可以求得各足行程轨迹起止点在其他坐标系中的坐标。

上面讨论了转向时步行机足的位置,但是步行机如果能稳定地转向,就必须满足稳定性的要求,因为转向时各足行程的长短不一样,各足行程不再平行,临界状态模式也不再具有对称性,因此,步行机转向的稳定性分析要比直线行走的复杂,在进行稳定性分析时要对每条支撑边界进行研究,确定其临界相。求得临界状态参数后,在求稳定裕度时还要对每条临界线进行计算。除此之外,转向时会碰到纵向稳定裕度和横向稳定裕度对某一支撑边界来讲不在同一时间发生的情况。图 4-29 为重心到边界的最小纵向距离与最小横向距离不同时发生,某一边界与机体重心的转向运动和圆弧轨迹不相交的情况,图中 AB 成为支撑边界,当重心在

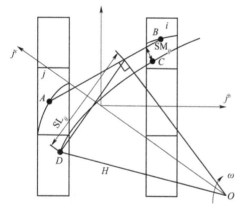

图 4-29 重心到边界的最小纵向距离
与最小横向距离不同时发生

D 点时,步行机的纵向稳定裕度为 SL_{ij},当重心旋转到 C 点后,其横向稳定裕度为 SM_{ij}。

如果已知两支撑足 i,j 在转动坐标系中的角位置 θ_i,θ_j 以及支撑足到转向中心 O 的距离 H_i、H_j,如图 4-30 所示,我们就可以得到支撑足 i,j,在转动坐标系中的坐标为:

$$\begin{bmatrix} X_i \\ Y_i \end{bmatrix} = \begin{bmatrix} H_i\cos\theta_i \\ H_i\sin\theta_i \end{bmatrix} \tag{4-103}$$

$$\begin{bmatrix} X_j \\ Y_j \end{bmatrix} = \begin{bmatrix} H_j\cos\theta_j \\ H_j\sin\theta_j \end{bmatrix} \tag{4-104}$$

由此可以求出,该支撑边界在转动坐标系中的斜率 k_{ij} 和 y 轴上的截距 b_{ij}:

$$k_{ij} = (y_i - y_j)/(x_i - x_j) = \tan\gamma_{ij}$$

$$b_{ij} = H_i(\sin\theta_i - \cos\theta_i\tan\gamma_{ij})$$

式中,y 为该边界发生时的转向坐标系中的斜率倾角。

在确定了支撑足在转动坐标系的位置后,下面讨论步行机转向时的稳定性,如图 4-31 所示。图中 O 为转向中心, G 为步行机重心,则 OG 为转向半径, AF 为支撑边界所在直线, O 点到 AF 的距离为 OD, EF 为转向轨迹与支撑边界的交点, γ_{ij} 为支撑边界的斜率倾角。

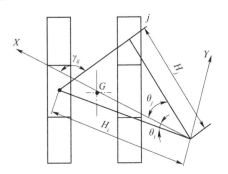

图 4-30 转动坐标系的轴通过步行重心及转向中心

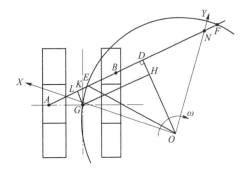

图 4-31 $OG > OD$ 时的转向简图

如果 $OG > OD$,则转向轨迹与 AF 直线交于 E, F 两点。则:

$$\angle ANO = \gamma_{ij} - 90°$$

$$OD = ON \cdot \sin\gamma_{ij} - 90° = -ON\cos\gamma_{ij}$$

如果假设转向角行程为 θ_R,该支撑边界存在的时间为 Δt_{ij},占地系数为 β,则在该支撑边界存在的时间内,步行机重心转过的角度为 $\Delta t_{ij} \cdot \theta_R / \beta$。

如果 $\angle XOE < \Delta t_{ij} \cdot \theta_R / \beta < \angle XOF$ 成立,则步行机将失去稳定性。由图 4-31 可以求出:

$$
\begin{cases}
\angle XOE = \gamma_{ij} - 90° - \arccos \dfrac{-ON\cos\gamma_{ij}}{OG} \\[3mm]
\angle XOF = \gamma_{ij} - 90° + \arccos \dfrac{-ON\cos\gamma_{ij}}{OG}
\end{cases}
\tag{4-105}
$$

式中: ON——支撑边界在 Y 轴上的截距。

当在支撑边界存在的时间内 $\Delta t_{ij}\theta_R / \beta < \angle XOE$ 时,重心 G 到 AB 的距离为:

$$GL = -ON\cos\gamma_{ij} - OG\sin(\gamma_{ij} + \Delta t_{ij}\theta_R / \beta)$$

重心到该边界的纵向(速度方向)距离为:

$$GK = \frac{ON\cos\gamma_{ij} + OG\sin(\gamma_{ij} + \Delta t_{ij}\theta_R / \beta)}{\cos(\gamma_{ij} + \Delta t_{ij}\theta_R / \beta)}$$

如果 $OG < OD$ 时,如图 4-32 所示,则转向轨迹与 AF 直线没有交点。图中 O 为转向中心, G 为步行机重心, OG 为转向半径, OF 为支撑边界 AF 在 Y 轴上的截距, γ_{ij} 为支撑边界的斜率倾角, OD 为 O 到 AF 的距离。由图可得:

$$\angle GOD = \gamma_{ij} - 90°$$

$$\angle DFO = \gamma_{ij} - 90°$$

$$OD = OF\sin(\gamma_{ij} - 90°) = -OF\cos\gamma_{ij}$$

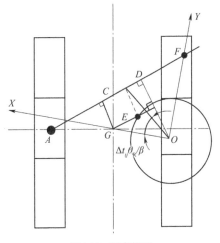

图 4-32 转向简图

假设转向角行程为 θ_R，该支撑边界存在的时间为 Δt_{ij}，占地系数为 β，则在该支撑边界存在的时间内步行机重心转过的角度为 $\Delta t_{ij}\theta_R/\beta$；如果 $\Delta t_{ij}\theta_R/\beta > \angle GOC$，步行机重心 G 距支撑边界的最短距离为：

$$OF\sin\angle DFO - OG = -OF\cos\gamma_{ij} - OG$$

当 $\Delta t_{ij}\theta_R/\beta < \angle GOC$ 时，步行机重心 G 距支撑边界的最短距离为：

$$EC = -OF\cos\gamma_{ij} - OG\cos(\gamma_{ij} - 90° - \Delta t_{ij}\theta_R/\beta) = -OF\cos\gamma_{ij} - OG\cos(\gamma_{ij} - \Delta t_{ig}\theta_R/\beta)$$

在对步行机稳定性讨论时，我们用步行机的重心到支撑边界的距离来衡量步行机的稳定性，在对步行机转向时稳定性的衡量时，必须计算整个转向过程重心到一条支撑边界的距离，并取出最小值来衡量步行机的稳定性。

第5章 柴油机在变负荷工况下的性能

发动机的动力性和经济性是决定机器整机使用性能的基础。然而,发动机动力性和经济性的充分发挥和利用又与机器使用过程中的负荷工况有着密切的关系。本章将着重讨论发动机在变负荷工况下的工作性能。

5.1 柴油机的特性

绝大多数工程用车辆采用压燃式柴油机作为它的动力源,因而本节将只讨论柴油机的动力性和经济性。对于工程用车辆来说,反映发动机动力性和经济性最基本的特性曲线是发动机的速度特性。速度特性表示的是油门位置(油门调节电位器旋转位置)一定时,发动机输出(有效)功率、转矩、小时油耗随转速而变化的关系。节气门位置最大时的速度特性,称为发动机的外特性。部分节气门位置时的速度特性则称为部分速度特性。

自然吸气柴油机是一种采用变质调节的内燃发动机。在这种情况下,每一循环充入汽缸的空气量是不能调节的(它与发动机的转速和负荷关系甚小),而功率及负荷的调节则依靠改变每一循环的燃料喷射量来实现。如果在某一固定转速下逐渐增大供油量,则由于燃料的增多,而使过量空气系数逐渐下降。到一定程度时,在排气中即开始出现黑烟,而发动机的比油耗则急剧增长,此时表明汽缸内已发生明显的不完全燃烧。这一开始冒烟的极限称为冒烟界限。将速度特性上每一转速下的冒烟界限连成一条曲线,则这一曲线即称为发动机的冒烟界限特性。发动机在超过冒烟界限的工况下长期工作是不允许的,因为严重的不完全燃烧和后燃现象,会造成汽缸内大量积炭和引起零件过热。因而,冒烟界限特性反映了发动机在实际工作中所能容许的极限工况。

节气门位置最大时所测得的外特性,称为发动机的实用外特性曲线,它反映了在实际运转条件下,发动机在某转速下所能达到的最大输出(有效)功率、转矩及其相应的比油耗。

为了使柴油机的转速不致超过其冒烟界限和发生飞车,就必须用调速器(包括电子调速器)来限制它的最高转速。在工业用车辆上,通常采用全程式调速器。在调速手柄位置保持固定的情况下,这种调速器只是当发动机转速达到一定的数值时才起调速作用。在转速低于此值时,由于油泵齿条碰到油量限制器,调速器就失去调速作用。当调速手柄向减少油量的方向移动时,则调速器开始起作用的转速也随之降低。

柴油机的调速特性是指在不同负荷条件下的稳定运行能力,以及其调整发动机速度以适应负荷变化的能力。当调速手柄被置于最大供油位置时,柴油机会在最大负荷下运行。这被称为调速外特性,它代表了在最大供油情况下发动机的稳定运行能力;当调速手柄被设置在部分供油位置时,柴油机会在部分负荷下运行。这种情况下,调速特性被称为部分调速特性。在这个区域,柴油机需要能够在不同的负荷条件下保持稳定地运行,并能够快速地调整发动机速度以应对负荷的变化。图5-1为柴油机的调速特性,表征柴油机典型的调速外特性和部分调速特性。从图上可以看出,调速外特性实际上是由两部分组成的。在特性曲线的 $bc(b'b',b''c'')$ 区段内,调速器起着限制转速的作用,称为调速区段。当转速下降到与 b 点相应的转速时,调速器不再起作用,而发动机的各项指标将按外特性曲线变化,如图5-1所示 $ab(a'b',a''b'')$ 区段,这一区段则称为非调速区段。当调速手柄减小供油量时,调速器开始起作用的转速相应降低(图5-2上 d、e、f、g 点)而调速区段则相应地变为图上 1、2、3、4 所示的线段。

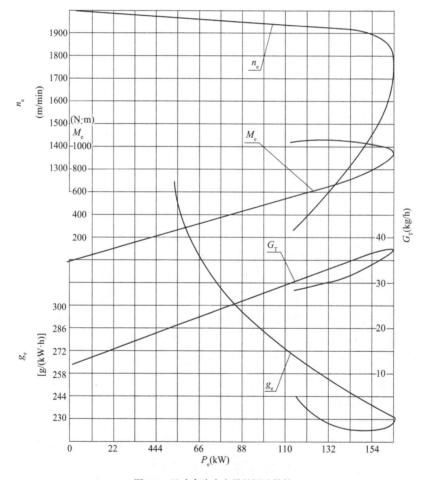

图5-1　以功率为自变量的调速特性

以转速为横坐标的调速外特性用于讨论非调速区段的发动机动力性是比较方便的,但是对于调速区段,则由于曲线过于陡直而往往显得不够方便。有时,为了便于讨论调速器作用区段的发动机动力性和燃料经济性,发动机的调速外特性也可以绘成以发动机有

效功率 P_e 或有效转矩 M_e 为自变量(横坐标)的函数图形。图 5-1 和图 5-3 分别表示了以功率 P_e 和转矩 M_e 为横坐标的调速外特性。

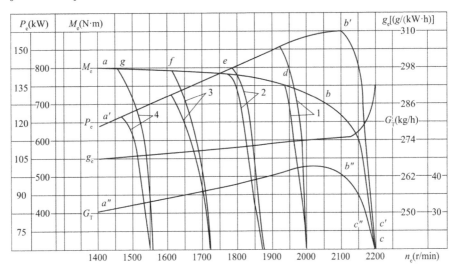

图 5-2　柴油机的调速特性

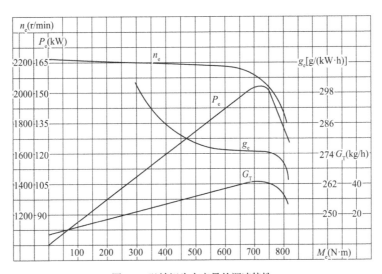

图 5-3　以转矩为自变量的调速特性

　　柴油机的调速外特性是反映柴油机动力性和经济性最基本的特性曲线,在这些曲线上可以指出如下一些表征发动机动力性和燃料经济性的基本指标。图 5-4 为柴油机动力性和燃料经济性的基本指标。

　　(1)发动机的最大有效功率 P_{emax};

　　(2)发动机的最大功率转速 n_{ePemax};

　　(3)发动机的最大功率转矩 M_{Pemax};

　　(4)发动机的最大有效转矩 M_{emax};

　　(5)发动机的最大转矩转速 n_{Memax};

（6）发动机的空转转速 n_x；

（7）发动机的最低比油耗 g_{emin}；

（8）发动机的最大功率比油耗 g_{ePmax}；

（9）发动机空转时的小时燃油耗 G_{ex}。

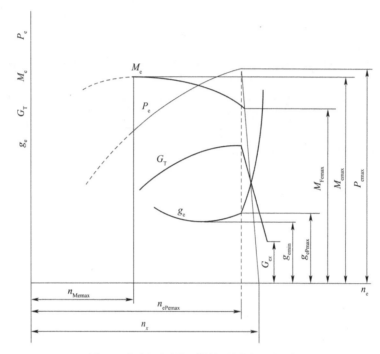

图 5-4　柴油机动力性和燃料经济性的基本指标

除此以外，调速外特性的进展形状也对发动机的动力性和燃料经济性有着重要影响。关于这方面的指标，将在下节作详细讨论。

发动机的额定功率是指制造厂按其用途及使用特点规定的，并通过台架试验进行标定的最大有效功率。我国国家标准规定，在进行额定功率的标定时，柴油机应装有正常使用时所必需的全部附件（包括空气滤清器及消音器）。发动机在进行出厂试验时，油泵供油齿条的油量限制器就是按额定功率进行调整并铅封的。与额定功率相对应的转速称为额定转速。发动机在额定功率和额定转速下运转的工况，称为发动机的额定工况。与额定工况相对应的供油量，称为额定供油量。与额定工况相对应的发动机有效转矩，小时燃油耗和比油耗则分别称为发动机的额定转矩，额定小时油耗和额定比油耗。从以上定义中可以看出，额定功率与额定转速实际上就是按出厂调整测得的发动机调速特性上的最大有效功率和最大功率转速，而额定转矩、额定小时油耗和额定比油耗则是与这一工况相对应的各项指标。

我国国家标准规定，根据不同的用途和使用特点，在内燃机铭牌上标定的功率可分为以下四种：

（1）15min 功率：内燃机允许连续运转 15min 的最大有效功率；

（2）1h 功率：内燃机允许连续运转 1h 的最大有效功率；

(3)12h 功率:内燃机允许连续运转 12h 的最大有效功率;

(4)持续功率:内燃机允许长期连续运转的最大有效功率。

通常在发动机的铭牌上标明有上述四种功率中的 1~2 种功率及其相应的转速。有时根据需要,额定功率也可选在两种标定功率之间。额定功率的确定应根据发动机负荷工况、使用条件的特点,综合考虑动力性、经济性以及发动机的工作可靠性和耐久性等多方面的因素。

5.2　负荷工况对发动机性能的影响

上节讨论了发动机动力性和燃料经济性的基本指标。但是,发动机装车后的动力性和经济性不仅取决于它本身的特性曲线,而且与车辆在使用过程中的负荷工况有很大关系。实际上,只有在外部载荷固定不变,且其数据相当于发动机的额定转矩时,发动机才能输出它的最大功率(额定功率)。当发动机在变负荷工况下工作时,情况就完全不同了,于是就产生了这样两方面的问题:一方面是发动机对变负荷工况的适应能力问题;另一方面则是怎样在外部阻力变化的工况下来评价发动机动力性和经济性指标的发挥和利用程度的问题。本节将从工业拖拉机负荷工况的特点出发来讨论上述两方面的问题。

5.2.1　工业拖拉机负荷工况的特点

工业拖拉机主要用来作推土机、铲运机、装载机等工程机械的基础车辆。此类车辆多为进行循环作业的工程机械,它们的工作循环由若干性质不同的工序所组成。由于工业拖拉机的使用过程有着一系列不同于农业拖拉机的具体特点,因而也就决定了工业拖拉机在负荷工况方面的一系列特点。

首先是工作过程的循环作业方式决定了拖拉机需要在不同的工况下工作,这是由工作循环中各工序的不同性质所决定的。由于完成各工序所需克服的工作阻力往往有着很大差别,因而需要用多级变速器,通过变换挡位来变换拖拉机的工作速度,以改善发动机的负荷情况并适应在不同工况下作业的要求。尽管采用了多级变速器,发动机的负荷在整个工作循环中,仍然可能在很大范围内变化。此种情况在农业拖拉机上是较少遇到的。对于主要进行连续作业的农用拖拉机来说,拖拉机的工作阻力和运行速度总的来说是比较均匀和稳定的。

另外,工业拖拉机的作业条件,与主要在经过耕耘的土地上作业的农用拖拉机相比,也要恶劣得多。工业拖拉机的工作对象主要是较为坚硬的土石方(时常还会遇到大石块及树根等),土壤的均质性也比普通耕地差。因而,在作业过程中常常出现短时间的峰值载荷,超负荷、行走机构完全滑转,甚至发动机强制性熄火。此外,工业拖拉机还常常需要在很陡的坡度上进行作业,这也是造成负荷急剧变化的一个重要因素。

下面以推土机作为典型例子来具体分析工业拖拉机负荷工况的特点。推土机的作业循环是从切削和采集土壤开始的,当铲刀前方集满土后,铲刀稍微抬起,停止切入,随即将堆积起来的土推移一定距离至卸土地点,然后卸土,用倒挡回驶到工作面,接着重新开始新的工作循环。

图 5-5 显示了推土工作循环中切线牵引力的变化情况。在切土和采集土壤时,推土机的工作阻力迅速上升到它的最大值,载荷出现峰值。在随后的运土工序内,推土机的工作阻力一直保持较高的数值且呈现出剧烈的波动性。只是在运土工序末尾,由于在推土过程中集土的损失,阻力才稍有下降。在整个切土和运土过程中推土机通常用最低挡工作,其间发动机的负荷程度是比较高的,并常常发生短时间的超载,使发动机转速急剧下降,甚至引起行走机构完全打滑或使发动机发生强制性熄火。图 5-6 是发动机转矩在切土、运土、卸土工序中的变化情况。从图中可以看到,在切入和集土阶段,发动机转矩频频出现短时间的峰值载荷,这种峰值载荷在集土阶段末尾可超出发动机额定转矩 20% ~ 30% 。在卸土时,常常由于铲刀深深切入以前堆积的土壤之中而引起发动机负荷的急剧增长,这种峰值载荷,甚至将超出发动机额定转矩 40% ~60% 。

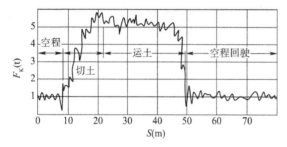

图 5-5　推土机切线牵引力在工作循环中的变化图

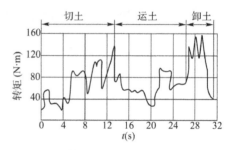

图 5-6　推土机切线牵引力在工作循环中的变化图

推土机卸土后,阻力迅速下降到零,而在随后空程回驶的工序中推土机所需克服的工作阻力仅是机器的行驶阻力,它在数值上是很小的。尽管在回驶时采用了高速挡,然而由于速度的限制,发动机的负荷程度仍然是较低的。

配装铲运机、装载机、松土器、除根机等其他工作装置的工业拖拉机,其工作阻力、运行速度、发动机的负荷也存在着类似的大幅波动的情况,尤其是单斗装载机的阻力和负荷的变化更加频繁和急剧。总之,工业拖拉机是一种循环作业机械,其负荷工况的基本特点是载荷变化具有急剧性和周期性(周期可达几十秒至 1 ~2min);频繁出现的短促的峰值载荷,使发动机经常出现短时间的超载,而引起行走机构完全滑转或发动机的强制性熄火。在急剧的变负荷工况下,发动机实际上不能输出它的最大功率,功率利用情况大大恶化。

工业拖拉机这一负荷特点反映在动态测试数据上,其特点是:负荷变化与操作员对工作装置的有意识操纵之间存在着某种规律性的联系。土壤的非均质性和操作员操纵的随机性,使动态测试数据包含着某种确定性分量和随机分量,称为非平稳随机数据(图 5-5)。研究表明,消除了趋势项后的试验数据在时间域内是一种均值为零的平稳随机数据。

5.2.2　发动机对变负荷工况的适应性能

工业拖拉机在工作时,负荷总处在波动之中。当传动系统中没有不可透性的减震装置时,负荷的波动传到发动机上引起曲轴转速和拖拉机行驶速度的变化,这将影响机器的生产率。

图 5-7 为变负荷工况对发动机输出功率
的影响,在阻力矩比较稳定的情况下(M_{c1}),
发动机特性曲线上与平均载荷相对应的工作
点可以选在额定工况附近,发动机的输出功
率仅有微小的波动,大部分时间内将输出最
大功率。在外阻力发生急剧波动的情况下
(M_{c2}),其平均阻力矩相当于 e_2 点,而曲轴转速
的平均值不等于 e_2 点的转速,而是稍低一些
(如 e_2' 点),使特性发生"分层"。特性发生"分
层"的原因在于同一个阻力矩,而对应于不同

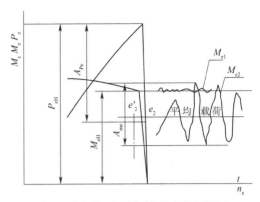

图 5-7　变负荷工况对发动机输出功率的影响

的曲轴转速,也就是对应于不同的有效功率。特性"分层"的结果,使实际输出功率降低,功
率利用将不足。

功率利用不足是由于发动机阻力矩波动而超过标定值,也就是发动机周期性地在特
性曲线的校正段工作时开始发生的。不难看出,当负荷波动的振幅不变,而发动机的平均
负荷接近于标定值时,发动机功率利用不足的程度增加。当发动机平均负荷不变时,随着
负荷波动的振幅增大,功率利用不足的程度也增大。

发动机适应变负荷工况的能力,主要与特性曲线的形状有关。从动力性的角度看,这
种适应能力主要取决于转矩曲线非调速区段的平缓程度,并用发动机的转矩适应性系数
K_M 和速度适应性系数 K_v 来表示。

(1)转矩适应性系数是发动机的最大转矩 M_{emax} 与额定转矩 M_{eH} 之比,亦即:

$$K_M = \frac{M_{emax}}{M_{eH}} \tag{5-1}$$

图 5-8 为具有不同转矩适应性系数的发动机对变负荷工况的适应能力,表示了发动
机具有不同转矩适应性系数时,对于变负荷工况的适应能力。当转矩变化平缓而 K_M 值较
小时(图 5-8 中曲线 1),发动机负荷稍有超载(超过额定转矩),阻力矩就会大于发动机的
最大转矩,此时操作员往往来不及及时作出反应,调整切土深度,就导致发动机熄火。因
此,为了保证发动机不发生强制性熄火,操作员在操纵时就不得不适当地降低平均负荷。
在这种情况下,甚至负荷波动的最大值在大部分时间内也将低于发动机的额定转矩。
图 5-8 中曲线 2 是另一台发动机的转矩特性曲线,其额定转矩和额定功率均与第一台发
动机相同,而转矩适应性系数则较大。在这种情况下,当外阻力突然增大时,通常在发动
机尚未熄火前行走机构即首先发生完全滑转(在发动机功率与底盘重量匹配正确时)。
因而操作员在作业时,有可能经常调整切削深度,尽量使发动机在额定工况下工作。这
样,在同样的变负荷作业下,输出功率的波动幅度较小,发动机的平均输出功率将会增大,
功率利用的情况则较好。发动机的转矩储备过小,不仅使发动机的平均输出功率减小,还
由于操纵感较差而使操作员经常处于紧张状态,容易引起操作员的疲劳。而且一旦发生
强制停车,就会破坏作业的正常进程,损失有效工作时间。所有这些,最终都将导致机器
生产率的下降。因此,对于工业拖拉机来说,转矩适应性系是衡量发动机动力性能的一项
十分重要的指标。

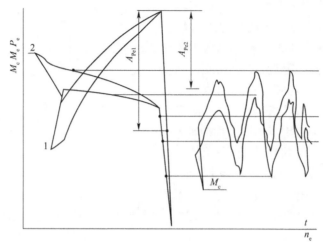

图 5-8 具有不同转矩适应性系数的发动机对变负荷工况的适应能力

对转矩特性进行分段校正,可以使发动机的转矩曲线在高速区段进展比较急陡(亦即转矩随转速的下降而上升的速率较大),这样发动机的功率曲线在高速部分就比较平缓,从而使发动机在额定功率附近工作时能获得较高的平均输出功率。转矩曲线在低速区段的校正可以使发动机获得较高的转矩适应性系数,从而保证机器具有良好的操纵感。

采取上述措施后,柴油机的转矩适应性系数 K_M 可增大至 1.20 ~ 1.25,甚至更大。

增压技术的发展为改善柴油机转矩适应能力提供了新的途径。一般来说,自然进气柴油机的转速变化对柴油机充气系数的影响不大,柴油机的充气系数大体上保持一定。由于对涡轮增压器进行了改进,大大减小了高、低速时增压压力差,亦即空气量的差别,同时结合采用适当加大额定功率点的过量空气系数(即在额定转速时适当降低供油量即适当降低额定功率)的措施,使得增压发动机的转矩特性不仅达到,而且超过了非增压柴油机的水平。因此,最近几十年间,废气涡轮增压发动机在工程机械上获得了越来越迅速的应用。目前不少工程机械用的增压发动机,其转矩适应性系数 K_M 可达 1.25 ~ 1.30 以上。

值得指出的是,电喷技术与涡轮增压技术的应用大大改善了机器的牵引和动力性能,并简化了传动系统的结构(可采用较少挡位的变速器)。图 5-9 是等功率发动机特性曲线的示例。在此类发动机中,转矩适应性系数 K_M 高达 1.50 以上。

(2) 发动机的速度适应性系数 K_v 由下式表示:

$$K_v = \frac{n_{eH}}{n_{Memax}} \tag{5-2}$$

式中:n_{eH}——发动机额定转速;

n_{Memax}——发动机最大转矩所对应的转速。

发动机的传动机构及整台机器是有一定质量

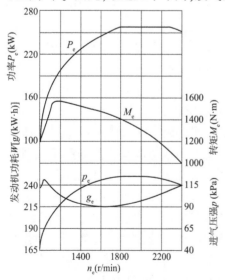

图 5-9 等功率发动机的特性曲线

的,当发动机减速时,这些运动质量中储藏的惯性能量可部分地用来克服短时增长的阻力。显然 K_v 值越大,发动机转速自额定值下降到最大转矩所对应的转速期间释放出的能量就越大。K_v 值较大还有助于改善机器的操纵感,使操作员能及时觉察到工作阻力的增大,从而及时调整切土深度,避免发动机发生强制性熄火。然而,速度适应性系数 K_v 过大同样是不利的。此时,由于发动机转速下降过大,同样会降低发动机的输出功率并导致机器生产率的下降。关于工业拖拉机用柴油机最适宜的转矩和速度适应性系数将在下面详细讨论。

从燃料经济性观点来看,发动机适应变负荷工况的能力主要取决于比油耗曲线的形状。在变负荷工况下,机器在长期使用过程中单位土方量的燃油消耗率不仅取决于最低比油耗或额定比油耗,而且也取决于整个比油耗曲线的平坦程度。因而作为发动机的经济性指标,除了最低比油耗和额定比油耗外,还应列入表征低油耗区域宽广程度的指标,后者对工业拖拉机来说,尤为重要。

发动机在变负荷工况下的燃料经济性,一般采用以功率为横坐标的调速特性(图5-3)来进行分析。

5.2.3　变负荷工况对发动机性能的影响及发动机动力性和经济性的评价指标

上述讨论,都是以发动机静载特性为依据的,把波动负荷下发动机功率利用不足看作是由于调速特性非线性造成的,与其他原因无关。然而,发动机在变负荷下工作时,曲轴转速的波动不利于发动机燃烧过程的形成和进展。进、排气过程中气流的惯性、发动机零件的热惯性以及供油和调速系统的惯性改变了发动机工作过程的合理结构。变负荷工况也影响润滑系统的正常工作,使发动机零件承受附加的动载荷作用,从而加大了发动机的机械损失。所有这些,最终都将使发动机动力性和经济性下降。

对柴油机来说,变负荷工况对发动机工作过程的影响远不如对汽油机那样严重。这是因为柴油机没有节气门,因而进气行程中气流阻力受发动机速度工况的影响较小。此外,由于柴油机燃料采用内部混合的方式,充气系数本身对发动机动力性和机件热惯性的影响较小,柴油机燃料混合和燃烧对发动机工作过程的影响均不像汽油机那样敏感。

因此,在上述诸方面的影响中,变负荷工况对燃料调节系统工作的影响,对柴油机来说是最重要的。与稳定工况不同,在发动机曲轴转速急剧变化,将引起调节系统严重失调。调速器和转矩校正器的动作,由于惯性的影响而滞后于转速的变化,因而使供油齿条的位置与供油量不能与发动机的瞬时转速相适应。当发动机制动时,供油量的增加慢于转速的下降,从而使发动机减速过程中的供油量少于稳定工况相应转速下的供油量。所以,在制动过程中,发动机的转矩和功率将低于静载特性所确定的数值。在发动机加速的过程中,供油量的减少慢于转速的增大,供油量将多于稳定工况相应转速下的供油量。因此,在加速过程中发动机的转矩和功率将比静载特性所确定的数值略高。

图5-10是康明斯柴油机在突加突减负荷过程中所测得的转矩调速外特性。从图中可以看到,随着曲轴负荷的增大,发动机的实际转矩就越小,与它的静载特性数值(图中虚线)的差距越来越大;当发动机负荷逐渐减小时,其转矩则将大于它的静载特性数值。

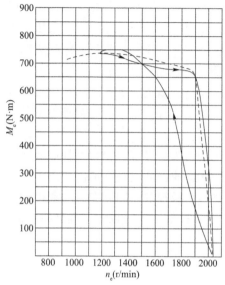

图 5-10 康明斯柴油机突加突减负荷调速外特性

从以上讨论中可以清楚地看到,变负荷工况下发动机的实际平均输出功率和平均比油耗会大大低于它们的额定指标。因此,就产生了如何评价在波动负荷情况下,发动机动力性和经济性的利用程度问题。通常,这种利用程度可用以下一些指标来衡量。

发动机的载荷系数(或称转矩载荷系数)K_Z,用发动机曲轴上的平均阻力矩 M_{em} 与额定转矩 M_{eH} 之比来表示,亦即:

$$K_Z = \frac{M_{em}}{M_{eH}} \tag{5-3}$$

这一系数反映了发动机在变负荷工况下的平均负载程度。

发动机的功率利用系数 K_p 表明了发动机在变负荷工况下,从调速特性上显示出的功率利用程度,它可由下式表示:

$$K_p = \frac{P_{em}^s}{P_{eH}} \tag{5-4}$$

式中:P_{em}^s——发动机调速特性上与平均阻力矩 M_{em} 相应的发动机功率;

P_{eH}——发动机的额定功率。

发动机的燃油耗利用系数 γ_{ge} 表明了发动机在变负荷工况下,从调速特性上显示出的燃料经济性利用程度,它可由下式表示:

$$\gamma_{ge} = \frac{g_{em}^s}{g_{eH}} \tag{5-5}$$

式中:g_{em}^s——发动机调速特性上与平均阻力矩 M_{em} 相应的比油耗;

g_{eH}——发动机的额定比油耗。

发动机在变负荷工况下实际输出功率和比油耗偏离调速特性的程度,分别用发动机功率减小系数 K_p^s 和比油耗增加系数 γ_{ge}^s 来表示:

$$K_p^s = \frac{P_{em}}{P_{em}^s} \tag{5-6}$$

$$\gamma_{ge}^s = \frac{g_{em}}{g_{em}^s} \tag{5-7}$$

式中:P_{em}——发动机实际的平均输出功率;

g_{em}——发动机实际的比油耗。

发动机额定功率的实际利用程度用发动机功率输出系数 K_B 来评价,它等于发动机实际的平均输出功率 P_{em} 与额定功率 P_{eH} 之比:

$$K_B = \frac{P_{em}}{P_{eH}} \tag{5-8}$$

发动机燃料经济性的实际利用程度则可用发动机的比油耗输出系数 γ_B 来表示：

$$\gamma_B = \frac{g_{em}}{g_{eH}} \tag{5-9}$$

显然，在 K_P、K_P^s 与 K_B 以及 γ_{ge}、γ_{ge}^s 和 γ_B 之间存在着以下关系：

$$K_B = K_P^s \cdot K_P \tag{5-10}$$

$$\gamma_B = \gamma_{ge}^s \cdot \gamma_{ge} \tag{5-11}$$

最后，讨论一下发动机在变负荷工况下的最佳负载程度以及发动机转矩和速度适应性系数对功率和比油耗输出系数的影响。它们对分析发动机和底盘的合理匹配，以及在进行机器的牵引计算方面都有着重要的实际意义。

现在来研究当发动机在变负荷工况下工作时，应该如何配置发动机平均阻力矩在其特性曲线上的位置，以获得最大输出功率的问题。很显然，当平均阻力矩的工作点选择得远低于额定转矩时，输出功率必然较低。从图 5-7 中可以看到，如果使平均阻力矩的工作点沿着调速区段工作，转速的波动不大（亦即减速度和加速度不大），因而功率和转矩偏离调速特性的情况并不显著，实际的平均输出功率将随着发动机负载程度的增大而提高。但是当最大负荷超过发动机的额定转矩之后，由于在负荷循环中发动机有部分时间在非调速区段上工作，转速急剧起落，调速特性上平均输出功率的增长开始减慢。

这样，到一定程度时发动机的实际平均输出功率，必然随着发动机负载程度的提高而下降。由此可见，在变负荷工况下代表发动机负载程度的转矩载荷系数 K_Z，必然会有一个最佳值 K_{Z0}。在此最佳值的情况下，发动机的实际输出功率将最大。

图 5-11 是发动机按推土机的负荷工况进行模拟试验所获得的结果，表示发动机按推土机负荷工况工作时 K_p、K_P^s、K_B、γ_{ge}、γ_{ge}^s、γ_B 随发动机转矩负载程度而变化的情况。从图中可清楚地看到，随着发动机负载程度的增加，发动机的功率利用系数 K_P 开始时按正比例关系增大，功率减小系数 K_P^s 下降甚少，因而，功率输出系数 K_B 和平均输出功率 P_{em} 在这种情况下也随着 M_{em} 之增大而增大。当 M_{em} 增大至一定程度后，K_P 之增长开始变得平缓，而 K_P^s 的下降则益加急剧，于是对应某一 K_Z 值可获得 K_B 和 P_{em} 之极大值。从图中还可以看到，当发动机具有最大输出功率时，发动机的平均输出比油耗 g_{em} 和输出比油耗系数也接近它们的最佳值。

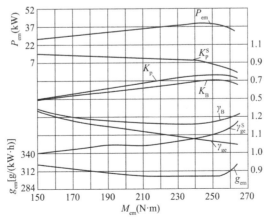

图 5-11　发动机按推土机负荷工况工作时 K_p、K_P^s、K_B、γ_{ge}、γ_{ge}^s、γ_B 随发动机转矩负载程度而变化的情况

以上的讨论进一步说明,发动机只有在稳定工况下工作时才能输出其最大功率(额定功率),而平均阻力矩的工作点才能配置得等于其额定转矩。当阻力矩发生波动时,发动机的最大平均输出功率总是小于它的额定功率,并且只有在适当配置平均阻力矩的工作点时,才能获得这一最大值(当发动机负载程度为 K_{ZO} 时)。随着阻力矩波动程度的加剧,发动机的最佳转矩载荷系数 K_{ZO} 以及最大的平均输出功率都将随之减小。

如前所述,改善发动机适应变负荷工况能力的有效措施是增大它的转矩适应系数。图 5-12 的试验结果进一步说明了发动机在按推土机的负荷工况工作时,最佳转矩载荷系数 K_{ZO}、最佳输出功率系数 K_{BO}、最佳输出比油耗系数 γ_{BO} 随转矩适应性系数 K_M 的增大而变化的情况。从图中可以看出,当转矩适应性系数 K_M 达到 $1.35 \sim 1.40$ 时,发动机的最佳输出功率系数,即可达到 0.90 以上。

图 5-13 则表示了系数 K_{ZO}、K_{BO} 以及 γ_{BO} 与速度适应性系数 K_v 之间的关系。从图中可以看出,对推土机的负荷工况来说,K_v 最适宜的范围在 $1.3 \sim 1.55$ 之间。

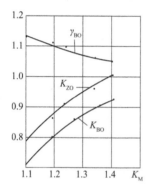 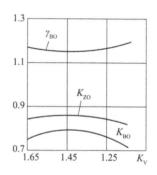

图 5-12 发动机转矩适应性系数对 K_{ZO}、K_{BO}、γ_{BO} 的影响　　图 5-13 发动机速度适应性对系数对 K_{ZO}、K_{BO}、γ_{BO} 的影响

K_M 的情况下,各类工程机械系数 K_{ZO}、K_{BO} 和 γ_{BO} 的参考数据见表 5-1。

各类工程机械的 K_{ZO}、K_{BO} 和 γ_{BO}　　　　　　　　　　表 5-1

机器类型	K_m								
	$K_M < 1.15$			$1.15 < K_M < 1.30$			$K_M > 1.30$		
	系数								
	K_{ZO}	K_B	γ_{BO}	K_{ZO}	K_B	γ_{BO}	K_{BO}	K_B	γ_{BO}
履带式推土机	0.76	0.74	1.14	0.87	0.83	1.10	1.00	0.93	1.06
正铲单斗挖掘机	0.80	0.76	1.11	0.90	0.86	1.08	1.00	0.93	1.05
自行式铲掘机	0.92	0.86	1.08	—	—	—	—	—	—
履带式装载机	0.94	0.86	—	—	—	—	—	—	—
轮式装载机	0.98	0.94	1.06	0.99	0.98	1.03	1.00	0.98	1.02
自动平地机	0.93	0.87	1.08	0.97	0.94	1.05	1.00	0.97	1.02
压路机(静作用)	1.10	—	—	—	—	—	—	—	—
路铣机械	1.00	1.00	1.00	—	—	—	—	—	—
路拌机械	1.00	1.00	1.00	—	—	—	—	—	—
振动压路机	1.00	1.00	1.00	—	—	—	—	—	—
沥青混凝土摊铺机	1.00	1.00	1.00	—	—	—	—	—	—

第6章 液力传动工作原理与性能分析

液力传动是以液体为工作介质的涡轮式传动机械。它的基本工作原理是通过和输入轴相连接的泵轮,把输入的机械能转变为工作液体的动能,使工作液体动量矩增加。和输出轴相连接的涡轮,把工作液体的动能转变为机械能输出,并使工作液体的动量矩减小。液力传动的主要特点是:

(1)自动适应性:液力变矩器具有自动变矩、变速的特性;涡轮转矩能随着外界的负载转矩自动增加,同时其转速自动降低;负载转矩减小时,涡轮转矩随之自动减小,同时其转速自动增加。其特性接近理想传动装置的特性($M \cdot n = $常数)。对载荷波动较大的铲土运输机械,平均输出功率较大,可提高生产率。

(2)防振隔振作用:液力机械传动能减弱动力机扭振和隔离载荷振动,故可提高动力机和传动装置的寿命。

(3)良好的起动性:由于泵轮转矩与其转速的平方成正比,故动力机起动时,其载荷甚微,起动时间短。

(4)限矩保护性:在一定的泵轮转速下,泵轮、涡轮及导轮的转矩只能在一定范围内随着工况而改变,如果外载荷转矩超过涡轮转矩,各个叶轮的转矩也不会超过其固有的变化范围。当涡轮在制动工况下,发动机不致熄火,这对操作员的操纵性和提高生产率都有重要意义。

(5)变矩器效率低:变矩器的效率随工况而变化,最高效率为85%~92%。

以上是液力变矩的主要特点。下面主要介绍液力变矩器的输入输出特性及其与发动机共同工作的特性,最后介绍发动机与变矩器的合理匹配。

6.1 液力传动的水力学知识

研究液力传动元件的性质,需要具备一些水力学知识。下面仅作简单介绍。

6.1.1 液体流动概念

1)流线

流线是指液流中这样的线,在这个线上,所有液体质点的速度向量都和此线相切。对于非稳定流动,流线是随时改变形状或位置的;对于稳定流动,流线不随时间而变,与液体质点运动的轨迹相重合。在液力变矩器中,流线的形状像绕在轮胎上的螺旋线,如图6-1所示。它在轴面(通过变矩器轴线的平面)上的投影,叫作流线的轴面投影,简称轴面流线。流线连续地充满所研究的液流空间。

2）理想液体

为了简化问题，使研究方便，常忽略一些次要因素，如忽略液体的黏性、压缩性等。认为"液体不可压缩、无黏性，并且连续地充满所研究的空间"。这样的液体叫作理想液体。

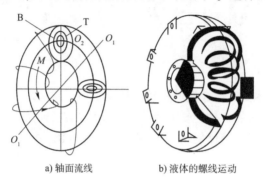

a）轴面流线　　　　b）液体的螺线运动

图6-1　液流的螺线运动

B-泵轮；T-涡轮

3）相对速度、牵连速度和绝对速度

在变矩器中，液体除跟随工作轮一起旋转外，还沿叶道（工作轮叶片之间的液体通道）相对于叶片运动。如图6-2所示，把跟随工作轮旋转的运动，叫作牵连运动，其速度以 u 表示；把沿叶道的运动叫作相对运动，其速度以 w 表示；u 和 w 的合成运动，就是绝对运动，其速度以 v 表示，根据速度向量叠加原理有：

$$v = u + w \tag{6-1}$$

v、u、w 三向量构成的三角形叫作速度三角形，如图6-3所示，$v_u = v\cos\alpha$，是绝对速度在圆周方向的分速度，表示流体的旋转程度；而 $v_m = v\sin\alpha$ 是绝对速度的径向分速度，由速度三角形可以看出：

$$v_m = (u - v_u)\tan(180° - \beta) = -(u - v_u)\tan\beta \tag{6-2}$$

由此得：

$$v_u = u - v_m\cot(180° - \beta) = u + v_m\cot\beta \tag{6-3}$$

式中：β——相对速度与圆周速度之间的夹角，一般称为安放角。也有把 $(180° - \beta)$ 称为叶片角的。

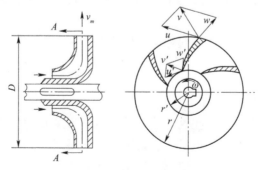

图6-2　工作轮的速度三角形

6.1.2 进、出口速度三角形

根据理论分析,液力变矩器各工作轮进、出口处的速度,对能量转换影响较大。一般把各工作轮进出口处的速度三角形,叫作该工作轮的进出口速度三角形,并以脚码 1 表示泵,2 表示涡轮,3 表示导轮;以字母右上角带"′"者表示进口,不带者表示出口,例如图 6-3 中 $\triangle A_1B_1C_1$ 表示泵轮的出口速度三角形, $\triangle A_1'B_1'C_1'$ 表示泵轮进口速度三角形, $\triangle A_2B_2C_2$ 表示涡轮出口速度三角形, v_3 表示导轮出口速度等。

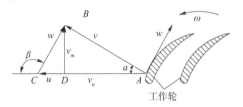

图 6-3 工作轮进口处的液流速度三角形

当工作轮叶片进口处的安放角(如图 6-4 所示中的 β_{1n}')和该处液流速度的进口角 β_1' 相等时($\beta_{1n}'=\beta_1'$),液流进入工作轮平顺,冲击损失较小,效率最高。这种情况仅在设计工况上工作时才能出现,实际上(由于其他原因,设计工况与最高效率工况不一定能完全重合)。如果偏离设计工况,则 $\beta_{1n}'\neq\beta_1'$,进口相对速度与叶片工作面不相切,液流进入工作轮时,冲击损失大,使效率降低。偏离设计工况越大,冲击损失越大,效率越低。

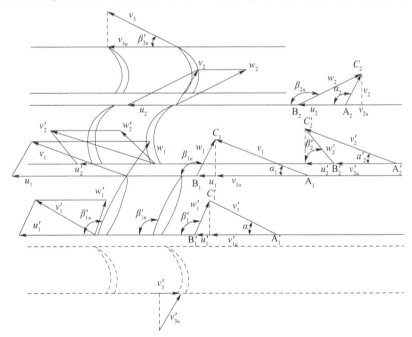

图 6-4 三工作轮的进、出口速度三角形

6.1.3 能量转换力矩方程式

我们把水力学中的液流动量矩定律应用于液力变矩器,可推导出能说明能量转换实

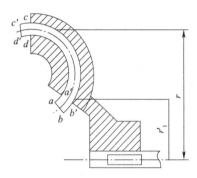

图 6-5　泵轮内的液流段泵轮进口半径
和泵轮出口半径

质的力矩方程式。为了简单，我们假设液体是理想液体，液流是轴对称的。由于轴对称，可以取其中一小束液流来研究，其结果可应用于全液流。

设在泵轮中取一束正在运动着的流体段 $abcd$，如图 6-5 所示，这段流束的 ab 面即将进入叶片，cd 面即将离开叶片，经过极短 Δt 时间后，这段流束达到 $a'b'c'd'$ 的位置，即 ab 面刚进入叶片达到 $a'b'$ 的位置，cd 面刚离开叶片到达 $c'd'$ 位置，我们研究 Δt 时间内，这段流束对泵轮轴心线的动量矩变化。设以 L 表示其动量矩，由力学知，物体对某一轴的动量矩等于其各个部分对同一轴的动量矩之和。则：

$$\Delta L = L_{a'b'c'd'} - L_{abcd} = L_{cdc'd'} - L_{aba'b'} \tag{6-4}$$

式中：ΔL——动量矩的变化（增量）；

　$L_{a'b'c'd'}$——流束在位置 $a'b'c'd'$ 时的动量矩；

　L_{abcd}——流束在位置 $abcd$ 时的动量矩。

由于 Δt 很短，所以 ab 面离 $a'b'$ 很近，可用泵轮进口边的平均速度来代表 $aba'b'$ 这段流束的速度。同理可以用出口速度代表 $cdc'd'$ 的速度。这样，图 6-5 表示泵轮内的液流段泵轮进口半径；泵轮出口半径，流束段 $cdc'd'$ 的速度为 v_1，其圆周分速度为 $v_{1u} = v_1\cos\alpha_1$，流束段 $aba'b'$ 的速度为 v_1'，其圆周分速度为 $v_{1u}' = v_1'\cos\alpha_1'$，设泵轮进、出口平均半径为 r_1' 和 r_1，则其对轴心线的动量矩为 $m_1 v_{1u} r_1$ 和 $m_1' v_{1u}' r_1'$。m_1 为 $cdc'd'$ 的质量，m_1' 为 $aba'b'$ 的质量，按流体不可压缩且连续的假设（理想体），$m_1 = m_1' = m$。故有：

$$m = \frac{\gamma}{g} Q \frac{A_b}{A} \Delta t \tag{6-5}$$

式中：g——重力加速度；

　γ——液体的重度；

　Q——环流量；

　A——泵轮进口过流断面积；

　A_b——所取流段的过流断面积。

把代入 m 式(6-5)得：

$$\Delta L = \frac{\gamma}{g} Q \frac{A_b}{A} \Delta t (v_{1u} r_1 - v_{1u}' r_1') \tag{6-6}$$

此式是对所取过流断面面积为 A_b 的流束所说的，对整个泵轮而言，只需把式中的 A_b 换成 A 就可以了。这是由于假定泵中的液流是轴对称的，一小束的流动情况和全泵的流动情况一样。设整个泵中液体的动量矩的变化为 ΔL，则：

$$\Delta L = \frac{\gamma}{g} Q \Delta t (v_{1u} r_1 - v_{1u}' r_1') \tag{6-7}$$

设泵轮作用给液体的力矩为 M_1，则根据动量矩定律（液体动量矩对时间的变化率等于作用于该液体上的外力矩）有：

$$M_1 = \frac{\Delta L}{\Delta t} = \frac{\gamma}{g} Q(v_{1u} r_1 - v'_{1u} r'_1) \tag{6-8}$$

这就是我们所要求的力矩方程式,它适用于一切涡轮机械,是液力传动的理论基础,式中叫作速度矩,从式(6-8)中可以看出:

(1)泵轮作用给液体的力矩,用于使液体旋转,增加液体的速度矩。

(2)能量的转换似乎与叶片中间情况无关,仅取决于进、出口情况。但事实并非如此,原因如下:

①液体从入口到出口相对于叶片流动时,与叶片表面有摩擦阻力,流道形状变化或弯曲有局部阻力。这些阻力对液流产生阻力矩,但在推导上式时,只考虑了泵轮作用力矩,这对理想液体才是允许的。

②圆周分速度从入口到出口的变化是在整个叶片作用下沿叶片长度连续进行的,不可能孤立地仅在进、出口处突然转变。如果叶片中间段不合理,即使进、出口处的状态很"理想",也不能得到所要求的值。

③在推导式(6-8)时,应用了"轴对称流"的假设。完全的轴对称流只有在叶片为无限多、无限薄时才能得到。

以式(6-8)为基础近似地研究涡轮机械的能量转换问题,由于它忽略了次要因素,因而比较简单、清楚,能较明确地定性分析一些问题。最早应用的涡轮机械叶片设计方法,就是以式(6-8)为基础进行计算,然后用实验进行反复修正。虽然实验工作量较大,但由于计算简单,工作量少,因而直到现在一些设计者还在应用。式(6-8)没有具体反映出叶片中间形状对能量转化的影响,是其主要缺点。

6.1.4 相似理论和力矩公式

力矩方程式一般只作为理论研究之用,特点是用于定性的分析一些问题。在液力传动实际计算中,不直接应用力矩方程式,而是用由相似理论导出的所谓力矩公式。

在流体力学中,把满足下面3个条件的液流,叫作相似液流,并认为,当两个液流相似时,它们具有相同的水力特性。这3个条件,简单地说起来就是:

几何相似:两个液流对应尺寸成比例,对应角相等;

运动相似:两个几何相似的液流,对应点的速度三角形相似;

动力相似:几何相似且运动相似的两个液流,对应点作用着方向一致的同名力,力的大小成比例。

建立在这3个条件基础上的、研究液流相似问题的理论,称为相似理论。

实际上,完全的动力相似是不可能达到的,实用时,一般是按照所研究问题的性质,找出其主要的作用力,只要主要作用力满足动力相似就可认为该液流是相似的。把相似理论应用于变矩器中的液流,上述3个条件可叙述为:

几何相似:变矩器过流通道对应尺寸成比例、对应角相等,几何相似的变矩器叫作同一系列的变矩器。

运动相似:几何相似的变矩器中液流对应点的速度三角形相似。运动相似时,叫作在相似工况下工作。

动力相似:同一系列的变矩器在相似工况下工作时,液流对应点作用着方向一致、大小成比例的同名力即为动力相似(力学相似)。

变矩器液流中主要作用是惯性力和黏性力,为了简单,通常也忽略黏性力,只考虑惯性力。据此可以推导出几个主要关系式,其中对我们较有用的是所谓力矩公式。

设有两个变矩器呈力学相似,则根据相似条件,它们的泵轮间有:

$$\frac{D_{11}}{D_{12}} = \frac{r_{11}}{r_{12}} = \frac{r'_{11}}{r'_{12}} = 常数 \tag{6-9}$$

D_{11}、r_{11}、r'_{11} 表示变矩器1的有效直径、有效出口半径、有效进口半径,D_{12}、r_{12}、r'_{12} 表示变矩器2的有效直径、有效出口半径、有效进口半径。同理有:

$$\frac{v_{11}}{v_{12}} = \frac{v_{11u}}{v_{12u}} = \frac{u_{11}}{u_{12}} = \frac{\omega_{11}r_{11}}{\omega_{12}r_{12}} = \frac{n_{11}D_{11}}{n_{12}D_{12}} = 常数 \tag{6-10}$$

$$\frac{v'_{11}}{v'_{12}} = \frac{v'_{11u}}{v'_{12u}} = \frac{u'_{11}}{u'_{12}} = \frac{\omega'_{11}r'_{11}}{\omega'_{12}r'_{12}} = \frac{n_{11}D_{11}}{n_{12}D_{12}} = 常数 \tag{6-11}$$

$$\frac{Q_{11}}{Q_{12}} = \frac{A_{11}v_{11m}}{A_{12}v_{12m}} = \frac{A_{11}v_{11}}{A_{12}v_{12}} = \frac{n_{11}D_{11}^3}{n_{12}D_{12}^3} = 常数 \tag{6-12}$$

式中:A——泵轮进口过流断面面积;

v_m——绝对速度的径向速度。

两变矩器力矩之比为:

$$\frac{M_{11}}{M_{12}} = \frac{\gamma_{11}Q_{11}\dfrac{1}{g}(v_{11u}r_{11} - v'_{11u}r'_{11})}{\gamma_{12}Q_{12}\dfrac{1}{g}(v_{12u}r_{12} - v'_{12u}r'_{12})} = \frac{\gamma_{11}n_{11}^2 D_{11}^5}{\gamma_{12}n_{12}^2 D_{12}^5} \tag{6-13}$$

此式说明,同一系列的变矩器,在相似工况下工作时,其泵轮的力矩与液体重度 γ、转速 n 的平方、直径 D 的五次方成比例。因此,泵轮的力矩的一般形式可以写为:

$$M_1 = \lambda_1 \gamma n_1 D_1^5 \tag{6-14}$$

式中:λ_1——比例系数,称为泵轮力矩系数,其值由实验确定,同一系列变矩器在相似工况下工作时,λ_1 等于常数;

γ——工作质油液的重度。

同理,我们也可得同一系列变矩器涡轮的力矩公式:

$$M_2 = \lambda_2 \gamma n_2 D_2^5 \tag{6-15}$$

式中:λ_2——是涡轮力矩系数。

以上两式参数单位:M_1、M_2 单位是 N·m;γ 单位为 kg/m³;n_1、n_2 单位为 r/min;D 为变矩器泵轮的有效直径,单位为 m。

根据上式泵轮的力矩公式,定义 $K = \dfrac{M_1}{M_2}$ 为变矩系数。

6.2 液力变矩器的特性

液力变矩器的特性是表示变矩器各输出和输入参数之间函数关系的曲线。这些函数之间的相互关系,虽可用理论分析和计算来获得,但由于大量引入假设,使计算结果与实际情况有一定的差距。因此,变矩器实际的特性曲线是通过台架试验来取得的。液力变矩器的特性曲线主要有以下三种:输出特性、原始特性和输入特性。

6.2.1 液力变矩器的输出特性

液力变矩器的输出特性是表示输出参数之间关系的曲线。通常是使泵轮轴的转速保持不变,在此工况下求取以涡轮轴转速 n_2 为自变量的各输出特性曲线。图 6-6 为具有不同透穿性的液力变矩器的输出特性。

$$M_2 = M_2(n_2), M_1 = M_1(n_2), \eta = \eta(\eta_2)$$

泵轮转矩 M_1 随涡轮轴转速的增大而减少,称为正透性[图 6-6a)]。当涡轮呈轴向布置时[图 6-6b)],液流在涡轮中受到的附加离心力几乎不影响液流的速度,因此轴向式的变矩器,往往具有较大的不透性,亦即 $M_1 \approx$ 常数。

对于图 6-6c)所示的离心式变矩器,涡轮与泵轮布置在同一侧,且涡轮在泵轮的前方,此时液流在涡轮中产生的附加离心力将增大液体的流量。因此,泵轮转矩 M_1 将随涡轮轴转速的增大而增大,这种性能称为负透性。

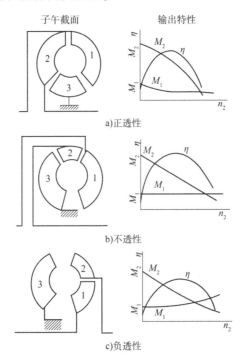

图 6-6 具有不同透穿性的液力变矩器的输出特性

变矩器的效率 η 为涡轮轴上的输出功率与泵轮轴上的输入功率 P_1 之比,即:

$$\eta = \frac{P_2}{P_1} = \frac{M_2 n_2}{M_1 n_1} = K \cdot i \tag{6-16}$$

式中:K——变矩系数,亦即动力学传动比,$K = M_2/M_1$;

i——传动比,亦即运动学传动比,$i = n_2/n_1$。

变矩器的效率可以由式(6-11)计算而得。显然,当 $n_2 = 0$ 时,$\eta = 0$;当 n_2 增大时,η 随之增大。当涡轮轴转速增至一定值时,η 可达到最大值;然后当 n_2 继续增大时,由于 M_2 的急剧下降而使 η 值随 n_2 之增大而减小。

6.2.2 液力变矩器的原始特性

原始特性,是表示在循环圆内液体具有完全相似稳定流动现象的若干变矩器之间共同特性的函数曲线。所谓完全相似流动现象,指两个变矩器中液体稳定流动的几何相似、运动相似和动力相似(雷诺数 Re 相等)。

根据相似理论,可以建立以变矩器传动比 i 为自变量,泵轮转矩系数 λ_1、变矩器系数 K 和变矩器效率 η 随 i 而变化的关系,即:

$$\left. \begin{array}{l} \lambda_1 = \lambda_1(i) \\ K = K(i) \\ \eta = \eta(i) \end{array} \right\} \tag{6-17}$$

以上三式就是变矩器的原始特性,它代表了一组相似的变矩器群在任何转速下的输出特性。

实际的变矩器原始特性和它的输出特性一样,通常是用台架试验测得的。其方法是测出变矩器在 n_1 等于不变量下的输出特性后,可任意选取某一涡轮轴转速 n_2 值,并通过输出特性曲线确定出与之对应的泵轮和涡轮转矩 M_1、M_2,然后应用无因次量计算公式,即可求得:

$$\left. \begin{array}{l} i = \dfrac{n_2}{n_1} \\[2mm] \lambda_1 = \dfrac{M_1}{\gamma n_1^2 D^5} \\[2mm] K = \dfrac{M_2}{M_1} \\[2mm] \eta = K \cdot i \end{array} \right\} \tag{6-18}$$

式中,γ 为变矩器工质的重度(单位:N/m³),对一定的工质来说,γ 近似地看作是一常数。所以在具体的变矩器原始特性试验时,有时不用泵轮转矩系数 λ_1 当纵坐标,而是用 $\lambda_1 \gamma_1$ 当纵坐标。显然用 $\lambda_1 \gamma_1$ 作纵坐标将给计算带来更大的方便。如仍以 λ_1 表示 $\lambda_1 \cdot \gamma$ 的乘积,则以式(6-19)表示 λ_1 仍然正确:

$$\lambda_1 = \frac{M_1}{n_1^2 D^5} \tag{6-19}$$

如此求得许多不同的 n_2(即 i)时的 λ_1、K 和 η 的数值,即得到这一变矩器的原始特性。

显然,知道了变矩器的原始特性后,只要知道它的循环圆直径 D 和泵轮转速 n_1,就不难获得变矩器的输出特性。

在变矩器的原始特性上,可以列出以下一些表征一组相似变矩器工作性能的特性参数,图6-7为液力变矩器的无因次特性。

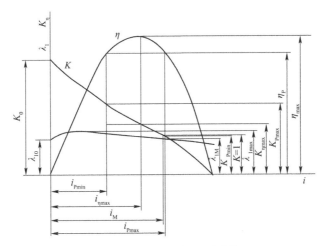

图 6-7 液力变矩器的无因次特性

（1）变矩器的启动变矩系数 K_0——传动比 $i=0$ 时的变矩系数；

（2）变矩器泵轮的起动转矩系数 λ_{10}——传动比 $i=0$ 时的泵轮转矩系数；

（3）变矩器的工作效率 η_P——机器正常工作时所允许的最低效率，对工程车辆来说，一般取 $\eta_P=0.75$；

（4）变矩器的工作变矩系数 K_P——与 η_P 相对应的变矩系数；

（5）变矩器的工作传动比 i_P——与 η_P 相对应的传动比；

（6）变矩器的最大效率 η_{max}；

（7）变矩器的最大效率变矩系数 $K_{\eta max}$——与 η_{max} 相对应的变矩系数；

（8）变矩器的最大效率传动比 $i_{\eta max}$——与 η_{max} 相对应的传动比；

（9）变矩器的耦合器工况传动比 i_M——当 $K=1$ 时的传动比；

（10）变矩器在耦合器工况下的泵轮转矩系数 λ_{1M}——当 $K=1$ 时的泵轮转矩系数；

（11）变矩器透穿性系数 Π——泵轮起动转矩系数 λ_{10} 或最大转矩系数 λ_{1max} 与耦合器工况转矩系数 λ_{1M} 之比，即：

$$\Pi=\frac{\lambda_{10}}{\lambda_{1M}} \quad \text{或} \quad \Pi=\frac{\lambda_{1max}}{\lambda_{1M}} \tag{6-20}$$

6.2.3 液力变矩器输入特性

液力变矩器的输入特性是以泵轮转矩系数 λ_1 作为参数而绘制的泵轮轴转矩 M_1 与转速 n_1 间函数关系的曲线。如前所述，在关系式 $M_1=\lambda_1 D^5 n_1^2$ 中 λ_1 并非常数，而是一个相似不变量，因此 $M_1=\lambda_1 D^5 n_1^2$ 代表了一组几何和运动相似的变矩器的 M_1 与 n_1 之关系。当给定了变矩器的有效直径 D 后，则每给出一个 λ_1 的数值就可画出一条通过坐标原点的抛物线，如图 6-8a)所示。为了表示变矩器的全部工况，就必须给出一系列不同的 λ_1 值(亦即 i 值)。这样，在曲线图上将绘出一组通过坐标原点的抛物线簇。对于透穿性的变矩来说，通常以 $i=0.1$ 的间隔来绘制输入特性就已足够了。有时为了使用方便，在输入特性上还可以绘出与 $\lambda_1=\lambda_{max}$、$\lambda_1=\lambda_{1\eta max}$ 等特性参数相应的特征性抛物线。

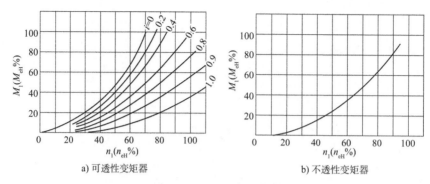

a) 可透性变矩器　　　　　　　　b) 不透性变矩器

图 6-8　液力变矩器输入特性

随着透穿性系数的下降,输入特性上的抛物线将相互靠近。对于绝对不透的变矩器,由于 $\lambda_1 =$ 常数,输入特性上只有一条抛物线,如图 6-8b)所示。

6.2.4　液力变矩器的性能与评价指标

液力变矩器有多种工况,现仅讨论经常工作并能稳定工作的牵引工况时的性能,及其评价指标。

1)变矩性能

变矩性能是指液力变矩器在牵引工况范围内,按一定规律无级地改变由泵轮轴传至涡轮轴转矩值的能力。变矩性能主要由原始的变矩比特性曲线表示。

变矩性能一般用下列两个指标来评价:

起动工况变矩比,即在 $i = 0$ 时的 K 值,为牵引工况时的最大值;

耦合器工况点的转速比,即在 $K = 1$ 时的转速比。

一般认为 K 值和 i 值大者,液力变矩器的变矩性能好。实际上,不可能两个参数同时都高,一般 K 很大的液力变矩器 i_M 值小。因此,比较两个液力变矩器的变矩性能时,仅能在 K_0 大致相同时来比较,或在 i_M 相近时比较值。

液力变矩器的变矩性能,是使装有液力变矩器的车辆,获得自动适应性能的基础。自动适应性能是指车辆的外部阻力变化时,传动转置能自动地适应(阻力矩增大时转速降低,阻力矩减小时转速升高),而使发动机工况变化很小,并处于稳定工作状态的能力。液力变矩器具有单值下降的特性曲线,即具有自动适应能力。变矩性能好,自动地适应也好,即外部阻力比变化大时,转速变化小。

2)经济性能(或效率特性)

经济性能是指从变矩器传递能量过程中的效率。它可以用原始特性来表示。

评价变矩器经济性能常用下列两个指标:高效范围、最高效率。

高效范围是指液力变矩器效率高于某值(对于工程机械取 0.75;对于汽车取 0.80)所对应的转速比变化范围,用最大转速比与最小转速比的比值来表示。

通常认为高效范围越大,最高效率越高,液力变矩器的经济性越好。但是,往往这两个指标是相互矛盾的。必须指出,评价经济性,必须兼顾这两个方面。单纯地认为最高效率高液力变矩器的经济性就好的观点是片面的。因为对于车辆来说,因其外部阻力是变化的,使得液力变矩器不可能在固定工况工作,而是在一个范围内工作,所以个别点的高效值其意义其意义是不大的。相反,大的高效范围,对液力变矩器实际工作时的经济性具有重要意义,对于经常工作在固定工况的液力变矩器,最高效率值对经济性才具有重要意义。

3) 负荷性能

液力变矩器的负荷性能,是指液力变矩器传递动力装置负荷及液力变矩器反加于动力装置负荷的性能,常用负荷特性曲线来表示。评价液力变矩器负荷特性,常从泵轮转矩系数的大小(能容性能)和转矩系数的变化大小(透穿性)两方面来进行。

综上所述,评价液力变矩性能,主要是依据几种典型工况的参数:

起动工况,主要评价参数是起动变矩比和泵轮转矩系数。

最高效率工况,主要评价参数是最高效率。此外,还包括对应的转速比和转矩系数。

耦合器工况,包括耦合器工况所对应的参数。

高效区工况,主要用高效区范围的最大与最小转速比的比值来评价。

全面评价液力变矩器的性能,这些参数往往是互相矛盾,不可能液力变矩器的各项指标均好,往往是应该根据液力变矩器在实际应用中的要求、工作状况、突出其主要性能指标。

6.3　液力变矩器与发动机共同工作的输入输出特性

6.3.1　液力变矩器与发动机共同工作的输入特性

在上节中讨论了液力变矩器本身的输入和输出特性。当液力变矩器和发动机共同工作时,在变矩器和发动机的特性之间存在一定的相互制约关系。这种关系可以用变矩器和发动机共同工作的输入特性来表示,图6-9所示为发动机与变矩器的串联连接。

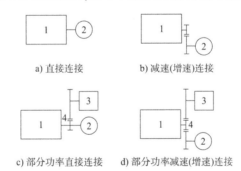

a) 直接连接　　　　　b) 减速(增速)连接

c) 部分功率直接连接　　d) 部分功率减速(增速)连接

图6-9　发动机与变矩器的串联连接
1-发动机;2-变矩器;3-分动箱;4-减速(增速)装置

显然,液力变矩器与发动机共同工作的性能与传动连接方式有关。此种连接方式,从原则上可分为两种类型:串联连接和并联连接。

当发动机与变矩器作串联连接时,发动机传递给驱动轮的功率全部通过液力变矩器,因而也称串联功率流式。从传动系统的类型来看,则属于液力-机械的串联复合传动。

当发动机和并联传动机构连接时,即发动机传给驱动轮的功率分别由几条并联的功率流传递。其中经过液力变矩器的仅为一部分功率,所以也称并联功率流式。按传动系统类型来分类,则称为液力-机械的并联复合传动。

下文分别讨论这两种类型的变矩器与发动机共同工作的输入特性。

1)串联功率流式

在串联功率流的类型中,又可分为以下3种情况来讨论。

(1)发动机与变矩器直接相连,且发动机全部功率通过液力变矩器,见图6-9a)。

在这种情况下,转换至变矩器泵轮轴上发动机调速特性即为发动机本身的调速特性。很显然,发动机与变矩器共同工作的必要条件是:

$$M_e = M_1, n_e = n_1 \tag{6-21}$$

式中:M_e、n_e——发动机的有效转矩与转速;

M_1、n_1——变矩器泵轮轴上的输入转矩与转速。

如果在变矩器输入特性上同时绘出发动机的调速特性,如图6-10a)所示,那么满足上述条件的发动机与变矩器共同工作的全部可能工况就可清楚地表现出来。实际上这些工况是由发动机调速特性和变矩器输入特性共同包含的区域来确定的,即图6-10a)中$A_1 C_1 C_2 A_7$所包围的区域。由此可见,如将变矩器的输入特性与转换至泵轮轴上的发动机调速特性用同一比例尺绘制在同一坐标图上,则可以充分阐明两者共同工作的相互关系。此种曲线图即称为液力变矩器与发动机共同工作的输入特性。

当发动机的调速手柄置于最大供油位置时,变矩器与发动机可能的共同工作的区域是发动机调速特性的转矩曲线上自A_1至A_7这一区段(亦即变矩器输入特性的抛物线束与发动机转矩曲线的交点$A_1,A_2,A_3,\cdots,A_7$)所代表的工况。图6-10a)给出了发动机的外特性,所以为变矩器与发动机在上述工况下共同工作的动力性和经济性提供了一个全面的概念。但是图6-10a)只能表明共同工作的工况范围,其不足之处是缺少发动机在部分供油状态下与变矩器共同工作时,发动机经济性的概念。

由于上述原因,在共同工作的输入特性上也常常用发动机的通用特性代替调速特性。图6-10b)上可以清楚地表示出在变矩器与发动机共同工作的全部工况下,发动机的燃料经济性,并阐明发动机最经济的燃料消耗区是否被充分利用。

最后必须强调指出,在绘制变矩器与发动机共同工作的输入特性时,发动机的调速特性应按国家标准的规定,试验时应带有发动机正常工作所必需的全部附件(包括冷却风扇、水泵、发电机、空气滤清器、消音器等),通过台架试验进行测定。

在一般情况下应尽量采用变矩器与发动机直接相连的方式。但在某些场合下,由于系列化方面的原因,变矩器与发动机必需选用现成的产品(或者选用以相似方法设计的变矩器),如果通过调整变矩器有效直径仍不能满足合理匹配要求时,则往往需要在发动机和变矩器之间采用中间减速器或增速器。在绘制共同的输入特性时,必须首先将发动机的调速特性转换到泵轮轴上。在进行这种换算时应遵守下述条件:

$$\left. \begin{array}{l} n_e' = \dfrac{n_e}{i_g}, M_e' = M_e i_g \eta_g, P_e' = P_e \eta_g \\[2mm] G_e' = G_e, g_e' = \dfrac{g_e}{\eta_g} \end{array} \right\} \tag{6-22}$$

式中：M'_e、n'_e、P'_e——换算到泵轮轴上的发动机有效转矩、转速和有效功率；

G'_e、g'_e——换算到泵轮轴上发动机小时燃油耗和比油耗；

i_g、η_g——中间减速器（或增速器）的传动比和效率。

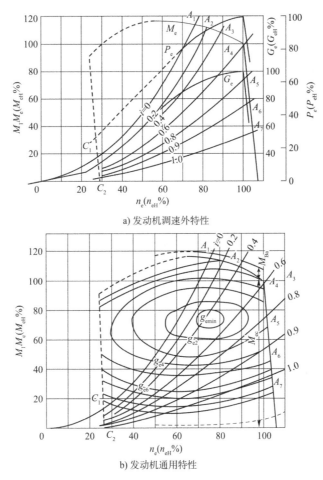

a) 发动机调速外特性

b) 发动机通用特性

图6-10　液力变矩器与发动机共同工作的输入特性

转换的方法如下：

取调速特性曲线，例如 $M_e = M_e(n_e)$ 上的一系列纵坐标 M_{e1}, M_{e2},$\cdots$，按上述关系式换算成 M'_{e1}, M'_{e2},$\cdots$。同时将相应的横坐标 n_{e1}, n_{e2},$\cdots$ 换算成 n'_{e1}, n'_{e2},$\cdots$，这样就得到一系列新的坐标点 (M'_{e1}, n'_{e1}),$\cdots$，将这些坐标点连成一条曲线，即为转换到泵轮轴上的转矩曲线。按同样方法可将调速特性上的其他曲线转换至泵轮轴上。

图6-11是根据上述方法绘出的转换至泵轮轴上的发动机调速特性。图中实线是发动机本身的调速特性，虚线和点划线则分别表示装有中间减速器和增速器时，转换到泵轮轴上的发动机调速

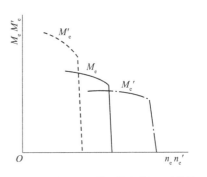

图6-11　转换至泵轮抽上的发动机调速特性

特性。

从图6-11中可以看到,安装中间减速器后,转换至泵轮轴上的发动机转矩 M'_e 增大了,其变化范围也相应扩大。但换算后的发动机转速 n'_e 则减小了,其变化范围也相应缩小。当安装中间增速器后,情况正好相反, M'_e 在数值和变化范围上都缩小,而 n'_e 的数值和变化范围则相应增大。

由此可见,利用中间减速器(增速器)的方法可在一定范围内调节发动机与变矩器共同工作的区域。

在获得了转换至泵轮轴上的发动机调速特性后,按同一比例尺将它绘在变矩器的输入特性上,就不难得到两者共同工作的输入特性。显然,此时变矩器与发动机共同工作的必要条件是:

$$M_1 = M'_e, n_1 = n'_e \tag{6-23}$$

(2)发动机直接与变矩器相连,但在变矩器之前,发动机分出一部分功率来驱动机器的辅助装置和功率输出轴,如图6-9c)所示。

从原则上来说,应尽可能避免在液力变矩器前接入任何消耗发动机功率的装置。但在大多数工程车辆上仍有许多辅助装置必须由发动机直接驱动,这些装置包括操纵系和制动系用的油泵、气泵、冷却润滑系统用的油泵等。此外在某些场合下,例如对于装载机,驱动工作装置用的功率输出轴也往往需要直接由发动机来驱动。

在这种情况下,将发动机的调速特性转换至泵轮轴上时,必须从发动机的转矩和功率中扣除辅助装置和功率输出轴的消耗。调速特性的换算应遵守下列条件:

$$\left. \begin{array}{l} n'_e = n_e, M'_e = M_{ec}, P'_e = P'_{ec} \\ G'_e = G_e \dfrac{P_{ec}}{P_e}, g'_e = g_e \end{array} \right\} \tag{6-24}$$

式中: M_{ec} ——发动机的自由转矩,即扣除辅助装置和功率输出轴的消耗后余下的发动机转矩;

P_{ec} ——发动机的自由功率,即扣除辅助装置和功率输出轴的消耗后的发动机功率。

M_{ec} 和 P_{ec} 可按下式计算:

$$M_{ec} = M_e - M_{Ba} - M_{PTO} \tag{6-25}$$

$$P_{ec} = P_e - P_{Ba} - P_{PTO} \tag{6-26}$$

式中: M_{Ba}、 P_{Ba} ——消耗在驱动辅助装置上的发动机转矩和功率;

M_{PTO}、 P_{PTO} ——消耗在驱动功率输出轴上的发动机转矩和功率。

辅助装置所消耗的发动机转矩通常不是一个常量,它将随着发动机转速的增大而增大,如图6-10b)所示。

功率输出轴所消耗的转矩取决于所驱动的工作装置的类型,情况很复杂。在近似的计算中,通常可按一定的百分比在发动机的总功率中将其扣除。

按照前面所述的方法,利用关系式(6-16)~式(6-18),不难作出转换至泵轮轴上的发动机调速特性。据此,即可绘出变矩器与发动机共同工作的输入特性。此时两者共同工作条件为:

$$M_1 = M'_e, n_1 = n'_e \tag{6-27}$$

(3)发动机通过中间减速器(或增速器)与变矩器相连,而在变矩器前发动机分出部分功率驱动辅助装置和功率输出轴,如图6-11)所示。

在此种情况下,对发动机调速特性进行换算的条件为:

$$n_e' = \frac{n_e}{i_g}, M_e' = M_{ec} i_g \eta_g, P_e' = P_{ec} \eta_g \atop G_e' = G_e \frac{P_{ec}}{P_e}, G_e' = \frac{g_e}{\eta_g} \right\}$$ (6-28)

M_{ec} 和 P_{ec} 同样可按式(6-25)和式(6-26)计算。根据关系式(6-28),按前述方法即可作出转换至泵轮轴上的调速特性,并绘制变矩器与发动机共同工作的输入特性。共同工作的条件仍为:

$$M_1 = M_e', n_1 = n_e'$$ (6-29)

最后应当指出,由于液力变矩器和发动机共同工作的区域取决于液力变矩器的输入特性和转换至泵轮轴上的发动机调速特性,双方参数的变化即可引起共同工作偏离最佳的匹配指标。此点对不透穿的变矩器来说,尤为敏感。因此,在计算液力变矩器与发动机的共同工作时要求有较高的精确性。对于一切可能在变矩器前消耗的功率,则应尽可能地给予正确的考虑。

2)并联功率流式

采用并联功率流式液力机械传动的目的是改进液力传动效率较低的缺点。由于在并联复合传动中,发动机的功率只有一部分流经效率较低的液力变矩器,而另一部分则通过效率较高的机械传动来传递。因此,液力-机械并联复合传动的最高效率总是要比单一的动液传动的最高效率要高。而由于液力变矩器的无级调速性能,使此种传动又具有一定的自动变扭、变速的能力。也就是说,液力-机械的并联复合传动兼顾了液力传动和机械传动的特点。

在并联功率流式液力机械传动中,功率分流通常是利用具有两个自由度的行星差速器来实现的。通过这种差速机构将发动机的功率分成数支,或者将发动机传来的数支功率汇合成为一支总的输出功率。最简单和最常见的并联功率流式液力机械传动是双流式液力机械传动。

按照差速器在变矩器输入端还是在输出端安装位置的不同,双流式液力机械传动又可分为输入分配式和输出总合式两种,图6-12为液力变矩器的并联连接。

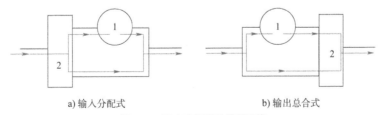

a) 输入分配式　　　　　　　　b) 输出总合式

图6-12　液力变矩器的并联连接

1-变矩器;2-行星排

由于行星排具有三个基本元件,即太阳轮、行星架和齿圈,如果选择任意两个元件与功率流的分支相连,而另一元件与总功率流相接,对于以上两种情况,显然可分别列出6

种不同的传动方案。因此,从理论上来说,双流式液力机械传动可具有 12 种传动方案。但是,这些方法中的大部分由于存在着产生功率循环的可能性而使它们的实用价值大为降低。只有如图 6-13 所示的四种方案不存在功率循环问题,它们是双流式液力机械传动最基本的形式。

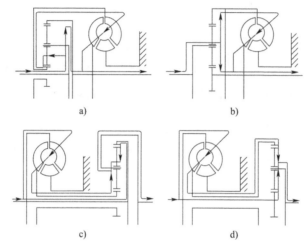

图 6-13 双流式液力机械传动的四种传动方案

在图 6-13a)和图 6-13b)所示的结构中,总的驱动功率由行星架输入,然后分为两路传到输出轴上。在图 6-13a)中,一路通过太阳轮接到液力变矩器的泵轮上,再经涡轮传至输出轴,另一路则经齿圈直接接到输出轴上。在图 6-13b)中,一路通过齿圈与变矩器泵轮相接,另一路则由太阳轮直接传至输出轴。

在图 6-13c)和图 6-13d)的结构中,总的驱动功率分两路输入行星排。在图 6-13c)中,一路经变矩器接到太阳轮上,另一路则直接与齿圈相连。在图 6-13d)中,一路经变矩器输至齿圈,另一路则直接传至太阳轮上。然后,两功率流在行星差速器中汇合成为一支总的功率流,由行星架输出。

现在以图 6-13a)为例来考虑一下功率分流式液力机械传动的原始特性。

从行星传动的力矩平衡关系以及通过运动分析可知,在太阳轮、行星架、齿圈的传动转矩之间存在以下关系(不考虑传动中的机械损失):

$$
\left.
\begin{aligned}
\frac{M_q}{M_t} &= K_n \\
\frac{M_q}{M_j} &= \frac{K_n}{1+K_n} \\
\frac{M_t}{M_j} &= \frac{1}{1+K_n}
\end{aligned}
\right\}
\tag{6-30}
$$

式中:M_q——齿圈上的传动转矩;

M_t——太阳轮上传动转矩;

M_j——行星架上的传动转矩;

K_n——行星排的参数,$K_n = \dfrac{Z_q}{Z_t}$;

Z_q——齿圈的齿数；

Z_t——太阳轮的齿数。

而在三者的转速之间则存在着以下关系：

$$n_t + K_n n_q = (1 + K_n) n_j \tag{6-31}$$

式中：n_t——太阳轮转速；

n_j——行星架转速；

n_q——齿圈转速。

设以 M_A 和 M_B 分别表示双流式液力机械传动的输入轴和输出轴转矩，以 n_A 和 n_B 分别表示输入轴和输出轴转速，则从图6-13a)中可得出以下关系式：

$$\left.\begin{aligned} M_j &= M_A \\ M_t &= M_1 \\ M_q + M_2 &= M_B \end{aligned}\right\} \tag{6-32}$$

$$\left.\begin{aligned} n_j &= n_A \\ n_t &= n_1 \\ n_q &= n_2 = n_B \end{aligned}\right\} \tag{6-33}$$

其中，M_1、n_1 分别为变矩器泵轮轴上的输入转矩与转速。

并联功率流式液力机械传动的变矩系数 K_T 和传动比 i_T 可以用下式表示：

$$\left.\begin{aligned} K_T &= \frac{M_B}{M_A} \\ i_T &= \frac{n_B}{n_A} \end{aligned}\right\} \tag{6-34}$$

由于 $M_2 = M_1 K$，考虑到关系式(6-30)和式(6-32)，可得：

$$K_T = \frac{M_K + M_2}{M_j} = \frac{M_q + M_1 K}{M_j} = \frac{M_q}{M_j} + \frac{M_1}{M_j} K = \frac{K_n + K}{1 + K_n} \tag{6-35}$$

由于 $n_2 = i n_1$，考虑到关系式(6-21)和式(6-23)可得：

$$n_A = n_j = \frac{n_t + K_n n_q}{1 + K_n} = \frac{n_1 + K_n i n_1}{1 + K_n} = n_1 \frac{1 + i K_n}{1 + K_n} \tag{6-36}$$

由此可得 i_T 之表达式：

$$i_T = \frac{n_B}{n_A} = \frac{n_2}{n_1} \cdot \frac{1 + K_n}{1 + i K_n} = i \frac{1 + K_n}{1 + i K_n} \tag{6-37}$$

其中，M_2、n_2 为变矩器涡轮轴上的转矩与转速。

由于 $M_1 = \lambda_1 D^5 n_1^2$，考虑到关系式(6-30)、式(6-32)和式(6-36)，则输入轴转矩 M_A 可以用下式表示：

$$\begin{aligned} M_A &= M_1 (1 + K_n) = \lambda_1 D^5 n_1^2 (1 + K_n) \\ &= \lambda_1 D^5 n_A^2 \left(\frac{1 + K_n}{1 + i K_n}\right)^2 (1 + K_n) \\ &= \lambda_1 \frac{(1 + K_n)^3}{(1 + i K_n)^2} D^5 n_A^2 \end{aligned}$$

令：

$$\lambda_{\mathrm{T}} = \frac{(1 + K_{\mathrm{n}})^3}{(1 + iK_{\mathrm{n}})^2} \lambda_1 \tag{6-38}$$

则：

$$M_{\mathrm{A}} = \lambda_{\mathrm{T}} D^5 n_{\mathrm{A}}^2 \tag{6-39}$$

并联功率流式液力机械传动的效率 η_{T} 可以用下式表示：

$$\eta_{\mathrm{T}} = \frac{M_{\mathrm{B}} n_{\mathrm{B}}}{M_{\mathrm{A}} n_{\mathrm{A}}} = K_{\mathrm{T}} \cdot i_{\mathrm{T}} \tag{6-40}$$

将 K_{T} 和 i_{T} 之表达式代入式(6-40)，可得：

$$\eta_{\mathrm{T}} = i \frac{K_{\mathrm{n}} + K}{1 + iK_{\mathrm{n}}} \tag{6-41}$$

从以上的讨论中可以看到,并联功率流式液力机械传动的原始特性十分类似于通常液力变矩器的原始特性。因此,只要按式(6-35)、式(6-37)、式(6-38)、式(6-41)进行相应的换算后,并联功率流式液力机械传动就可以用一个等效的变矩器来代替。这一等效变矩器具有相同的有效直径 D 和不同的原始特性,而在与外界的输入和输出关系上则和原有的液力机械传动完全等同。

图 6-14 是根据原来变矩器的原始特性,按式(6-35)、式(6-37)、式(6-38)、式(6-41)进行换算后绘制的双流式液力机械传动的原始特性,按图6-13a)所示结构并取 $K_{\mathrm{n}} = 2.1$。

从图中可以看到,液力机械传动效率在低速区将低于原有变矩的效率。这是因为尽管有一部分功率经过高效率的机械传动,但由于 $i < i_{\mathrm{T}}$(图 6-14),变矩器将在低效率区工作,此时通过变矩器的功率损失大大增加,因而总的传动效率将低于原有的变矩器。但是在高速区域,由于一方面变矩器将转入高效率区工作,而另一方面又有一部分功率通过高效率的机械传动,因此总的传动效率将大大超过原有变矩器的传动效率。同时,这种液力机械传动的最高效率显然也高于原有变矩器。从图 6-14 中还可看出,与原有变矩器相比,此种传动的变矩性能降低了,而它的透穿性则显著地增大了。由此可见,并联功率流式液力机械传动改善最高效率的优点是依靠牺牲变矩器的变矩性能和显著增大透穿性而获得的。

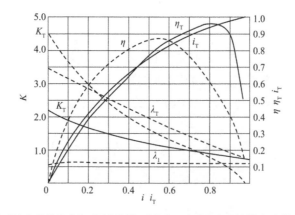

图 6-14　双流式液力机械传动的无因次特性(实线为双流式液力机械传动,虚线为原有变矩器)

从式(6-35)、式(6-37)、式(6-38)、式(6-41)中还可以看出,通过选择不同的 K_n 值,可以使具有同一液力机械传动获得一系列不同的原始特性。因此,并联功率流式液力机械传动常常用来与变矩系数较高的多级变矩器连用,以改善后者高速区效率,并通过调整差速器的参数来满足特性曲线的不同要求。

对于图 6-13 所示的其余结构,可以进行同样的分析,在表 6-1 中列出了这种分析的结果。需要指出的是,在所有以上的分析中均未考虑行星机构中的功率损失。这种简化只适用于不存在功率循环的行星差速器(图 6-13 所示的各种结构),因为在此种场合下,行星传动的效率大大高于变矩器本身的效率(不低于 $0.97 \sim 0.98$)。

双流式液力机械传动等效原始特性参数计算 表6-1

参数名称	输入分配式		输出总合式	
	图 6-13a)	图 6-13b)	图 6-13c)	图 6-13d)
i_T	$i\dfrac{1+K_n}{1+iK_n}$	$i\dfrac{1+K_n}{K_n+i}$	$\dfrac{K_n+i}{1+K_n}$	$\dfrac{1+iK_n}{1+K_n}$
K_T	$\dfrac{K+K_n}{1+K_n}$	$\dfrac{K_nK+1}{1+K_n}$	$\dfrac{(1+K_n)K}{K_nK+1}$	$\dfrac{(1+K_n)K}{K+K_n}$
η_T	$i\dfrac{K+K_n}{1+iK_n}$	$i\dfrac{K_nK+1}{K_n+i}$	$\dfrac{(K_n+i)K}{K_nK+1}$	$\dfrac{(1+iK_n)K}{K+K_n}$
γ_T	$\lambda\dfrac{(1+K_n)^3}{(1+iK_n)^2}$	$\lambda_1\dfrac{(1+K_n)^3}{K_n(K_n+i)^2}$	$\lambda_1(1+K_nK)$	$\lambda_1\dfrac{K_n+K}{K_n}$

在将并联功率流式液力机械传动转换成一等效变矩器之后,则它与发动机共同工作输入特性的分析讨论就完全和串联功率流式的液力机械传动一样了。需要注意的是,等效变矩器的输入特性应根据并联功率流式液力机械传动的原始特性,按式(6-39)来绘制。共同工作的条件则为 $M_A = M'_e$,$n_A = n'_e$。

6.3.2 液力变矩器与发动机共同工作的输出特性

液力变矩器与发动机共同工作的输入特性反映了两者特性参数之间的相互制约关系,而这种联合工作的结果,则使得液力变矩器输出轴上的功率、转矩、转速以及发动机在共同工作下的燃料经济性等参数之间存在着完全确定的函数关系。此种函数关系用液力变矩器与发动机共同工作的输出特性来表示。实际上,当液力变矩器与发动机联合工作时,它们总是可以看成是某种能对外输出一定功率,并具有一定的转矩和转速调节范围,以及有自己燃料经济性的复合动力装置。此时,变矩器与发动机共同工作的输入特性可看作这种复合动力装置的内部特性,而共同工作的输出特性则以外部特性的形式显示两者联合工作的最终结果。通常,液力变矩器与发动机共同工作的输出特性包括下列特性参数间函数关系的曲线图像:

$$M_2 = M_2(n_2)、P_2 = P_2(n_2)、\eta = \eta(n_2)、G_{e2} = G_{e2}(n_2)、g_{e2} = g_{e2}(n_2)$$

有时为了使用方便,在输出特性上还画出变矩器泵轮轴上转矩随 n_2 而变化的曲线 $M_1 = M_1(n_2)$。

作为某种复合动力装置的外特性,发动机与变矩器共同工作的输出特性,全面地反映了这种动力装置的动力性和燃料经济性。因此,在与其他类型的原动机相比较时,共同工作的输出特性将成为评价动液传动的动力性和经济性的基础。对于配备动液传动的各类牵引机械来说,它们是进行机器牵引计算的原始依据。

与发动机的外特性相似,在共同工作的输出特性曲线上,可以列出某些表示其动力性和经济性的基本指标(图6-15)。

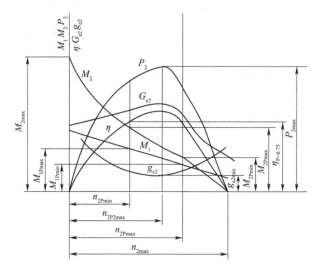

图6-15　液力变矩器与发动机共同工作的输出特性

(1)涡轮轴上最大输出转矩 M_{2max}——涡轮转速为零时的输出转矩;

(2)最大和最小工作转矩 M_{2Pmax}、M_{2Pmin}——与工作效率为75%相对应的输出转矩;

(3)动力学工作范围 $d = \dfrac{M_{2Pmax}}{M_{2Pmin}}$——在不换挡且效率不低于0.75时所能克服的阻力变化范围;

(4)最大和最小工作转速 n_{2Pmax}、n_{2Pmin}——与工作效率为75%相对应的涡轮轴转速;

(5)运动学工作范围 $d_r = \dfrac{n_{2Pmax}}{n_{2Pmin}}$——在工作效率区域内转速自动变化的范围;

(6)最大输出功率 P_{2max};

(7)最大功率转速 n_{2P2max}——输出功率最大时涡轮轴转速;

(8)最高空转转速 n_{2max}——输出转矩为零时的涡轮轴转速;

(9)最低比油耗 g_{e2min}。

液力变矩器与发动机共同工作的输出特性可以根据共同工作的输入特性和变矩器的原始特性来绘制。

绘制的步骤如下:

(1)根据共同工作输入特性[图6-16a)]上换算至泵轮轴上的发动机转矩 $M'_e = M'_e(n'_e)$ 和变矩器输入特性的交点 $a_1,a_2,\cdots,a_{10}$(输入特性一般按 $i = 0.1$ 的间隔绘制已足够),找到一系列相应的数值 $(M_{1i},n_{1i},i_i)(i = 1,2,\cdots,10)$。

(2)根据传动比 $i_{(i)}$ 在原始特性上找出相应的变矩比 $K_{(i)}$ 如图6-16c)所示。

（3）按下列公式计算相应的涡轮轴输出转矩 M_2 和转速 n_2；

$$M_2 = KM_1, n_2 = in_1$$

由此得出一系列相应的坐标点 $[M_{2i}, n_{2i}](i = 1, 2, \cdots, 10)$。

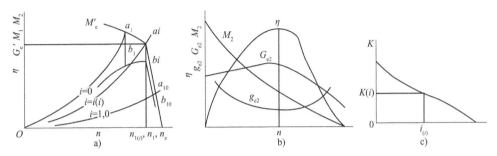

图 6-16 根据变矩器与发动机共同工作的输入特性绘制共同工作的输出特性

（4）将上述各坐标点标绘在输出特性的坐标图上，并连成曲线，即可按获得输出转矩的特性曲线 $M_2 = M_2(n_2)$。

（5）根据传动比 $i_{(i)}$ 在原始特性上找出一系列与转速 n_{2i} 相应的变矩器效率 η_i，即可绘出输出特性上的效率曲线 $\eta = \eta(n_2)$。

（6）由 $a_1, a_2, \cdots, a_{10}$ 点作垂线与换算至泵轮轴上的发动机小时燃油耗曲线 $G'_e = G'_e(n'_e)$ 交于点 $b_1, b_2, \cdots, b_{10}$，找出与转速 n_{2i} 相应的小时燃油油耗 G_{e2i}。由此可绘出输出特性上的小时燃油耗曲线 $G_{e2} = G_{e2}(n_2)$。

（7）按下列公式计算相应的输出功率 P_2 和比油耗 g_{e2}，并绘制输出功率曲线 $P_2 = P_2(n_2)$ 和输出比油耗 $g_{e2} = g_{e2}(n_2)$。

$$P_2 = M_2 n_2$$

$$g_{e2} = \frac{G_{e2}}{P_2}$$

6.4 液力变矩器与发动机的合理匹配

在设计工程机械时，需要重新设计变矩器的情况，并不是经常会遇见的。这是因为一台效率高、性能良好的变矩器往往需要经过多次反复的设计、试验、修改之后才能获得。因此，通常总是希望在现有的产品内选择一台经过考验、性能良好、已经成熟的变矩器作为基型，并在它的基础上按相似设计的原则去扩大变矩器的系列，以满足整机性能的要求。当某类型变矩器已有其系列时，则这一任务可归结为怎样选择一台适用的变矩器，并使变矩器和发动机能合理匹配。本节将讨论如何按相似原则来设计变矩器和解决它与发动机的合理匹配问题。

应当指出，发动机与变矩器的合理匹配是按相似原则设计变矩器所必须解决的基本问题。因此，首先来讨论一下合理匹配的问题。

如前文所述，发动机与变矩器共同工作的工况是由发动机的调速特性（转矩曲线）和变矩器的输入特性（即负载抛物线束）所共同包围的区域来确定的，见图 6-10a）。随着输入特性与发动机转矩特性相对位置的不同,两者共同工作的结果也将不同。所谓合理匹配,就是指如何选择变矩器与发动机共同工作的工况(亦即确定发动机转矩特性和变矩器输入特性在共同工作输入特性图上的相对位置),以保证两者共同工作能获得最佳的效果。

现在,来讨论合理匹配应该遵循的原则。

正如 6.2 节中已经指出的那样,只有输入到变矩器泵轮轴上的那部分发动机转矩和功率才参与两者的共同工作,因此首先必须解决应按多大的发动机功率和转矩研究发动机和变矩器的匹配问题。

如前文所述,在工程机械上总有一些辅助装置必须由发动机直接传送给工作机构的。显然这些不通过变矩器而消耗的发动机转矩和功率必须从发动机的有效转矩和功率中加以扣除,否则,在实际工作中两者共同工作的工况就有可能大大偏离预定的匹配工况。

关于发动机自由转矩 M_{ec} 和自由功率 P_{ec} 的确定在 6.2 节中已经有原则的叙述[见式(6-23)和式(6-24)],即:

$$M_{ec} = M_e - M_{Ba} - M_{PTO}$$
$$P_{ec} = P_e - P_{Ba} - P_{PTO}$$

现在来讨论一下如何根据不同情况来具体计算 M_{ec} 和 P_{ec} 的数值。

对地推土机来说,由于在作业时工作装置的操纵油泵只短时工作,因此可以认为这时油泵处于空载状态,也就是说:

$$M_{PTO} = 0, P_{PTO} = 0$$

消耗于辅助装置中的转矩和功率可以分成两部分:一部分为空载油泵(如主离合器、转向离合器油泵等)的消耗,这一消耗可以近似地认为与转速的一次方和平方成正比;另一部分是变矩器冷却油泵的消耗,它是按工作负载变化的。因此,M_{Ba} 和 P_{Ba} 可按以下公式计算:

$$M_{Ba} = (0.03 \sim 0.05) M_{eH} \left(\frac{n_e}{n_H} \right) + M_{BaT} \tag{6-42}$$

$$P_{Ba} = (0.03 \sim 0.05) P_{eH} \left(\frac{n_e}{n_H} \right)^2 + P_{BaT} \tag{6-43}$$

式中:M_{eH}、P_{eH}、n_e——发动机的额定转矩、功率和转速;

$\quad\quad M_{BaT}$、P_{BaT}——变矩器油泵所消耗的转矩和功率。

M_{BaT}、P_{BaT} 则可按下式计算:

$$M_{BaT} = \frac{pq_T}{2\pi\eta_{bm}} \quad (N \cdot m) \tag{6-44}$$

$$P_{BaT} = \frac{pQ_T}{\eta_{bm}} \quad (kW) \tag{6-45}$$

式中:p——油泵工作压力(MPa);

$\quad Q_T$、q_T——油泵理论流量(L/s)和排量(mL/r);

$\quad\quad \eta_{bm}$——油泵机械效率,$\eta_{bm} = 0.85 \sim 0.88$。

对于装载机来说,它是依靠整机的牵引力和铲斗的提升力同时作用而完成铲装作业的。此时,在挖掘和装载作业的过程中,工作装置泵往往要消耗发动机很大的一部分转矩和功率,占额定转矩和功率的 $35\% \sim 40\%$,亦即:

$$M_{PTO} = (0.35 \sim 0.40)M_{eH}$$
$$P_{PTO} = (0.30 \sim 0.40)P_{eH}$$

因此,在这一场合下,与变矩器应按扣除 $35\% \sim 40\%$ 的发动机转矩和功率来进行匹配。但是考虑到装载机属于一种万能的机械,还可能被用来进行其他作业(例如拖挂铲运斗,换装其他工作装置等),如按 $30\% \sim 40\%$ 来扣除发动机的转矩和功率,则在进行其他牵引作业时,变矩器的匹配功率会感到不足。因此,为了兼顾其他作业的需要,对于装载机可以扣除 20% 的发动机转矩和功率作为与变矩器的匹配转矩和功率,亦即:

$$M_{PTO} = 0.2M_{eH}, P_{PTO} = 0.2P_{eH}$$

此外,变矩器和发动机还可能存在着各种不同的连接方式(串联连接,并联连接,是否带有中间减速器等)。连接方式不同,输入变矩器的转矩和功率也不同。因此,在研究两者的合理匹配时,必须按 6.2 节所述的方法将扣除各种消耗后的发动机转矩和功率(即自由转矩和自由功率)转换到变矩器输入轴上。这样,合理匹配的第一个原则可归纳为:应以转换到变矩器输入轴上的发动机调速特性作为解决两者合理匹配的基础。

对于工业拖拉机来说,合理匹配的第二个原则可归纳为:保证涡轮轴具有最大的输出功率。此点是由要求机器具有最大的牵引功率这一条件所决定的。应当指出,在发动机的调速特性上,最大转矩、最大功率和最低比油耗的工况并不是一致的,因此在解决两者合理匹配时,满足最大起动转矩和满足最大牵引功率以及满足最低油耗这三方面要求之间往往存在着一定的矛盾。然而对于以牵引性能作为主要使用性能的工业拖拉机来说,保证最大的牵引功率无疑是研究合理匹配时首先应满足的要求。现在来讨论来怎样才能使涡轮轴具有最大的输出功率。

解决这一问题最简单的方法是使变矩器的最高效率工况和发动机的最大功率工况重合,亦即使代表变矩器最高效率工况的负载抛物线通过发动机的额定功率点图 6-17 为按变矩器最高效率工况匹配的变矩器与发动机共同工作的输入特性。

然而,用这种简单方法获得的匹配结果不一定是十分令人满意的。这是因为这样的匹配只考虑了使共同工作的某一特定工况具有最大的输出功率。而对于工业拖拉机来说,涡轮轴不可

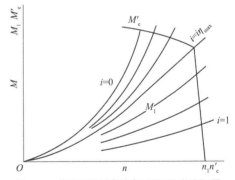

图 6-17 按变矩器最高效率工况匹配的变矩器
与发动机共同工作的输入特性

能在一个固定的工况下工作。由于阻力将不断变化,涡轮轴的负荷和转速都可能在很大范围内变动。因此,如果匹配的结果使变矩器输出轴在某一转速下获得了最大功率,而在其余转速输出的功率却较低,那么此种匹配结果显然是不理想的。为了更加清楚地说明这一问题,可以考察一下图 6-18 所示的例子。

图 6-18 表示了同一发动机与两个容量不同的变矩器匹配工作的情况。这两个变矩器具有相同变矩系数、效率和泵轮转矩系数,如图 6-18a)所示,它们与发动机共同工作的

输入特性分别由图6-18b)和图6-18c)来表示。图6-18b)表示容量大的变矩器1在效率较高的耦合器工况与发动机额定功率匹配。在图6-18c)中(小容量变矩器2),大部分中小传动比的负载抛物线则配置在发动机的最大功率附近。图6-18d)是两者与发动机共同工作的输出特性曲线,从图中可以看到,变矩器1的最高输出功率大于变矩器2,但是功率曲线窄而尖,而且只是在很窄的一部分高速区才高于变矩器2。此外,由于低传动比的抛物线束通过发动机的最高转矩附近,如图6-18b)所示,所以变矩器1的起动转矩亦较变矩器2为大。变矩器2的功率曲线宽而平,尽管最大输出功率小于变矩器1,但是在转速的大部分区间,输出功率大于变矩器1。

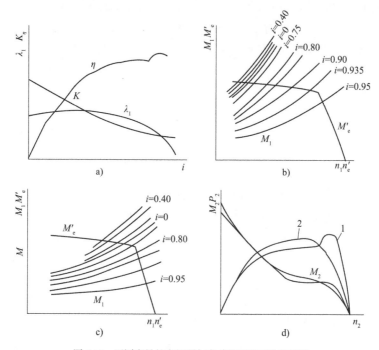

图6-18　不同容量的变矩器与发动机匹配工作的情况

对于高速行驶的运输车辆来说,变矩器1,即图6-18b)所示的匹配情况是比较合适的。因为这样的匹配一方面可以使车辆获得较高的加速性能;另一方面由于车辆在路面上行驶阻力一般比较稳定,数值也较小,变矩器将转入高效率的耦合器工况工作。因此,这样的匹配能使变矩器在大部分工作时间内吸收发动机的最大功率。所以图6-18b)的匹配比较适用于高速行驶的运输车辆。然而对于工业拖拉机来说,显然,图6-18c)所示的匹配情况更为有利,因为后者在阻力急剧变化的情况下能提供较大的平均输出功率。

从理论上来说,最为合理的匹配应按保证涡轮轴输出最大平均功率这一条件来进行。涡轮轴的平均输出功率可以根据概率论的原理来计算,此时必须首先知道切线牵引力 F_K 的分布密度(密度函数)$p(F_K)$,如图6-19所示。

如果将切线牵引力看成是一个在 $F_{Kmin} \sim F_{Kmax}$ 区域内连续分布的随机变量,则涡轮轴平均输出功率 $\overline{P}_2$ 作为随机函数 $P_2(F_K)$ 的数学期望值可按下列公式计算:

$$\overline{P}_2 = \int_{F_{Kmin}}^{F_{Kmax}} P_2(F_K)p(F_K)\mathrm{d}F_K \quad (6\text{-}46)$$

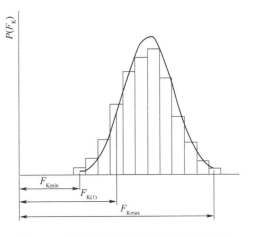

式中：$P_2(F_K)$——涡轮轴输出功率随切线牵引力而变化的函数关系；

$p(F_K)$——切线牵引力的分布密度；

F_{Kmax}、F_{Kmin}——机器工作时的最大和最小切线牵引力。

显然，函数 $P_2(F_K)$ 将取决于两方面的因素：一方面是变矩器输入特性 $M_1 = \lambda_1 D^5 n_1^2$ 与转换到泵轮轴上发动机调速特性 $M'_e = M'_e(n_1)$ 的匹配情况；另一方面则是切线牵引力 F_K 与涡轮轴输出转矩 M_2 之间的匹配情况。F_K 与 M_2 的关系可用下式表示：

图6-19　正态分布的切线牵引力 F_K 的分布密度

$$M_2 = \frac{F_K r_K}{i_m \eta_m \eta_r} \quad (6\text{-}47)$$

式中：i_m——机械传动部分总传动比（自变矩器输出轴至驱动链轮）；

η_m——机械传动部分总效率；

η_r——履带驱动段效率；

r_K——驱动链轮动力半径。

当变矩器有效直径 D 和机械部分传动比 i_m 的值一定时，发动机与变矩器共同工作的转矩输出特性 $M_2 = M_2(n_2)$ 以及 M_2 与 F_K 之间的函数关系 $M_2 = M_2(F_K)$ 亦就一定。如将切线牵引力 F_K 的变化区间分成间隔为 $\dfrac{F_{Kmax} - F_{Kmin}}{n}$ 的 n 等份，则可获得 n 个 F_{Ki} 值（$i = 1, 2, \cdots, n$），以及与之相应的 $P(F_{Ki})$ 值（图6-19）和 M_{2i} 值 $\left(M_{2i} = \dfrac{F_{Ki} r_K}{i_m \eta_m \eta_r}\right)$。

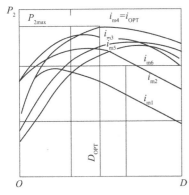

图6-20　平均输出功率随循环圆直径 D 与机械传动部分传动比 i_m 而变化的函数关系

根据共同工作的输出特性，即可求得与 P_{ki} 相对应的 P_{2i} 值。将 P_{2i} 和 $P(F_{ki})$ 值代入关系式(6-46)，并求得总和即可求出涡轮轴上的平均输出功率：

$$\overline{P}_2 = \int_{F_{Kmin}}^{F_{Kmax}} P_2(P_K)p(F_K)\mathrm{d}F_K = \frac{F_{Kmax} - F_{Kmin}}{n} \sum_{i=1}^{n} P_{2i}p(F_{Ki})$$

$$(6\text{-}48)$$

这样，在已知变矩器原始特性时，以 D 和 i_m 为参变可求出一系列平均输出功率，如图6-20所示。在这一线图上可找出一涡轮轴平均功率的最大值 $\overline{P}_{2max}$ 与 $\overline{P}_{2max}$ 相对应的变矩器有效直径 D_{OPT} 和机械传动部分的总传动比 i_{OPT}，即为 D 和 i_m 的最佳值。

然而，采用这一方法不但要进行许多烦琐的计算工作，而且对切线牵引力 F_K 的分布规律 $p(F_K)$ 本身，也必须进行大量的测定统计后才能获得。如果分布规律本身不准确,则此种精确但却烦琐的计算方法也就失去了实用意义。

为了近似且方便地解决这一问题,亦即尽可能使涡轮轴能获得较大的平均输出功率,可以按以下方法来进行匹配:将发动机的额定工况(最大功率点)配置在变矩器工作效率区的中部,亦即最大功率点处在变矩器传动比 $i = \dfrac{i_{\eta P\max} + i_{\eta P\min}}{2}$ 的负载抛物线的附近。此时可选择 3~4 个匹配位置,分别作出以 M_2 为自变量的输出特性 $P_2 = P_2(M_2)$(图6-21)进行比较,选择具有最大平均输出功率者,作为最佳匹配位置。

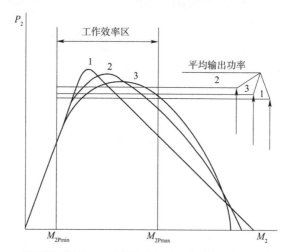

图6-21　涡轮轴输出转矩 M_2 为均匀分布时,工作效率区内的平均输出功率

计算平均输出功率时,可假定 M_2 为均匀分布,M_2 的分布密度为一常量,即:

$$p(M_2) = \frac{1}{M_{2P\max} - M_{2P\min}} \tag{6-49}$$

平均输出功率 $\overline{P}_2$ 可按下式计算,即:

$$\overline{P}_2 = \frac{1}{M_{2P\max} - M_{2P\min}} \int_{M_{2P\min}}^{M_{2P\max}} P_2(M_2)\,\mathrm{d}M_2 \tag{6-50}$$

由于涡轮负荷本身带有很大的随机性,因此在一般情况下,此种近似计算方法已可满足实用要求。

对于工业车辆来说,燃料经济性的问题同样是合理匹配时需要考虑的一个重要因素。因此,合理匹配的第三个原则可归纳为:适当地兼顾燃料经济性的要求,亦即应尽量使变矩器的输入特性(负载抛物线束)能通过低油耗区。轮式机械发动机处于部分负荷下工作的比重较大,因而在解决匹配问题时,考虑燃料经济性的比重亦应较履带式机械为大。有时为了满足部分负荷下工作的燃料经济性,甚至不得不适当地牺牲一点动力性方面的指标。

在解决了合理匹配的原则之后,根据选用的发动机按相似原则进行变矩器的设计就比较简单了,现将这种设计的步骤归纳如下:

(1)在模型变矩器的原始特性上确定两个与 $\eta_P = 0.75$ 相对应的传动比 $i_{P\max}$ 和 $i_{P\min}$。

(2)在它们的平均值 $i_P\left(i_P = \dfrac{i_{P\max} + i_{P\min}}{2}\right)$ 附近选择 3~4 个 i 值,在原始特性上找出相

应的泵轮转矩系数 λ_1 值,并按下式求出相应的变矩器循环圆直径 D:

$$D = \left(\frac{M_{eH}}{\lambda_1 n_{eH}^2}\right)^{\frac{1}{5}} \tag{6-51}$$

(3)按前述方法绘制在不同 D 值下的共同工作输入特性和输出特性。

(4)绘制以 M_2 为自变量的输出功率曲线 $P_2 = P_2(M_2)$,按式(6-50)计算各个不同匹配位置下工作效率区的平均输出功率 $\overline{P_2}$。

(5)根据在工作区域内的平均输出功率和燃料经济性的情况进行综合分析,并最后选定循环圆的直径值 D。

(6)按最后确定之 D 值计算两变矩器几何相似的线性比例尺 l,l 可按下式计算:

$$l = \frac{D}{D_m} \tag{6-52}$$

式中:D_m——模型变矩器的循环圆直径。

(7)按比例尺 l 放大或缩小模型变矩器的各部分尺寸。此时应注意:设计变矩器叶片形状与安放倾角必须与模型变矩器相同。

第7章 行走液压驱动系统的工作原理与性能

7.1 工程机械液压传动装置的工作原理

7.1.1 液压传动的特点

液压驱动和液力传动一样都是利用流体介质传输动力,但前者利用的主要是液体的压力势能和机械能之间的转化,后者则利用了动能。发动机输出的机械能量通过液压泵转化为流体介质的压力势能,通过管道和控制阀将压力流体介质传输到液压执行机构(液压马达或液压缸),液压执行机构将压力势能重新转化为克服负荷的机械能。

液压传动与机械传动、液力传动等相比较,具有以下特点。

1)液压泵与液压马达为可分体式结构

这种形式便于布置元件,给工程机械设计带来极大方便,使结构多样化并提高性能。

(1)液压马达中央传动结构形式(图7-1)保留了目前液力传动工程机械的基本结构,仅将变矩器和变速器变为液压泵和液压马达,主要特点为机械零部件通用性强,液压传动性能好、效率高,特别是将液压泵与液压马达组成"背靠背"传动装置时,能够在转速和转矩较宽的范围内获得总效率85%以上,使发动机的功率充分用于速度和牵引力的宽阔范围。

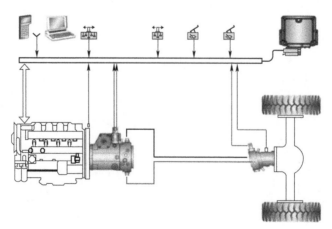

图7-1 液压马达中央传动结构形式

(2)液压马达轮边驱动形式(图7-2)省去了变速器、差速器、驱动桥乃至轮边减速器，这样便于零部件布置。与电传动一样，设计和安装自由度大，工程机械结构和性能形式多样化，这是其他传动方式不可比拟的。由于无车桥干涉，发动机可随意布置，工程机械重心可降低到最佳位置。在大多数情况下，灵活的结构布置形式可增加车辆的稳定性，提高附着性，增大离地间隙，外观造型水平和操纵视野也可得到改善。其次，各车轮独立驱动的方式可以实现差速转向，简化了机械转向机构，并可实现原地转向。这样一来，对一些因结构限制、对转向性能有特殊要求的车辆来说非常实用。

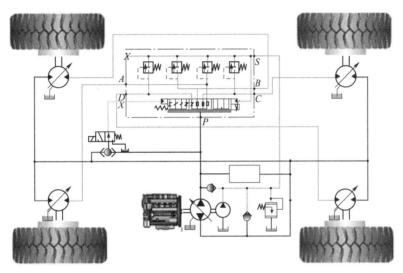

图7-2　液压马达轮边驱动形式

2)转矩双向传递

闭式液压传动装置可以使转矩双向对称传递，这一特性可使有些行走机械无须变速器即可实现前进、倒退操作。同时，闭式液压传动装置具有反拖制动能力，可减小制动功率和磨损，并且可用制动的回收能量驱动另一个液压系统的执行元件。如装载机高速运行制动时将制动能量用于铲斗的卸料，可提高生产率，降低能耗。而液力变矩器没有反拖制动能力，不能利用发动机制动，所有的制动均依靠制动装置完成。

3)操作和可控制好

(1)操纵简便、灵敏、准确是液压传动的一大特点。这是由其快速动态特性及结构特点决定的：①液压传动装置改变液压泵斜盘倾角和方向即可方便地实现平稳变速、换向和制动；②液压传动装置功率密度大，转矩惯量比大，因而动态性能好，加之闭式系统在减速过程中已具有制动能力，因而速度变化快捷柔和，冲击小，迅速变换方向和加减速不会损坏传动系统和车辆；③前进、倒退可以获得相同速度。液压车辆这种快速机动性和操纵灵便性大大提高了作业能力，操纵的简便性同时减轻了操作员的劳动强度，使之能够集中精力用于主要的作业任务可提高生产率。而液力变矩器不能反转，倒挡须采用机械传动，换挡引起动力中断和衰减；并且其主、被动元件之间存在相对滑动，加速性能差，反应滞后。

(2)液压传动装置另一个显著的优点是可控性好。液压传动装置借助液压元件和各种回路很容易实现液压反馈控制，使发动机—传动装置—行走机构—外负荷之间形成一个自控式负荷驱动系统,发动机的转速及转矩适应于外负荷变化而连续变化,发动机和液压系统保持高传动效率。

4)调速较准确、刚度大

在液压传动中工作压力取决于外负荷,而输出速度取决于泵流量,速度与负荷之间无必然联系,只要不人为调速,即使外负荷变化车辆速度也基本保持不变。这种较大的速度刚性使液压传动的应用范围大大扩展,既可用于随负荷变化自动调节行走速度(带专门控制装置后)以充分利用动力的机器,如铲土运输机械;又可用于将要准确传动、速度稳定以保证作业质量的机械。这类机械的作业质量大都与行走速度有关,无论负荷如何变化均应保持行走速度不变。如振动压路机,不均匀行走和原地振动会引起密实度变化和出现凹坑;又如稳定土拌和机和摊铺机等,速度变化会引起拌和不均和摊铺不平等现象,这类机械采用液压传动无疑具有明显优点。

5)传动性能好与效率较高

(1)低速特性与效率液压传动装置的压力建立与发动机转速无关,而仅取决于外负荷,因此,牵引车辆在大负荷转矩下静态起动时,液压传动装置能在发动机低转速、小转矩情况下迅速建立起相应的工作压力并保持与发动机功率相匹配,从而使车辆获得大的起动转矩,加速性能良好,功率利用充分,传动效率高,这对于从事繁重装载、牵引作业和大负载启动的工程机械来说具有重要意义。而液力变矩器所能吸收的转矩与发动机转速的平方成正比,它只能在达到一定的转速(一般来说在发动机额定转速)下才能吸收发动机全部转矩,而在额定转速以下吸收能力下降,输出转矩也小。对于有些起动负荷较大的工程机械,液力传动装置只有在发动机达到较高转速较大功率时才有可能起动。而车辆起动时要求大牵引力并非要求大功率,液力传动装置为达到大牵引力必须加大输入大功率,于是多余功率以变矩器内部滑转形式而损耗。如装载机插入料堆时,车辆多处于失速工况,此时液力传动的功率损失接近100%(变矩器处于滑转状态),而液压传动损失仅为20%～30%(主要为高压容积损失)。图7-3表示了液压传动装置和液力传动装置传动效率η与变矩比K(输出转矩与输入转矩的比值)的关系,其中曲线A为液压传动装置的传动效率,B为液力变矩器的传动效率,C为液力耦合器的传动效率。从图中可以看出,在大变矩比情况下,液压传动装置的效率明显高于液力变矩器。图7-4为不同传动比情况下,上述两类传动装置在不同传动比时的传动效率,可以看出在整个调速范围内,液压传动装置的效率均高于液力变矩器。

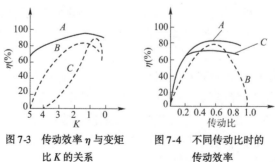

图7-3　传动效率η与变矩　　　图7-4　不同传动比时的
　　　　比K的关系　　　　　　　　　　传动效率

(2)液力传动的高效区范围取$\eta = 75\%$为高效工作区,在传动比变化时,液力传动的大部分工作区域效率要低于此值,而液压传动远比液力传动高效区范围宽阔,且效率值高。目前,液压传动高效区传动比范围宽,且效率可达70%以上,而变矩器一般为50%左右。

综上所述,液压传动的优点可概括为:可实现多种驱动方式;转矩双向传递,既有驱动能力又有制动能力,节约能源;可控性好,换向方便,司机劳动强度小;调速性能好,传动效率较液力机械传动高。

7.1.2　闭式液压回路的工作原理及特点

工程机械行走牵引系统中的液压泵、液压马达、连接管道及其控制阀组在结构上可以有多种组合方式,按布局形态可分为"整体式"和"分置式"两类;按液压马达与行走装置之间的连接方式可分为"高速方案"和"低速方案";按泵和马达组合数量可分为单泵-单液压马达、单泵-多液压马达、多泵-多液压马达等系统。

由于正、反方向行走及制动等要求,行走牵引系统的泵、液压马达大多采用闭式液压回路,只是在一些小型车辆上偶尔采用带有平衡阀的开式回路。图7-5所示为闭式液压传动装置工作原理:传动装置主要由双向变量液压主泵、补油泵、补油溢流阀、控制阀、高低溢流阀、冲洗冷却阀组、定量(变量)液压马达、止回阀等组成。液压主泵向主油路中供油,通过改变液压泵的斜盘倾角改变主油路中压力油的流量和方向,实现工程车辆的变速与换向,充分体现了液压传动的优点。液压主泵上通轴串联一个小排量补油泵,用于向主油路低压侧补油,以补偿由于液压泵和液压马达因容积损失和冲洗冷却阀组泄掉的流量。主泵上还集成补油溢流阀和止回阀,用于调定补油压力和选择补油方向。液压马达上则多集成冲洗冷却阀组。补油泵的存在使系统增加了一部分的附加损失,但其排量和压力相对主泵均很小,因此其附加功率损失通常仅为传动系统总功率的1%~2%,可以不计。

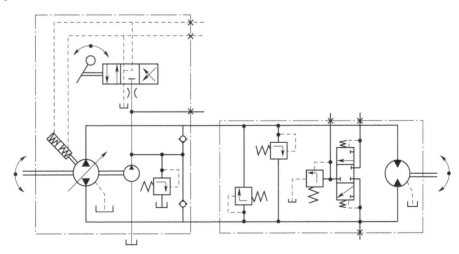

图7-5　闭式液压传动装置原理图

闭式回路的特点如下:

(1)由于闭式回路中存在补油系统为主回路的低压侧补充具有一定压力的油液,可提高系统在主泵的排量变化时的响应频率,还能增加主泵进油口处产生气蚀,提高液压泵的工作转速和功率密度。补油系统还可用于对液压主泵和液压马达进行冷却,让补油的部分流量通过液压主泵和液压马达壳体,将热油带回油箱,这种冷却对防止液压主泵、液压马达长时间在零流量或持续高压大功率下工作产生的过热是必要的。补油系统还有一个优点是能方便地为某些低压工作的辅助机构和制动器提供动力油源。

(2)仅有少量的补油流量从油箱中吸油,油箱容积小,便于工程机械的结构布置,且吸、回油流动损失小,传动效率较开式回路高。

(3)由于存在背压且对称工作,以及柱塞式液压泵、液压马达具有很高的容积效率,其内部泄漏量随压力变化很小,因而闭式系统能平稳地从正转通过零点向反转过渡,并能在任意方向实行全液压制动。还有这种背压的存在,能保证输出轴有足够的刚性,在负荷大小和方向突然变化时平稳工作。

闭式回路的上述特点使它特别适应负荷变化剧烈、前进、倒退、制动频繁的工程机械负荷工况,以及速度要求严格控制的工程机械。

7.2 工程机械液压传动装置的基本特性

7.2.1 闭式液压传动装置的输出特性

液压传动装置的目的主要使工程机械在牵引负荷下获得预期行走速度。液压泵作为液压传动装置的动力元件吸收发动机的功率,而液压马达作为执行元件,将液压能转化为机械能输出转速和转矩。由液压泵和液压马达构成的闭式回路,根据液压传动原理可知,液压马达的输出转矩 M_m 为:

$$M_m = \frac{V_m \Delta p}{2\pi} \tag{7-1}$$

式中:V_m——马达的排量,mL/rev;

Δp——马达进出口压差,MPa。

不考虑系统泄漏,由流量连续性方程 $Q_p = Q_m$,可得液压传动装置中液压马达的输出转速 n_m 为:

$$n_m = \frac{n_p V_p}{V_m} = \beta n_p \tag{7-2}$$

式中:n_p——液压泵的转速,r/min;

n_m——液压马达的转速,r/min;

V_p——液压泵的排量,mL/rev;

V_m——液压马达的排量,mL/rev;

β——液压泵与液压马达的排量比。

由式(7-1)可知,液压马达的输出转矩由系统压力和液压马达的排量决定,而系统压力取决于外负载,故液压马达的输出转矩不受发动机和泵的输入转矩限制。由式(7-2)可知,液压马达输出转速由液压泵的输入转速和排量比确定,因此液压马达的输出转速与发动机的输入转速有关。工程机械大多使用场合要求在发动机固定某一稳定工况(通常为额定功率工况)下工作,即液压泵的输入转速 n_p 相对稳定,液压传动装置通过连续调节液压泵的排量和方向,从而改变液压马达的输出转速的大小和方向。液压马达输出转速与转矩的范围称为液压传动装置的输出特性。如图 7-6 所示:当忽略装置的能量损失时,其输出包络线为图 7-6 中的 OABCD 所包含的区域,该包线由下述几部分构成:

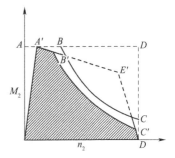

图 7-6　液压马达的典型输出包络线

(1)OA 段为液压传动装置在零转速情况下的输出转矩,由外负载决定,其输出转矩可由零到最大输出转矩 M_{mmax}(最大转矩受液压马达的排量和额定压力限制),可见液压传动系统也具有良好的起步性能。

(2)AB 线段为液压传动装置输出的最大转矩 M_{mmax},由液压马达的最大排量 V_{mmax} 和系统最大压力差 ΔP_{max} 的乘积来决定。在理想情况下,M_{mmax} 与 n_m 无关,AB 为一水平线。

(3)BC 线段为液压传动装置的最大输出功率 P_{mmax},它由发动机的额定功率和液压马达的最大许用功率二者较小者决定。功率为转速与转矩的乘积,BC 为双曲线,即恒功率曲线。

(4)CD 线段为液压传动装置在最高输出转速 n_{mmax} 的输出转矩,最高输出转速 n_{mmax} 由液压马达的许用转速和系统最大流量时液压马达对应的转速两者较小者决定。在液压传动装置最大输出转速 n_{mmax} 下,M_m 的最大值由最大输出功率 P_{mmax} 与最高输出转速 n_{mmax} 的比值确定,理想情况下,CD 为一垂直线。

(5)若液压传动装置的转速 n_m 和压力 M_m 同时达到最大值,其工作点为 AB 和 CD 两直线的交点 E,达到最大功率 p_{mE},E 点对应的功率代表了该装置所能输出的功率极限,因其位于两垂线交点的拐角处,故称为拐角功率(或角功率)。通常情况下,最大功率线 BC 是一条远离 E 点的双曲线。

实际的液压传动装置中存在着容积和机械损失。此外,液压马达中静摩擦力较大以及运动副局部变形造成不均匀泄漏,使其在很低的转速下不能正常运转而形成死区,如图 7-6 中,OA′线段在液压马达接近零转速时,有一段死区。综合这些因素,液压传动装置的实际输出特性曲线包络线为 OA′B′C′D。

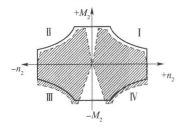

图 7-7　液压马达的完整输出特性

行走机械液压传动装置需要前进、倒退、制动工作,其输出包线在 n_m-M_m 坐标系的四个象限中均有分布(图 7-7)。图中实线为不计损失的理想曲线,虚线则为实际曲线。第一和第二象限内,M_m 为正值,代表液压传动装置处于前进和倒退的驱动工况。第三和第四象限,M_m 为负值,表明液压传动装置处于后退和前进的制动工况。制动工况的实际运行区可能超出理论区,因为制动工况下功率反向传输,机械的惯量引起的反向功率大于液压马达的驱动功率。仅就单个液压传动装置而言,可以假定输入端的制动能力和驱动能力相同,而实际情况是发动机的制动能力远小于其驱动能力,液压马达作为液压泵工况运行时低速死区更大。

7.2.2 闭式液压传动装置的输入特性

图 7-8 所示为液压传动装置的液压泵输入特性。由于发动机是单旋向工作,因而输入转速 n_p 无负值,曲线只在第一和第四象限有分布,液压泵最大输入转速 n_{pmax} 由发动机的额定转速 n_{eH} 和泵的额定转速 n_{pH} 两者的极小值决定。M_p 为正值时表示液压传动装置从发动机吸收功率,如图中 $OAEO_1$ 曲线所包络的范围,OA 线段表示液压泵低转速的转矩输入,具有一段低速死区。但因液压泵实际的工作转速高于发动机怠速的转速,远超出其低速死区,所以无关紧要。E 点为最大输入转速 n_{pmax} 和最大转矩 M_{pmax} 的乘积即输入角功率 P_{pE}。M_p 为负值,表示向发动机反向输出转矩(发动机处于制动状态),如图中第四象限的阴影面积。合理的液压传动装置中,液压泵的许用功率应大于发动机的额定功率。

图 7-9 为液压传动装置与带有全程式调速器的柴油机联合工作的特性曲线,图中 $G_{e0} \sim G_{e4}$ 为不同供油量时柴油机的调速特性。由图看出,液压传动装置的输入区间具有相当大的范围,液压传动装置的输入包络线覆盖了发动机的全部工作区域,这使它能与不同特性的多种发动机获得良好匹配。

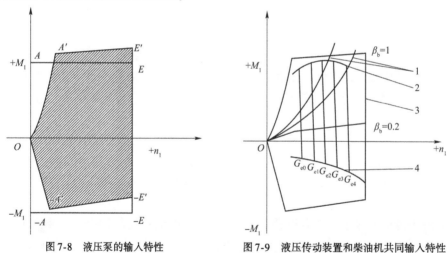

图 7-8 液压泵的输入特性　　　　图 7-9 液压传动装置和柴油机共同输入特性

1-液压动力曲线;2-柴油机驱动转矩曲线;3-液压传动装置输入曲线;4-柴油机制动转矩曲线

7.3 发动机与液压传动装置的参数匹配

如同机械传动和液力机械传动方式,当发动机与液压泵、液压马达组成一个传动系统后,该系统的综合性能不仅受发动机、液压泵、液压马达各元件性能的影响,而且还要受到各部件性能参数之间是否合理匹配的制约。作为不同于传统传动方式具有可控性的液压传动装置,其性能还要受到控制方式的制约和影响。因此,发动机与液压传动装置所构建的驱动系统必须很好地解决下列问题:液压泵与液压马达性能参数的选择与匹配;液压泵与发动机的参数匹配及控制;液压马达驱动方式的选择与控制。

工程机械牵引系统的关键问题是使发动机、传动系统和外部负荷之间始终保持最合理的匹配。传统的机械传动和液力机械传动都是通过不同传动比的多挡位变速装置使机械适应宽广的负荷和变速范围要求。然而挡位的有级变化不能与负荷要求实现最合理匹配,加之变换挡位的操作需要操作员在适当的时机进行,操作复杂且不能总是选择这一时机,因而无法保持机械始终适应负荷变化而在最佳状态工作,机械的动力性、经济性、作业生产率都将降低。

液压传动装置辅以适当的控制方式可形成理想的传动系统,它能使发动机的转速及其输出转矩适应外部负荷变化而连续变化,并且保持高效率。而且,因为液压传动装置具有无级变速的精细的速度调节、容易实现正反转、能防止发动机超负荷以及具有良好的控制性能等一系列特点,从上述观点出发,可将工程机械看作由发动机、传动系统和负荷三要素组成的一个负荷驱动系统,针对各作业工况不同的负荷要求,提出最适合于发动机和液压传动装置最合理的控制原理及方式。

7.3.1　发动机与液压传动装置的匹配目标值的确定

1)液压控制的目的

传统的机械传动方式中,存在下列问题:

(1)工程机械使用的全程调速器式发动机的特点是不论负荷转矩如何变化,都维持一定的转速。因此,随着所需功率的减小,燃料消耗急剧增加(在万有特性上表现为低负荷点位于高油耗线上),某一给定转速下的功率利用率(指实际使用功率与相同转速下所能发挥的最大功率之比)也显著降低。

(2)一般的机械变速传动系统,为使发动机的特性与负荷所要求的性能协调一致,可以根据负荷的变化来适当调节发动机供油量(油门)和选择合适的挡位来满足。但是这种有级的速比调节往往会使负荷所要求的功率和转速得不到满足,机器常常处于不合理的运转状态。

液压控制的目的就在于改进上述两点不足,同时,努力提高液压装置的传动效率,根据各种外界负荷的变化,使发动机和传动系统的各项性能指标最佳化。

2)发动机与液压传动装置控制的方式

从发动机的动力性和经济性角度考虑,发动的控制通常有如下两种方式:

(1)发动机恒功率控制方式,该控制的目标是不论外界负荷转矩的如何变化,都要将发动机输出轴转矩控制为一定值;即通过液压传动系统的变换,使发动机定值转矩适应变化的负荷转矩。由于发动机的负荷率取决于控制系统的目标值,因此,若正确给定负荷率,使发动机-液压系统的机械性能达到最优的状态,且整个系统始终在这一工况下工作,发动机性能可不受外界负荷变化的影响,功率利用情况最好,动力性、经济性指标最好,液压传动系统的效率也能提高。

(2)发动机变功率控制方式,该方式的目标是根据外界负荷转矩和转速需求,亦通过液压传动装置的变换,使发动机在任意转速下都可以适应,但有一个可以使发动机的燃料经济性最好的工作转速,保证发动机的功率和燃料经济性对于外负荷始终处于最佳状态,并使操作员的操作进一步简化。

通过上述两种控制的组合,使发动机在整个转速范围内都能适应负荷变化,保持最佳的功率利用率、最佳的动力性和经济性;液压系统具有较高的传动效率;整个行走牵引系统具有自适应能力且具有最高的综合性能指标。在发动机与液压传动装置的性能参数进行良好匹配以后,发动机合适的负荷率是其动力性、燃料经济性和液压系统效率最佳的必要条件。因此,发动机-液压系统的控制目标就是确定发动机在任意转速下合适的负荷率。

3)发动机最佳负荷率的确定

在第3章中已经谈到表征发动机机械性能的参数,主要有燃料消耗率和机械效率,而影响燃料消耗率和机械效率的重要因素是发动机的功率利用率,因而燃料消耗最少、机械效率最高并提高功率利用率是发动机的机械性能达到最佳化的必要条件。在上述要求中,机械效率最大化和燃料消耗率最小化的意义是相同的,证明如下:

$$G_e = \frac{g_e P_e}{1000} \tag{7-3}$$

式中:G_e——燃料消耗量,kg/h;

g_e——燃料消耗率,g/(kW·h);

P_e——有效输出功率,kW。

$$g_e = \frac{g_i}{\eta_{mf}} \tag{7-4}$$

式中:g_i——指示燃料消耗率,g/(kW·h);

η_{mf}——机械效率。

$$g_i = \frac{3.6}{\eta_i \cdot H_u} \times 10^6 \tag{7-5}$$

式中:η_i——指示热效率;

H_u——燃料低热值,kJ/kg。

对全程式调速柴油机,当油门不变时转速大致不变,空气量一定,借助于调速器的作用,随着负荷的增减自动调节燃油供给量来调节发动机的输出功率,因而过量空气系数就成了负荷率的函数。对于不同的转速,有不同的最佳负荷率,因而过量空气系数为转速和负荷率两者的函数。

$$\alpha = \alpha(n_e, K_Z) \tag{7-6}$$

式中:α——过量空气系数;

K_Z——发动机负荷率;

n_e——发动机转速,r/min。

指示热效率可以看成是过量空气系数和压缩比的函数:

$$\eta_i = \eta_i(\varepsilon, \alpha) \tag{7-7}$$

式中:ε——压缩比。

柴油机在整个转速范围内一旦确定某一转速,则最佳负荷率 K_Z 确定,而压缩比 ε 是不变的,因而 η_i 不变,指示燃料消耗率 g_i 亦不变。由式(7-4)可以判断,燃料消耗率 g_e 为最小值时,机械效率 η_{mf} 必定为最大值。

由上述分析可知,影响发动机机械性能最佳化的因素就成为燃料消耗率和功率利用率。工程机械的负荷工况变化复杂,考虑到发动机的机械性能以及成本等因素,装机功率为12h标定功率。取机械工作装置"满铲平均负荷"为额定负荷,该负荷功率大致与发动机12h标定功率相等。通过对柴油机的负荷特性和万有特性曲线进行分析可知,柴油机会在比较大的工作范围维持较低的燃料消耗率,负荷率 K_z 在90% ~100%下燃料消耗率最低(在万有特性曲线上,转矩外特性穿过低油耗区)。

因此,按12h标定功率计,取90% ~100%负荷率作为发动机的最终控制目标值,既满足了燃料消耗率最小化的要求,又保证了较高的功率利用率,同时又符合工程机械实际使用条件下负荷工况的要求。

4)液压传动装置最佳负荷率的确定

大多情况下,液压泵通常与发动机直连或通过分动箱相连接,它们之间存在以下关系:

$$P_e = \frac{\Delta p n_p V_p}{60000 \eta_{pt}} \qquad (kW) \qquad (7-8)$$

式中:Δp——液压泵进出口压差,MPa;

$\quad V_p$——液压泵的排量;

$\quad n_p$——转速;

$\quad \eta_{pt}$——泵机械效率,未计补油泵功率消耗。

泵的进出口压差 Δp 与作用于液压传动装置中液压马达的外界负荷存在正比例关系,因此只要确定泵在一定转速 n_p 时的发动机最佳输出功率 P_e 和泵的机械效率 η_{pt},就能够确定在不同外界负荷下液压泵的排量 V_p,也就是说,液压泵的排量 V_p 的大小体现了作用在发动机输出端的负荷的大小,排量 V_p 越大,发动机的负荷越大,当然排量的最大值 V_{pmax} 要受到发动机输出功率的限制。由液压泵的性能可知,液压变量泵的相对排量越大,其机械效率与总效率越高,因此应使泵尽量在大排量下工作。根据这个结论和式(7-8)可知,为了使液压传动装置效率最高,且使发动机动力性和燃料经济性最好,就应选取发动机在某任一转速 n 时最大的输出功率 P_{emax}(P_{emax} 为发动机调速外特性对应之功率,是转速 n_e 的函数)为液压传动装置的目标值。若以负荷压差 Δp 作为传感量,则由式(7-8)有:

$$V_p = \frac{60000 P_{emax} \eta_{pt}}{\Delta p \cdot n_p} \qquad (7-9)$$

满足这个基本关系的排量 V_p 就是液压传动装置的最佳负荷率。这意味着液压传动装置应经常使泵的排量吸收此转速下发动机对应的最大功率。在发动机油门固定、转速 n 一定的工况下,这是液压传动系统获得最佳机械性能的充要条件。

7.3.2 发动机-液压传动装置的共同输入特性

由上文分析可知,发动机的控制目标为低油耗和较高的负荷率(及功率利用率);液压传动系统的控制目标为高效率且尽可能100%地吸收发动机功率。两者控制目标的核心最终归结为选定合适的发动机负荷率。然而,发动机和液压传动系统的控制目标之间存在一些差异,因此当发动机和液压传动装置组成一个复合动力装置时,就要充分考虑各自的特点,确定合理的控制目标值,使复合动力装置有最高的综合性能。由此确定的目标值为:①在发动机怠转速 n_0 至最大转矩转速 n_{mmax} 之间取目标值负荷率为 90% 或更低一些。按此负荷率工作,既满足了复合动力装置高效率、高动力性的要求,又使发动机有一定动力储备,利于提高加速性能,并且在遇到突发载荷而控制装置因惯性滞后调节时,可以防止发动机熄火。②在发动机最大转矩转速 n_{eMmax} 至额定转速 n_{eH} 之间的高转速范围内,由于液压系统的特性可知,其黏性摩擦力矩随转速上升而增加,从而传动装置的各元件效率显著降低,所以应使目标值负荷率与转速成正比地增加,即由最大力矩点的 90% 变至额定功率点的 100%。这样,由于负荷率增加使泵排量增加,由此产生的 η_v、η_t 增加补偿了由于转速增加引起的 n_e 降低的负面影响,最终使液压传动装置有较高的效率。发动机转矩外特性与目标值负荷率的关系如图 7-10 所示,其中曲线 1—2—3 为理想的目标值负荷曲线。

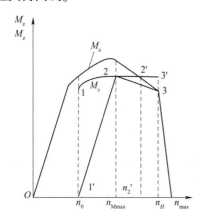

图 7-10　发动机转矩外特性与目标值负荷率
M_e-发动机有效转矩;M_z-负荷转矩

目前使用的液压泵在低速范围内形成的转矩普遍偏低,大致相当于图 7-10 中 1′—2 段直线(或曲线),达不到标值负荷率 1—2。但由于低转速范围为工程机械起步及辅助工作的区间,并非正常作业范围,因而在该范围内不必过分追求理想目标值。中高转速范围为机械的主要工作区间,控制装置必须保证目标值负荷率的实现。为了简化设计,中高速范围内的负荷往往取等值方法,如图 7-10 中曲线 2—2′—3′所示,这样在转速 $n'_{e2} \sim n_{eH}$ 范围内可能使发动机超载,转速由 n_{eH} 降至 n'_{e2},由于 n'_{e2} 与 n_{eH} 差异较小,且比 n_{eH} 点油耗更低,特别是可充分利用发动机额定工况附近的功率,因而实践中多用这种简化方法。

按上述观点形成的实用的目标值负荷曲线如图 7-10 中 1—2—2′—3′所示,相应的泵的排量控制方法如下:

$$V_p = \begin{cases} 60000 \times \dfrac{0.9P_{eMmax}(n_p - n_0)}{n_{Mmax} - n_0} \times \dfrac{\eta_t}{\Delta p \cdot n_p} & (n_0 \leqslant n_p \leqslant n_{eMmax}) \\ V_{pmax} & (n_p > n_{eMmax}) \end{cases} \tag{7-10}$$

式中:n_{eMmax}——发动机最大转矩工况转速;

　　　n_0——液压泵最低运行转速。

如图 7-11 所示,液压泵对于任一输入转速 n_p,按图 7-10 中 1′—2—3 的目标负荷 M_z 进行恒转矩控制工作,表现为压力 p 与排量 V_p 呈双曲线关系。对于发动机处于转速 $n_0 \sim n_{eMmax}$ 工作域,液压泵的工作域为图 7-11 所示全部双曲线簇。

当发动机处于 $n_{eMmax} \sim n_{eH}$ 的高转速区域时,液压泵排量调节特性与 n_{Mmax} 点完全相同,液压泵达到最大排量。

由以上分析可知,液压传动装置具有如下特点:

(1)极大地扩展了发动机的工作能力。特别是在低速工作区,发动机在 $n_0 \sim n_{Mmax}$ 低速区工作能力较弱,但液压泵在此区域内任一转速下都可进入最高压力 p_{max} 点工作,从而使复合驱动装置的驱动能力大大提高。这一特点对于频繁起步、掉头的循环作业机械有着特别的意义。

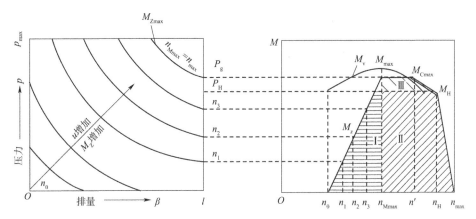

图 7-11 液压泵的负荷控制特性曲线

(2)控制装置始终根据外负荷的变化,自动调节液压泵排量与之适应,既不使发动机超载,又不使其因负荷率降低而浪费功率,极大地提高了驱动装置的功率利用率和燃料经济性,同时减轻操作员的操作强度。

(3)在高转速域,泵为全排量不变,类似于速比固定的机械传动,其不同之处在于:当外负荷波动很大时,机械传动的发动机转速波动剧烈,工作状态极差,而液压传动装置中设有溢流阀,可使发动机工作稳定。

(4)控制装置形成的液压泵输出特性 $Q\text{-}p$ 曲线如图 7-12 所示,在液压马达排量固定时即相当于车辆的牵引特性曲线,在发动机的工作范围内,机械可以在

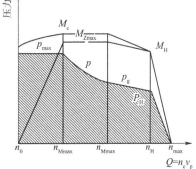

图 7-12 控制形成的牵引特性

图 7-12 所示的阴影部分区域内工作且保持高效率,这一点与机械传动和液力机械传动以及非控制的液压传动有着明显差别。

7.4 典型液压传动装置控制原理

为了使发动机、液压传动装置和负载之间具有良好的匹配,工程机械液压传动装置的控制方式有多种实现方法,下面仅介绍电比例控制和机械-液压伺服控制两种方式。

7.4.1 电比例控制

电比例控制是液压泵的控制机构能够根据电信号的大小,连续地控制流量或压力输出,且与电信号成比例地变化,即可以开环控制,也可以实现闭环控制。这种控制方式是选用电比例液压泵与压力传感器、转速传感器、可编程控制器等元件组成的控制系统。其

结构如图 7-13 所示。

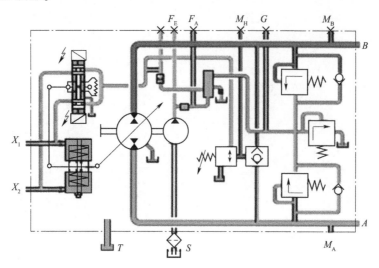

图 7-13　电比例泵的结构简图

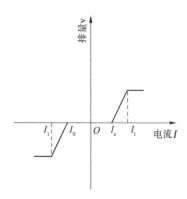

图 7-14　泵排量与控制电流关系

电比例液压泵的控制特性如图 7-14 所示。控制电流由 I_0 变化至 I_1 时,泵排量 V_p 由零变化至最大,对应于任一电流值都有一确定的排量与之对应。排量方程为:

$$V_p = \frac{V_{pmax}}{I_1 - I_0}(I - I_0) \tag{7-11}$$

将发动机的特征值参数及有关控制参数 P_{eMmax}、n_{eMmax}、n_0 代入式(7-10)和式(7-11),可求得对应电流的大小。将求解过程输入可编程控制器,实时检测液压泵的转速 n_p 和负载压力 Δp,根据控制目标,可计算出为达控制目标液压泵排量需要的控制电流 I,在控制器的输出指令 I 作用下液压泵按要求的控制特性工作,必要时系统还可以实行闭环控制。

由以上分析可知,电比例控制装置的主要优点是:①简化了液压系统,实现复杂程序控制,通过控制信号按预定规律变化,连续地调节液压传动装置的输出。②采用微电子控制,便于远距离控制,以及实现计算机或总线控制。③电比例控制与开关控制相比具有精度高、响应快的特点,与伺服控制相比,虽然精度低一点,但有可靠、节能的优点,因此在工程机械中被广泛采用。

7.4.2　与输入转速有关的机械-液压伺服控制装置

在自行式工程机械行走驱动方面,因机械-液压伺服控制方式使用方便,工作可靠,价格相对适宜,因而应用广泛,并已形成一种固定的控制装置与液压泵集成一体,用户根据自己所设计机器的控制目标参数和特征参数进行调整使用。与电动比例泵通过可编程控制器构成的控制装置相比,它的不足之处为机械调整参数的限制,使用场合有限,控制特性单一。这种控制装置在德国 Rexroth 公司的 A4VG 系列液压泵中称为 DA 控制,意大利

SAM 公司 HCV 系列液压泵称为 HVA 控制,德国 Linde 公司的 BPV 系列液压泵中称为 Au 控制等。尽管各公司的控制装置结构和工作过程有所差异,但基本原理大同小异,都是由液压泵转速传感器、目标值选择器、泵出口压力传感器和排量控制执行器几个环节组成。下面以 Rexroth 公司的 DA 控制为例,说明这种控制装置的工作原理与过程。

DA 控制又称转速感应控制,其工作原理如图 7-15 所示,主要由主泵、配流阀组、辅助泵和 DA 阀组成。液压泵内置的 DA 阀生成的控制压力 p_{st} 与输入转速(发动机转速)成正比,输入转速高时,控制压力 p_{st} 高,推动液压泵斜盘摆角增大,液压泵的排量增大,输出流量增大,反之则 p_{st} 减小。

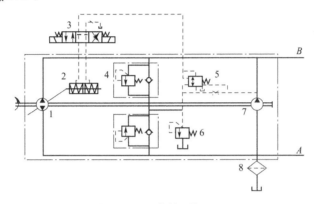

图 7-15　DA 控制系统原理

1-双向轴向柱塞泵;2-双向变量活塞;3-三位四通换向阀;4-过载补油阀;5-DA 阀;6-低压溢流阀;7-补油泵;8-滤油器

DA 阀的结构原理如图 7-16 所示,它主要由调节螺杆、阀芯、阀体、弹簧、调节套筒和阻尼板等组成。设辅助泵(补油泵)向 DA 阀输入压力为 p_1、流量为 Q_1 的油液时,流过阻尼板产生压差为 Δp,该压差克服弹簧力推动阀芯左移,使控制窗口打开,输出控制压力为 p_{st} 的油液,此时 p_{st} 又作用面积差 $\Delta A = A_1 - A_2$ 上,产生一个使阀芯右移关闭控制窗口的反馈力,使阀芯处于一个平衡位置。如忽略阀芯上稳态轴向液动力的影响,则阀芯工作的稳态平衡条件为:

$$p_1 A_0 = p_1 A_3 + p_{st}(A_1 - A_2) + F_t \tag{7-12}$$

图中 $A_0 = A_3$,设 $\Delta A = A_1 - A_2$,$\Delta p = p_1 - p_2$,则:

$$p_{st} = \frac{A_3}{\Delta A}\Delta p - \frac{1}{\Delta A}F_t \tag{7-13}$$

式中:F_t——左侧的弹簧力。

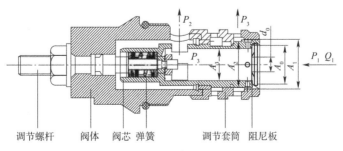

调节螺杆　阀体　阀芯　弹簧　　　调节套筒　阻尼板

图 7-16　DA 阀结构原理图

当 DA 阀结构尺寸确定后,控制压力 p_{st} 只与阻尼板上产生的压降 Δp 及弹簧力相关。由于阻尼板节流小孔为薄壁小孔,节流口的压降 Δp 不受黏度影响,只与流量有关,满足如下关系:

$$Q_1 = c_q A_q \sqrt{\frac{2\Delta p}{\rho}} \tag{7-14}$$

式中:c_q——流量系数;

$\quad A_q$——节流小孔面积;

$\quad \rho$——油液密度。

而节流孔的流量与液压泵的输入转速 n_p 成正比,设 $Q_1 = k_p n_p$,将其与式(7-14)代入式(7-13)得:

$$p_{st} = \frac{A_3}{\Delta A} \times \frac{(k_p n_p)^2}{c_q^2 A_q^2} - \frac{1}{\Delta A} F_t \tag{7-15}$$

上式即为 DA 阀输出压力 p_{st} 与泵输入转速 n_p 的关系,如图 7-17 所示,为一条抛物线。由此可见,DA 控制的原理是将泵的输入转速作为参数,从而改变输出控制压力 p_{st},达到无级调节主泵排量的目的。控制执行压力 p_{st} 的大小可通过阻尼板的节流孔面积(直径)和调节弹簧力 F_t 来调节。通常控制起点通过调整弹簧力来确定,控制起点即控制压力 F_t 能推动主泵开始变量时的发动机转速值,F_t 增大,p_{st} 减小,曲线平移下降,泵在更高的转速下才能启动。控制范围则可通过改变阻尼板的节流孔面积和弹簧力来确定。控制范围是指控制压力 p_{st} 能够推动主泵从零到最大排量,泵输入转速 n_p 的范围值。节流阀面积减小,p_{st}-n_p 曲线"变陡",同样的转速增量 Δn_p 下,控制压力增量 Δp_{st} 大,主泵的排量变化量 ΔV_p 也大,通常节流口直径改变 0.1mm,泵输入转速 n_p 则相应地变化 100r/min 左右,才能产生同样的 p_{st} 压力。通过调整节流孔面积(直径)和调节弹簧力 F_t 可使控制压力 F_{st} 与转速 n_p 的关系近似变为直线。

图 7-18 为发动机的调速外特性以及 DA 控制方式的液压泵随发动机转速变化的输出功率曲线。由此可见,通过调节 DA 阀的控制起点和控制范围,从而调整泵的输出功率,可以使之总是处于发动机功率良好匹配的范围。

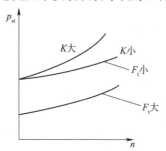

图 7-17　DA 阀输出压力与泵输入
转速的关系

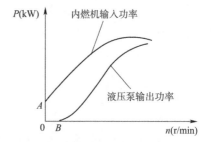

图 7-18　内燃机的输入功率与转速、液压泵的
输出功率与转速的关系曲线

7.5　液压机械复合传动装置的工作原理

一般的液压传动装置的全部功率均通过液压泵和液压马达传输,它虽然有调节性能

好、控制灵活、布置方便等优点,但其本身的传动效率和功率密度较之机械传动仍有不足。因此在大功率传动中,有时采用液压传动装置和机械传动装置"并联"的传递方式(与液力变矩器和机械装置并联的方式相似),把液压传动良好的无级调速性能和机械传动较高的稳态效率这两者的优点结合起来,得到一个既有无级变速性能又有较高效率和较宽高效区范围的变速传动装置,称为液压机械复合传动装置(hydrostatic-mechanicpower split transmission)。由发动机输入传动系统的功率流先被分为两路:一路为经液压传动装置传输的液压功率流;另一路为纯机械方式传输的纯机械功率流,然后再把这两路汇合起来传输给行走装置(图7-19)。

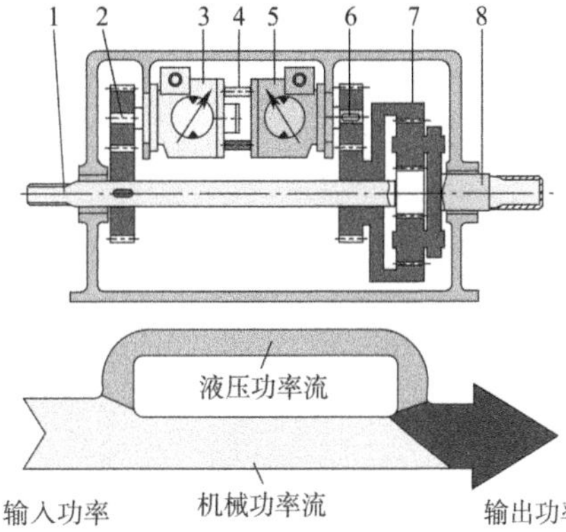

图7-19 静液压机械功率分流传动装置原理示意图
1-输入轴;2-液压泵耦合齿轮副;3-变量液压泵;4-液压管道;5-液压马达;6-液压马达耦合齿轮副;7-行星齿轮差速器;8-输出轴

　　按照实现功率的分、合流所采用的机构不同,液压机械复合传动装置可分为两类:第一类为利用行星齿轮差速器分流的外分流装置;第二类为利用液压泵或液压马达转子与外壳间的差速运动分流的内分流装置。前者利用行星齿轮排等专设的机械差速器实现液压机械功率合流,后者利用液压泵和液压马达自身转子与壳体间的转速差在液压元件内部直接实现功率分流,目前应用最多的是外分流装置。液压机械复合传动装置借鉴了液力机械复合传动装置的原理和经验。接下来分别对两类液压机械复合传动装置进行介绍。

　　外分流液压机械复合传动装置是利用行星差速器来汇聚分配机械和液压两股功率流。根据液压传动部分位于行星差速器与输入轴之间还是位于行星差速器与输出轴之间,又可分为"输入外分流式"和"输出外分流式";输入外分流式和输出外分流式液压机械复合传动装置工作原理如图7-20所示。图中序号1为输入定轴轮系,序号2为输出轴,序号3为变量液压泵,序号4为液压定量马达(或变量马达),序号5为行星差速器。由于行星差速器的三个元件(太阳轮、行星架和齿圈)和液压传动装置可以实现各种组合,再加上行星差速器可位于输入端或输出端,因此理论上可以排列出12种复合传动简图,但基于结构可行性和性能的考虑,可用的装置仅集中于有限的几种方案内。

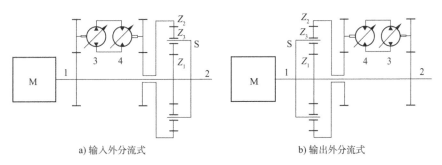

a) 输入外分流式　　　　　　　　　　b) 输出外分流式

图7-20 输入外分流式和输出外分流式静液压机械传动装置简图

1)输入外分流复合传动装置特性分析

(1)调速特性。

输入外分流式复合传动装置将定轴齿轮机构作为输入端分流机构,将行星排作为输出端汇流机构,一般行星轮系包括太阳轮、齿圈、行星架三个主要构件。根据行星排的输入端及输出端的不同,可以构成六种传递方案,如图7-21所示,六种传动方案中输入功率P_1分两路传递:一路由液压传动装置(液压泵和液压马达)传到行星差速器的某一构件,为液压功率P_H;另一路由机械传动轴传到行星差速器的另一构件为机械功率P_m。两股功率流汇集后,由行星差速器第三个构件输出功率P_0。通过调节液压泵的排量来改变液压马达的输出转速,从而使复合传动装置的输出转速实现连续无极的变化。

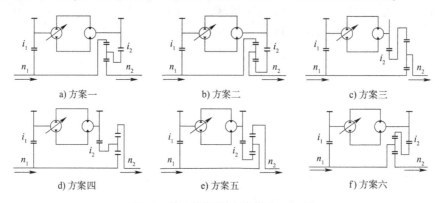

a) 方案一　　　　b) 方案二　　　　c) 方案三

d) 方案四　　　　e) 方案五　　　　f) 方案六

图7-21　输入外分流式复合传动方案简图

设行星排特性参数(即齿圈的齿数与太阳轮的齿数比)为k,由行星轮传动的运动学和动力学可知:

$$n_t - (1+k)n_j + kn_q = 0 \tag{7-16}$$

式中:n_t、n_j、n_q——太阳轮、行星架和齿圈的转速。

$$M_t : M_j : M_q = 1 : -(1+k) : k \tag{7-17}$$

式中:M_t、M_j、n_q——太阳轮、行星架和齿圈的转矩。

如果将行星排的三个构件太阳轮、齿圈、行星架其中一构件作为输入轴,定义其转速和转矩n_1和M_1,另一构件作为输出轴,转速和转矩为n_2和M_2,第三构件作为中间轴,其转速和转矩为n_3和M_3。设A为轮系组合的特性系数,见表7-1,则其转速方程和转矩方程也满足:

$$n_1 - (1+A)n_2 + An_3 = 0 \tag{7-18}$$

$$M_1 : M_2 : M_3 = 1 : -(1+A) : A \tag{7-19}$$

轮系组合的特性系数　　　　　　　　　　　　　　　　表7-1

序号	1	2	3	4	5	6
简图	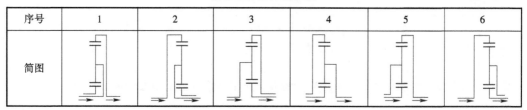					

续上表

序号	1	2	3	4	5	6
输入轴	行星架	齿圈	行星架	太阳轮	太阳轮	齿圈
输出轴	齿圈	行星架	太阳轮	行星架	齿圈	太阳轮
特性系数 A	$-\dfrac{1}{1+k}$	$\dfrac{1}{k}$	$-\dfrac{1+k}{k}$	k	$-(1+k)$	$-\dfrac{1+k}{k}$

根据图 7-21 中各方案的功率传递路线,设其传动比:

$$i_1 = \frac{n_1}{n_p} \tag{7-20}$$

$$i_2 = \frac{n_m}{n_3} \tag{7-21}$$

联立式(7-20)和式(7-21)可得:

$$n_3 = \frac{\beta n_1}{i_1 i_2} \tag{7-22}$$

因发动机的输入转速相对稳定,及输入转速 n_1 大致为常值,为了分析方便(分母不变),整个复合传动装置的采用转速比(传动比的倒数,即输出转速与输入转速的比值)来分析其特性,类似于液力传动定义的传动比。将式(7-22)代入式(7-18),得到复合传动装置的总转速比为:

$$i_{HM} = \frac{n_o}{n_i} = \frac{n_2}{n_1} = \frac{1 + A\beta/i_1 i_2}{1 + A} \tag{7-23}$$

在设计参数确定后,输入分流式液压机械复合传动装置的 A、i_1 和 i_2 都是常量。由式(7-23)可知,只有液压泵与液压马达的排量比 β 是变量,所以通过改变排量比 β 可实现复合传动装置的无级调速。假设 $i_1 i_2 = 1$,取行星排特性参数 k 为一确定值,则根据行星差速器三个构架和液压传动部件的不同组合(表 7-1),得到不同的特性系数 A 时,复合传动装置转速比 i_{HM} 随排量比 β 变化的调速特性。如图 7-22 所示,输入分流式液压机械复合传动装置的转速比 i_{HM} 与排量比 β 呈线性关系,当特性系数 A 为负值时,传动比范围较大。

(2)功率分流比。

输入分流式液压机械复合传动装置的液压功率分流比 ρ_H 定义为经行星轮系分流后的液压功率 P_H 与系统的输出功率 P_0 之比:

$$\rho_H = \frac{-P_H}{P_0} = \frac{P_H}{P_2} = \frac{M_3 n_3}{M_2 n_2} \tag{7-24}$$

根据式(7-19)、式(7-23)和式(7-24)可得:

$$\rho_H = 1 - \frac{1}{(1+A)i_{HM}} \tag{7-25}$$

假设 $i_1 i_2 = 1$,根据式(7-25),取不同 A 值时,可得液压功率分流比 ρ_H 与复合传动装置系统速比 i_{HM} 的关系如图 7-23 所示,液压功率分流比 ρ_H 为双曲线。分流比为正数时,表明该分支传输的是正常的有功功率,负数时传输的则是无功功率或吸收寄生功率。

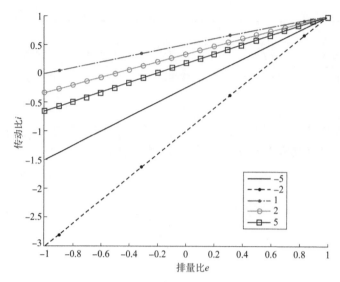

图 7-22　输入分流式液压机械复合传动装置的转速比与排量比的关系

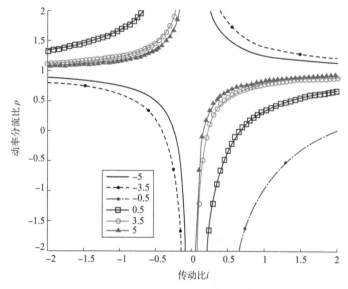

图 7-23　输入耦合式功率分流比特性曲线

　　由图 7-22 和图 7-23 可知,行星差速器的特性系数 A 对系统的传动比和液压功率分流比影响甚大。因工程机械多为高速柴油机驱动,全部工作过程中,传动装置多为减速工作,只有极少数车辆在最高行驶速度时有可能进行增速传动,但在大部分牵引作业时仍为减速传动,因此在分析各种方案中,多以 $-1 \leqslant i_{HM} \leqslant 1$ 的区段进行讨论。

　　2)输出外分流复合传动装置特性分析

　　输出外分流式也称为分速汇矩式,功率流经过行星齿轮输入,分别传递到液压端和机械端,之后在输出端耦合。根据行星排的输入端及输出端的不同,输出外分流式复合传动也可以分为六种,如图 7-24 所示。

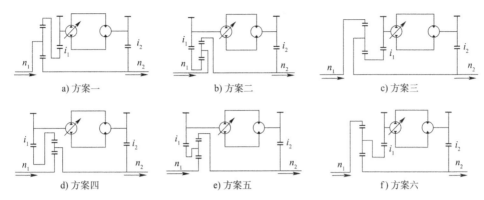

a) 方案一　　　　　　b) 方案二　　　　　　c) 方案三

d) 方案四　　　　　　e) 方案五　　　　　　f) 方案六

图 7-24　输出外分流式复合传动方案简图

(1) 调速特性。

同理输出外分流复合传动装置中行星轮式的输入轴、输出轴和中间轴的转速分别为 n_1、n_2 和 n_3，其对应输出轴转矩为 M_1、M_2 和 M_3。根据图 7-24 传动方案中的运动学原理，传动比为：

$$i_1 = \frac{n_3}{n_p} \tag{7-26}$$

$$i_2 = \frac{n_m}{n_2} \tag{7-27}$$

联立式 (7-26) 和式 (7-27) 可得：

$$n_3 = \frac{i_1 i_2 n_2}{\beta} \tag{7-28}$$

将式 (7-28) 代入式 (7-16)，得复合传动装置的总转速比为：

$$i_{HM} = \frac{n_o}{n_i} = \frac{n_2}{n_1} = \frac{\beta}{(1+A)\beta - A i_1 i_2} \tag{7-29}$$

从式 (7-29) 可知，在设计参数确定后，复合传动装置的参数 A、i_1 和 i_2 都是常量。只有液压泵与液压马达的排量比 β 是变量，所以通过改变排量比 β 可实现系统的无级调速。

从上面分析可知，在不同的 A 值之下，传动比 i_{HM} 随排量比 β 的变化是不同的，当 A 值小于 0 时，传动比是连续变化的，系统能实现无级调速，且在 A 取值为 -1 时是线性关系，其余情况非线性，排量比 β 可以在 $-1 \sim 1$ 之间变化；当 A 值大于 0 时，由式 (7-29) 可知分母会出现为 0 的情况，此时排量比 β 变化时，在 $0 \sim 1$ 范围内出现突变情况。

(2) 功率分流比特性。

对于输出分流式，将发动机输出功率经行星轮系分流后，传递至液压支路的功率 P_H 与系统总输入功率 P_I 之比定义为功率分流比 ρ_H，即：

$$\rho_H = -\frac{P_H}{P_I} = \frac{P_H}{P_1} = -\frac{M_3 n_3}{M_1 n_1} \tag{7-30}$$

由式 (7-30) 及式 (7-17) 可得：

$$\rho_H = \frac{A n_3}{n_1} = 1 - (1+A) i_{HM} \tag{7-31}$$

假设 $i_1 i_2 = 1$，根据式(7-31)可以得出，在 A 取不同值的条件下，输出分流式复合传动装置的液压功率分流比 ρ_H 与系统传动比 i_{HM} 的变化关系，如图 7-25 所示。由图和公式可知，功率分流比 ρ_H 和传动比 i_{HM} 呈线性关系。当传动比 $i_{HM} = 0$ 时，功率分流比 $\rho_H = 1$，系统无转速输出，当然也无功率输出，此时输入功率进入液压回路，此时相当于车辆的起步阶段，由液压回路承担起步时的负载。可见，A 的取值直接影响 ρ_H 与 i_{HM} 关系，当 $A \geq 5$ 时，曲线较陡，系统传动比 i_{HM} 稍有变化会引起 ρ_H 的较大变化。所以，在设计时要充分考虑 A 的取值，以此来避免功率分流不合理情况的出现。

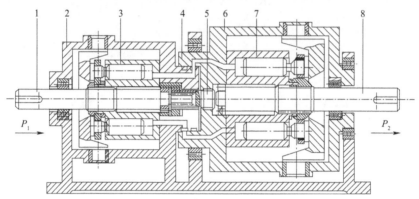

图 7-25　一种内功率分流的静液压机械功率分流传动装置的示意图

1-输入轴;2-变量液压泵固定壳体;3-变量液压泵缸体(转子);4-回转接头;5-中间联轴器;6-液压马达旋转壳体;7-液压马达缸体;8-输出轴

对比两种分流方式可以看出：

①输入外分流式传动方案变速比与排量比呈线性变化，而输出外分流式方案变速比与排量比呈非线性变化，虽然可实现无级调速特性，但控制较复杂，故输入外分流式更易于实现线性控制，便于操作。

两种方案的高效区都对应于车辆前进行驶方向，输入外分流装置的高效区在于速度较低的区段，输出分流的则偏于高速区段。车辆前进起步时，两种方案的液压马达都处于旋转状态，较纯净液压驱动马达从静止起步时的低速稳定性和起步推进性能都要好一些。但车辆静止时仍在旋转的元件会给控制带来一些麻烦，也无法利用这个液压系统再为其他驱动轮供能。输入分流方案中回流的液压功率此时还起到了增加输入转矩的作用，配置得好时，能使车辆起步时的推进力有所提高。

②在总效率较高的区段中，两种方案的输入输出轴之间的总变速比都小于可无级变速的液压轴自身的变速比率。

③在对应于车辆倒驶方向 $i_{21} < 0$ 的反转区段，两种方案的效率都低于前进方向，但程度不同。输入分流时的反转效率可能低到不堪使用、必须后置机械倒挡副的地步；而输出分流时则一般尚可直接用作车辆空驶时的倒挡。

④输入分流方案中的变量液压泵始终由发动机曲轴拖动，旋转方向不变，转速范围不大；输出分流时则两个液压元件都可能双向旋转，往往需要单设补油泵。一般来说，通用型变量液压泵只能用于输入分流方案，输出分流则要配置专门的能反转的变量液压泵。这是输出分流方案迄今应用较少的重要原因之一。

3）内分流液压机械复合传动装置

（1）调速特性及功率分流比分析。

图 7-25 所示为一种内功率分流的液压机械复合传动装置，它由一个通轴变量液压泵和一个液压马达组成，与普通的液压传动装置不同之处在于，液压马达的输出轴 8 和旋转壳体 6 都是可以旋转的。液压泵和液压马达之间的回路通道经由一组回转接头 4 相连接。而泵轴通过中间联轴器 5 与液压马达旋转壳体 6 耦合。这是一种马达差速型的分流装置。

在图示装置中，总功率 P_1 经由输入轴 1 输入，驱动缸体 3 旋转产生高压油输送到液压马达缸体 7，产生液压功率 P_H，同时还通过联轴器 5 驱动马达旋转壳体 6 传输机械功率流 P_m，这两股功率流汇集于输出轴 8 上后输出功率 P_2。当忽略损失时，和外功率分流一样有：

$$P_1 = P_H + P_m = P_2 \tag{7-32}$$

设液压泵、液压马达之间的齿轮副速比传动比为 $k_{pm} = Z_2/Z_1$，由传动简图可知，输出转速为 n_2：

$$n_2 = \frac{n_1}{k_{pm} + n_m} \tag{7-33}$$

式中：n_m——液压马达的转速，$n_m = \beta n_p = \beta n_1$。

由式（7-32）和式（7-33）可得，系统的总转速比，液压功率分流比分别为：

$$i_{HM} = \frac{n_2}{n_1} = \frac{1}{k_{pm} + \beta} \tag{7-34}$$

$$\rho_H = \frac{P_H}{P_2} = \frac{M_m n_m}{M_2 n_2} \tag{7-35}$$

式中：M_m——液压马达输出轴与壳体间的转矩，而实际上 $M_m = M_2$，因此，得：

$$\rho_H = 1 - \frac{1}{k_{pm} i_{HM}} \tag{7-36}$$

图 7-26 为一种内分流式静液压机械传动装置中主要参数之间的关系曲线特性曲线，与输入外分流液压机械复合传动装置类似。装置横坐标为 i_{HM}，由图中可以看出，复合传动装置的传动比与液压泵与液压马达的排量比 β 呈线性关系。液压功率分流比 ρ_H 为双曲线。当 $i_{HM} = 1/k_{pm}$ 时，$\rho_H = 0$，此时液压马达缸体与壳体之间为液压介质制动的状态，液压马达壳体与缸体同步转动，称为"机械挡"。当 $k_{pm} = 1$ 时，$i_{HM} = 1$，则称为"直接挡"。在此工况下，装置的效率达到最大值。在 $i_{HM} < 1/k_{pm}$ 的前进低速区，$\rho_H < 0$，表明液压功率反向循环，即出现寄生功率。同理在 $i_{HM} < 0$ 的后退区，$\rho_H > 1$，也出现液压功率反向循环。这两种工况下，液压功率流中均为循环反向功率，使装置的总效率低于液压传动。

（2）内分流液压机械复合装置的特点。

液压机械内功率分流传动与外分流一样，也有输入分流或输出分流那样的多种配置方案。其基本组合原则是：在液压泵的转子、液压泵的壳体、液压马达的转子和液压马达的壳体这四个构件中，有一个而且只有一个是与机座固定连接的，其余三个能够相对旋转的构件中的两个属于不同元件，直接或者通过带有一定传动比的机械传动副相耦合作为一根外伸轴，余下的一个作为另一根外伸轴，两根外伸轴都可以作为输入或输出部件。组合方式不同,装置的速度和功率分配特性也不相同。例如,对应于前述液压马达差速分流装置的就将液压马达壳体固定,液压泵壳体旋转并与液压马达轴耦合构成液压泵差速分流装置,后者的特性就与输出分流型的外分流传动相类似。

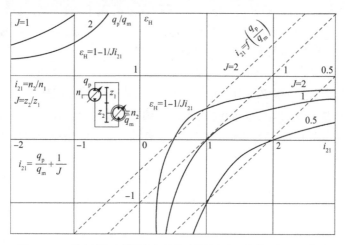

图 7-26 一种内分流式静液压机械传动装置中主要参数之间关系曲线

在内功率分流传动中,壳体不旋转的元件可以采用通用的液压泵或液压马达,并可分置安装以外设管道与另一个元件连接。但壳体和轴伸都旋转的则必须专门设计或用通用元件改装。一种直观的装置是利用机械轴驱动一个液压马达的壳体,同时用外设的液压变量泵向这个液压马达供油并调节其转速和转向。液压马达轴的输出转速即为其壳体转速与其输出轴相对于壳体转速的代数和。在液压马达轴转速低于壳体转速(机械轴转速)时,出现回流的寄生功率。这个简单的系统有可能用来提高液压马达的许用最高转速,但难点是需要在液压马达壳体上设置高压回转接头组件。

功率内分流装置省略了差速器和相应的传动部件,结构紧凑,同时减少了附加的机械损失,但是它的工作原理要求液压泵和液压马达必须形成壳体和转子均旋转的结构,这给油路连接和集成式控制部件安装带来了很大困难(闭式液压泵、液压马达上的集成阀组的动平衡成问题),因此结构复杂,制造不便。在车辆设计中,不能自由选用通用液压件组成功率内分流装置,因此使用面较窄,通常只用于中小功率的特殊场合。

第8章　行走电驱动系统的工作原理与性能

电传动工程机械的动力源目前主要为柴电系统和锂离子动力蓄电池两种类型,氢燃料电池在工程机械电传动的应用研究仍在探索阶段。柴-电系统的基本传动链为柴油发动机驱动发电机,产生电能使电动机和后置的机械传动装置驱动工程机械的行走系统和工作装置运动。锂离子动力蓄电池(氢燃料电池)的基本传动链为蓄电池提供电能,通过逆变调速单元驱动电机和后置的机械传动装置驱动工程机械的行走系统和工作装置运动。

工程机械电传动的相对机械传动、液力机械传动、液压传动具有如下特点:

(1)布局比较灵活,电动机和发电机之间可以用柔性电缆连接,敷设电缆比液压管道更为方便,能更好地适应在较远距离和较复杂的形态下传输动力的要求。

(2)调节性能好,与微电子技术相配合能得到多种根据整机作业要求优化的输出特性,能使发动机经常在有利工况下稳定运行,降低油耗和排放污染,延长动力设备的寿命,并因之能在多变工况下获得较高的整机的作业生产率。

(3)对于多动力系统和多用户系统适应性好,系统中各单元之间既可独立调节,也可联动综合调节;并且动力制动性能较好,可实现再生储能制动。

(4)便于实现内燃机-动力蓄电池混合动力或双动力模式驱动,以蓄电池和内燃机为能动力源的电动车辆的技术之间有很多共性,有利于元件、系统和控制技术的互相移植和兼容。

(5)受到磁性材料最大能积与许用最高工作温度的限制,在工程车辆领域其功率密度普遍比纯机械、液力机械传动和静液压驱动都低,制约轻量化的因素较多。由于永磁材料最高温度限制,为此往往需要设置专门的冷却系统并耗费附加的功率。

(6)电传动系统耗用高性能磁性材料、稀土材料、有色金属和其他特殊材料较多,材料成本较高。

本章将以电传动双履带推土机为典型代表机型,讲述其行走驱动系统的工作原理及其性能。鉴于推土机作业的负荷特点,考虑当前储能技术的发展,本章侧重于以柴电系统为动力源的双履带推土机论述。

履带式电传动推土机整车性能的优劣不仅取决于组成推土机各个核心部件的性能,更大程度上则是取决于电传动部件之间的配合、协调以及对推土机的总体结构布置,即电传动推土机系统全局设计水平的高低将直接决定了整机的设计质量、性能优劣以及产品发展前景。如何从推土机动力学特性出发,以电传动部件[永磁同步电机(PMSM)和永磁同步发电机(PMSG)]性能参数的选择和匹配为切入点,使其满足电传动推土机在不同工况下的动力需求,是本章讲述的主要内容。

8.1 电传动推土机行走驱动系统结构及特性分析

电传动推土机采用电力传动来进行动力传递,电驱动结构选型即为对推土机电传动系统整体结构布局方案的选择。柴-电系统(柴油发动机-永磁同步发电机)作为动力源,结合整流滤波器、直流母线供给系统、驱动电机、执行机构以及机械耦合传动机构等构成了推土机电传动系统,大多动力部件之间通过柔性连接,因为各个动力部件的选择与布置灵活多变,所以总体结构形式多样。本书选取四种常见的结构形式:双侧独立电驱动、"直驱电机+转向电机"驱动、"双电机+转向电机"驱动和混合驱动结构进行对比分析与选型。

1)双侧独立电驱动

双侧独立电驱动系统传动结构应用最为广泛,其结构如图 8-1 所示。当推土机直线行驶时,发动机带动发电机,输出的电流经过整流滤波逆变后传输到左右两侧的独立驱动电机上,两电机各自输出动力驱动两侧链轮实现直线运动。推土机的转向控制是利用两侧驱动电机之间的转速差来实现的。此方案最大的优点在于左右两侧独立驱动电机驱动链轮,这样一来,传动系统只有发动机与发电机是通过机械连接的,其余能量传输则是依靠输电线软连接来实现,可以保证发动机不受外负载的影响而独立地工作在其万有特性图上的任一工作点,控制功率流实现发动机长久地运行在最高效率区内,从而节能减排。同时机械传动模块结构形式简单,推土机整机控制策略容易实现,并且整机质量也较小。这种传动结构的缺点也十分明显,推土机依赖于电机的控制单元来保证其行驶时的转向操作和稳定性,故而电机的控制系统不仅复杂还对驱动电机的性能要求较高,由于能量需要经过多次转换,损耗也会有所增加。

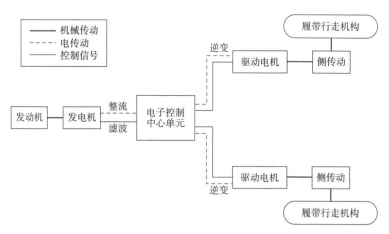

图 8-1 双侧独立电驱动

2)"直驱电机+转向电机"驱动

"直驱电机+转向电机"驱动结构的工作原理是:系统有两台非对称布置的驱动电机,其中一台提供直驱的驱动力,而另一台则负责实现转向,结构如图 8-2 所示。发动机输出动力驱动给发电机发电,电流传输到主驱动电机即直驱电机,电机输出动力传驱动链轮实现直线行驶;当进行转向时,通过控制单元发出相应变速信号并输送电功率到转向电机,转向电机输出动力调节两侧行走机构的转速形成差速,从而实现转向行使工作。此结构最大的优点就是推土机的直线行驶和转向行驶是由两个独立电机分开控制的,所以电机设计简单并且质量较小;缺点是直线行驶和转向行驶都需要独立的驱动轴,这就会导致整机的空间利用率低,同时直线行驶和转向行驶通过两种电机进行控制会使得电子控制策略十分复杂,不易于实现,并且对转向电机的性能需求会较高。

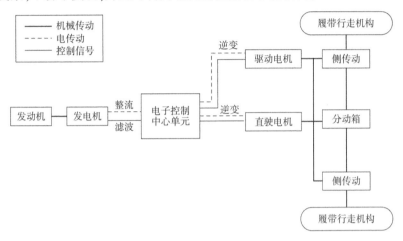

图8-2 "直驶电机+转向电机"驱动

3)"双电机+转向电机"驱动

"双电机+转向电机"驱动结构原理如图8-3所示。发动机输出动力驱动发电机,产生的电功率通过控制单元输送给驱动电机,电机输出动力经传动轴驱动左右两侧链轮实现推土机的直线行驶。当需要转向时,通过控制单元发出信号输送电功率到转向电机,驱动转向电机运行输出动力调节两侧行走机构转速形成差速,从而完成转向作业。对比于前两种结构,其缺点显而易见,结构较复杂且需要三个电机,大大增加了制造成本,而且整机控制策略也十分复杂,不易实现。

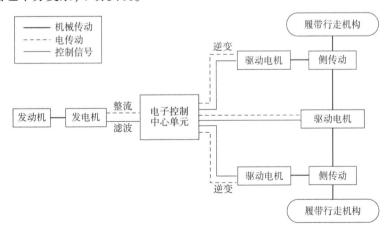

图8-3 "双电机+转向电机"驱动

4)混合驱动结构

混合驱动结构与之前介绍的三种驱动结构有较大的差别。混合驱动结构如图8-4所示,与之前的结构相比有着机械传动系统的传统特点。履带链轮的驱动力矩来自两个部分,分别为机械传动系统与电传动系统,故称为混合式驱动结构系统。当推土机的牵引性能无法满足当下工况需求的时候才会调用机械传动系统工作。推土机转向时,工作原理跟双侧电驱动结构的转向原理相似。该方案最大的优点在于推土机的牵引性能强,缺点是系统的零部件较多,不利于推土机内部空间的总体布置与控制策略实现,同时由于机械耦合的原因,无论是发动机还是驱动电机的独立控制都变得十分困难。

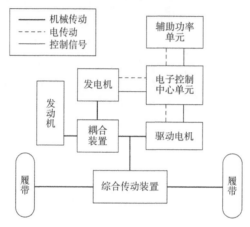

图 8-4　混合驱动结构

由于电传动推土机实际运行工况,在作业时负载多为非平稳随机载荷,所以在选择电传动系统结构时要优先关注推土机的牵引性能强弱,同时也要注意到系统结构的空间利用率与整机控制策略难易程度,故综合考虑,本书确定选用双侧独立电驱动结构作为电传动推土机电传动系统的结构方案。进一步研究此方案可行性并作对比分析可以发现:

(1)双侧独立电驱动结构的两台独立驱动电机参数完全一致,故有利于系统设计,在设计时可节省大量时间。

(2)双侧独立电驱动结构的简单,所以整车控制策略易于实现;虽然驱动电机要进行直线行驶与转向行驶,但是由于两个驱动电机性能结构参数完全相同,控制系统也不会过于复杂,方案种类也较多。

(3)由于双侧独立电驱动结构应用广泛,所以相关系统部件跟传动装置均可以选用现有的产品,不用再去单独设计与制造,大大减少了研发成本、缩短了研发周期;而且该方案沿袭了传统的履带式推土机底盘理论和传动与控制,充分利用了现有较为成熟的生产技术,容易实现。

(4)对比其他几种结构,该结构最为简单紧凑,整机空间利用率高,同时可以易于实现发动机与电传动系统良好的特性匹配。

电传动推土机作为牵引型工程机械典型代表之一,判断其优劣的三个评价指标为动力性、作业生产率、经济性。动力性指标指的是推土机的电传动系统各个部件性能充分发挥,保证发动机在任一时刻下输出功率尽可能用于转换牵引功率;作业性能指标指的是在保证推土机动力性和经济性需求的前提条件下,能够完成实际生产作业任务,生产率合格;经济性指标指的发动机运行是油耗尽可能低,也就是发动机运行在低油耗区,发电机与驱动电机尽可能工作在高效区,从而保证推土机电传动系统传动效率高,损失功率小。

接下来在分析电传动推土机电传动装置的输入特性和驱动电机的输出特性基础上,研究发动机与发电机、柴电系统与驱动电机以及驱动电机与负载的参数匹配设计方法,保证电传动推土机能够满足性能指标需求以及发挥最佳综合性能。

8.2　发动机与发电机的匹配方法

针对本书所研究的电传动推土机,以柴电系统和永磁同步电机作为其核心动力部件,永磁同步电机的输出特性直接影响到整机性能参数优劣,同时这些参数还会受到实际作业需求的约束。所以说,为了设计满足电传动推土机牵引需求的驱动电机,首先要分析永磁同步电输出特性并合理匹配计算其关键性能参数。

8.2.1　发动机与驱动电机输出特性对比分析

电传动推土机通过驱动电机将永磁同步发电机输出传递的电能转换为机械能,传统的推土机是利用发动机将化学能转换为机械能,所以说,它们的动力转换装置是完全不一样的,则二者的输出特性必然存在极大的差异。

1)发动机输出特性

工程机械用发动机的速度适应性系数通常小于双履带推土机的作业速比要求,需要安装变速器来调节改善发动机的输出特性。图8-5 为某型号工程机械用发动机的外特性。图8-6 即为多挡位发动机车辆牵引力与车速的对应关系图。

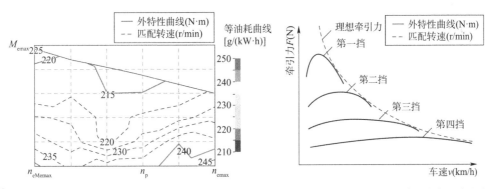

图8-5　某柴油发动机输出特性图　　　图8-6　多挡位柴油发动机牵引力车速关系图

2)驱动电机输出特性

电传动推土机中驱动电机的转矩转速输出特性如图8-7 所示,可以发现驱动电机在短时间内可输出额定转矩2~3 倍的峰值转矩,为电传动推土机的爬坡与生产工作提供所需的大转矩,提高了电传动推土机起步加速能力、最大爬坡能力以及工作障碍跨越能力,短时工作过载区间也能保证的驱动电机可靠性。驱动电机的转速低于基速时,电机工作运行在额定恒转矩区域,同时输出功率会随着转速的增加线性增大,当转速增加到基速时,驱动电机开始进入恒功率区;通过驱动电机性能参数以及基速比合理的匹配设计,可以省去换挡变速器,以保证推土机满载时在最低作业速度和最高作业速度都能用电机直接驱动,就能够满足电传动推土机理想工作特性的需求。

8.2.2 永磁同步电机 PMSM 性能参数对整车性能影响

根据上一节对驱动电机输出特性的分析,可以看出电传动推土机驱动用永磁同步电动机的输出性能主要取决于:短时工作区所对应的最大许用转矩、最大许用功率;连续工作区所对应的额定功率、额定转速、额定转矩;代表弱磁扩速能力的最大许用转速与额定转速之比所对应的基速比。同时,永磁同步发电机的输出特性直接影响驱动电机的工作运行,所以也会间接对整车性能产生重要影响。

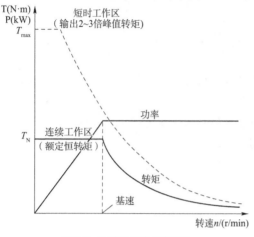

图8-7 驱动电机输出特性图

1)最大许用转矩

最大许用转矩是驱动电机在短时工作区运行时所能够输出的最大转矩,它的大小就决定了在低速区电传动推土机的起步加速性能、短时过载能力以及最大爬坡能力。但是最大许用转矩并不是越大越好,因为它的大小还决定了驱动电机的尺寸大小,电机的最大许用转矩越大,相对应的驱动电机尺寸也就越大。所以,在对电传动推土机驱动电机进行合理设计时需要考虑实际布置空间的约束与限制,在满足推土机工况最大许用转矩需求的前提条件下,尽可能减小驱动电机尺寸,从而节省空间体积。进行转矩密度与轻量化优化设计,在满足电传动推土机各工况性能需求的前提条件下实现动力系统的高效动力输出,以及驱动电机整体体积尺寸的轻量化。

2)额定转速与额定功率

额定转速和额定功率是电传动推土机驱动电机的重要性能指标。为了提高电传动推土机整车运行的经济性,需要驱动电机尽可能工作运行在高效区内,而驱动电机的额定工作点基本上代表着电机的高效运行区,所以在驱动电机设计时应当保证电机的额定转速与推土机的常用工况车速相对应,即使电传动推土机的正常作业速度处于驱动电机的额定转速附近,使电传动推土机实际工作大多处于额定功率下,而不是最大许用功率下。合理地设计驱动电机的额定功率,可以实现整车降低能耗的目的。

3)最大许用转速与基速比

驱动电机的最大许用转速也就大致决定了电传动推土机的最高车速,电传动推土机的最高车速通常设计在驱动电机恒功率区的尾部。驱动电机的最大许用转速与额定转速(基速)之比定义为基速比,可以通过扩大基速比来显著提高电机最大转矩的输出能力,提高电传动推土机的加速性能以及最大爬坡能力。扩大基速比而可以简化推土机整车的动力传动装置,省去了变速器,而且还减小了电机的体积和质量。同时,虽然提高电传动推土机驱动电机转速能减小电机的尺寸与质量,有利于轻量化设计,但是会导致电机运行时损耗增加。所以,需要根据电传动推土机电驱动系统的设计以及实际的动力需求来合理匹配设计电传动推土机驱动电机的最大许用转速与基速比。

8.2.3　发动机与永磁同步发电机性能参数匹配

由驱动电机关键性能参数对整车性能影响的分析研究可知,它们可以清晰地体现电传动推土机驱动电机输出性能的优劣,也对电传动推土机整车动力性能有着重要的影响,同时也受到永磁同步发电机输出特性的约束,即与发电机的关键性能参数也息息相关。本节以驱动电机与电传动推土机整车性能参数匹配为切入点,研究分析发动机与发电机、柴-电系统与驱动电机的参数匹配设计与约束建模,从而确定永磁同步电机的性能指标参数。所以,电传动推土机驱动电机性能参数与整车性能参数的匹配就是设计的出发点与关键所在,如果没有合理的匹配设计的话,就会导致以下两种情况:

(1)如果匹配设计的驱动电机功率太大,则会出现"大马拉小车"的现象,增加能耗,使得电传动推土机整车工作运行效率过低,同时功率过大则驱动电机的体积和质量过大,也会造成不必要的空间和能量浪费,无法满足电传动推土机基本的经济性要求。

(2)如果匹配设计的驱动电机功率过小,就会导致驱动电机输出的峰值转矩无法满足电传动推土机的起步加速与低速爬坡等性能需求,出现"小马拉大车"的现象,使得电传动推土机在正常工况下工作时驱动电机过载运行,导致驱动电机温度过高。

因此,根据电传动推土机整车性能需求来合理匹配设计驱动电机关键性能参数,以及进一步匹配设计永磁同步发电机的关键性能参数控制尤为关键,这是保证驱动电机输出性能满足电传动推土机整车实际动力需求、驱动电机稳定高效输出工作以及整车点驱动系统各部件协调高效节能工作的前提。

在推土机电传动系统中,发动机输出与行走机构驱动之间没有直接的机械关联,通过合理地匹配发动机与永磁同步发电机,既可以使发动机调速区间穿过经济油耗区,也能保证发电机长久地工作在高效区,这是发动机与发电机匹配的出发点与评价指标。发动机与发电机参数匹配包括转速匹配和转矩匹配。

(1)发动机与发电机转速的匹配。

发动机与发电机转速匹配最经济的方法是根据发动机万有特性曲线确定发动机调速区间穿越经济油耗区最宽的转速为发动机与永磁同步发电机匹配的转速,如图8-8中的n_p对应的转速,这个转速通常不是发动的最高转速,需综合考虑推土机的使用经济性和设计最高行走速度,进而选择合适的发动机转速。在发电机设计的过程中,要满足发电机在转速n_p下工作时能够有宽广的高效区间,可以通过综合调整发电机其他设计参数来满足。实际应用中,随着外负荷的增加,永磁同步发电机会出现不同程度的电压下降,出现电流输出过大的问题,可以通过适当提高发动机的转速或者选用较大容量的永磁同步发电机来解决。为了进一步发挥发动机的动力性,允许发动机工作过程中其转速在n_p和n_{eMemax}之间小幅波动。

(2)发动机与发电机转矩的匹配。

考虑到推土机作业负荷的特点,发动机会经常过载,此时发电机的额定输入转矩M_{GH}大于或等于发动机的最大转矩M_{emax}。实际应用中,考虑到发电机的功率因数、交直流整流损失和发电机自身效率等问题,保证发动机与发电机的匹配功率远大于发动机的额定功率,通常情况下都能满足$M_{GH} \geq M_{emax}$的转矩匹配条件;如果不能满足,则必须慎重考虑该转矩匹配条件。此举在于避免发电机频繁超载造成温度过高,甚至使永磁体退磁导致永磁发电机损坏。如图 8-8 所示,发动机转速在 n_p 和 n_{eMemax} 之间波动时,发动机保持恒功率输出(所选用的发动机是转速在 n_p 和 n_{eMemax} 之间波动时恒功率输出)。

由图 8-8 和图 8-9 可以看出,剧烈波动的动态负荷的作用使发动机过载,其转速在 n_p 和 n_{eMemax} 之间波动时,发动机持续工作在经济油耗区,发电机最低效率也在 97% 以上;二者均在额定参数附近工作时,发动机工作在最低油耗区。

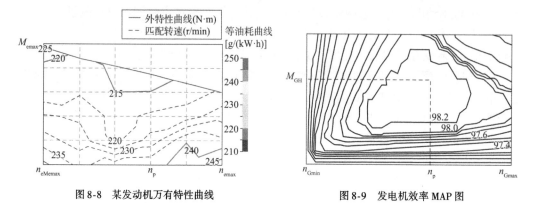

图 8-8　某发动机万有特性曲线　　　　　图 8-9　发电机效率 MAP 图

8.3　驱动电机的选择与匹配计算

柴电系统匹配的最终目的是给驱动电机经济高效的提供动力,系统工作效果的好坏取决于驱动电机的匹配是否合理。柴电系统和驱动电机的匹配主要包括电传动推土机对驱动电机效率、输出功率和传动比的要求和外负荷对驱动电机动态性能要求。

(1)电传动推土机对驱动电机效率、输出功率和传动比的要求。为保证发动机的平均有效输出功率最大,期待在推土机铲土作业的过程中,驱动电机在外负荷的作用下能够保持恒功率输出,此时柴电系统的效率也是最高的,这就要求电机的高效恒功率工作区间越宽越好,使系统尽可能地工作在电机的高效区。如图 8-10 所示,由于外部载荷的变化,使电机在额定功率转速 n_{Mrate} 到最高转速 n_{Mmax} 之间波动时,电机均能近似保持恒功率输出,并且最高效率区集中在 n_{Mrate} 偏右的区域,以使在低速大牵引力工况下具有最高效率,满足推土机的负荷特点;对于电传动推土机,最好选择基速比 $n_{Mmax}/n_{Mrate} \geqslant 4$,以保证推土机满载时在最低作业速度和最高作业速度都能用电机直接驱动,省去了换挡变速器,但是该值越大,电机的功率密度越低,应根据实际情况灵活选择。

(2)非平稳随机载荷对驱动电机动态特性要求。电机的动态特性指其转矩和转速对外界非平稳动态载荷的响应能力。推土机工况复杂,转速超调、滞后都会影响推土机的控制系统精度和动力性能,通常柴电系统的响应要滞后于驱动电机。为了使驱动电机的动态特性满足电传动推土机作业的需要,除了合理选择或者设计驱动电机外,其控制系统电流和电压环的控制参数调整非常重要,调整的过程中既要满足载荷的需求,又要避免转速转矩过度超调。

(3)驱动电机工作在恒功率区间时可以保障推土机的动力性需求,工作在最高效率区间时满足推土机的经济性要求,而短时间工作在过载区间的能力则反映了电机的可靠程度。电传动推土机作为一种牵引式工程机械,整机的牵引特性是尤为关键的,同时对电机的高效区、恒功率区间和过载区间的要求也十分重要。例如图8-10所示的情况,按照此配置设计,在整个恒功率工作范围,驱动电机的效率均在96%以上;例如图8-9所示,发电机效率在97%以上,即使考虑整流逆变单元的效率,整个系统在满载作业的恒功率范围内的效率不低于90%。当由于过载使发动机转速出现小幅波动时,控制系统开始调节,保证系统能持续输出最大功率,即驱动电机工作在恒功率区间。当外界负荷的增加使发动机转速接近最大转矩转速或者行走机构严重打滑时,控制系统切断动力输出。此举既可以保证发动机不至于熄火,提高生产率,也可以防止完全打滑消耗功率,以实现能源的合理利用。

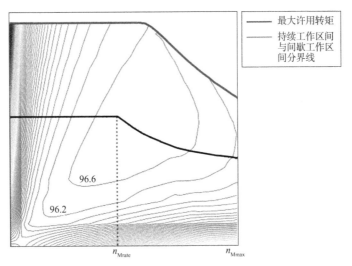

图8-10 驱动电机的效率区间

（4）驱动电机关键性能参数匹配。

①由机器的角功率计算驱动电机的角功率。

图8-11所示为驱动电机工作曲线图, M_{Kmax} 的工况对应于推土机驱动链轮最大转矩, n_{Kmax} 的工况对应于推土机驱动链轮最大转速, M_{Kmax} 和 n_{Kmax} 的乘积为推土机角功率 P_j 。

只要驱动电机输出功率满足推土机所需求的角功率,就能保证在其输出功率比例变换区

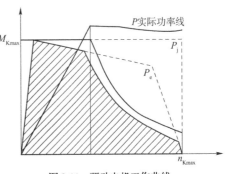

图8-11 驱动电机工作曲线

间内得到满足推土机工况需求的最高转速点与最大转矩点,这两点都存在于推土机电传动系统所允许的工作区间内。推土机角功率求解公式如下:

$$P_j = \frac{M_{Kmax} n_{Kmax}}{9549} = \frac{F_K^{max} \cdot U_T^{max}}{3600} \tag{8-1}$$

式中: P_j ——推土机的角功率,kW;

n_{Kmax}——推土机链轮最大转速,r/min;

M_{Kmax}——推土机链轮最大转矩,N·m;

F_K^{max}——推土机最大切线牵引力,N;

U_T^{max}——推土机最大理论速度,m/s。

由 P_j 匹配计算驱动电机的角功率为:

$$P_{m\_j} = \frac{P_j}{\eta \cdot Z} \tag{8-2}$$

式中:P_{m_j}——匹配驱动电机角功率,kW;

η——电机和驱动轮间减速器的传动效率;

Z——驱动电机数量。

②驱动电机最大许用转矩的匹配。

由上述所确定满足推土机工作需求的驱动电机角功率,再以推土机最高行驶车速为参考取定驱动电机最高转速,电机的最大许用转矩计算按照下式计算:

$$P_{m\_j} \leqslant \frac{T_{m\_max} n_{m\_max}}{9550} \tag{8-3}$$

式中:T_{m_max}——电机的最大许用转矩;

n_{m_max}——电机最高转速。

得到驱动电机的最大许用转矩后,要保证推土机作业工况中的最大转矩值在此范围内。确定参数后,再以此进行后续匹配计算。

③驱动电机转速的匹配。

驱动电机的最大许用转速 n_{m_max} 与额定转速 n_{m_rate} 之比定义为为基速比 β_d,即 $\beta_d = \frac{n_{m\_max}}{n_{m\_rate}}$。

β_d 大小的选择对于驱动电机的性能有很大影响。研究电机的功率外特性与转矩外特性,可以发现在基速点 n_b 时电机输出转矩和功率同时达到最大值,由此推导出公式:

$$T_{m\_max} = 9550 \frac{P_{m\_max}}{n_b} = 9550 \frac{P_{m\_max}}{n_{m\_max}} \beta_d = K_T \beta_d \tag{8-4}$$

$$P_{m\_max} = \frac{T_{m\_max} n_{m\_max}}{9550 \beta_d} \frac{K_P}{\beta_d} \tag{8-5}$$

当电机正常工作时,上式中 K_T、K_P 均为常数,根据式(8-4)和式(8-5)画出图8-12所示的电机峰值转矩与峰值功率随 β_d 变化的关系曲线图。根据曲线图可以看出,当 β_d 增大时,电机的峰值转矩呈线性递增趋势,在相同输出功率条件下,低速大转矩需要大的线(相)电流,电机的定子绕组必然要并绕更多导线以承载大电流,最终会导致电机的体积和质量上升。对于额定功率相同但额定转速不同的电机来讲,β_d 小即额定转速大。

额定转矩取值越小,电机的体积和质量也就相应越小。根据电传动推土机的实际工况需求,选择合理的基速比 β_d,继而匹配计算出驱动电机的额定转速 n_{m_rate}。需要说明的是,这里的 β_d 只是一个理想值,实际电机的恒功率范围非常有限,所以 β_d 超出某值后,电机将不能保持恒功率输出。为使驱动电机满足推土机变速范围内恒功率输出的要求,应根据实际使用情况重新定义驱动电机的基速,而不是理论设计值或者实测值。

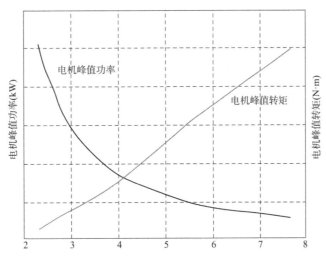

图8-12　电机峰值功率和峰值转矩

④驱动电机功率匹配计算。

推土机在实际工作过程中,大部分时间并不在峰值功率下工作,为了保证电机尽可能运行在高效区内,就要合理匹配设计驱动电机的额定功率。取电传动推土机满铲时的平均载荷为其额定载荷,计算切线牵引力,与驱动电机的额定功率进行匹配约束。推土机在额定工况下工作时切线牵引力如下:

$$F_{\text{Kmax}} = fG_s\cos\alpha + G_s\sin\alpha + K_b hB_g\sin\varPhi + (0.6 \sim 0.9)G_t \tag{8-6}$$

式中:F_{Kmax}——推土机最大切线牵引力;

　　　K_b——单位面积推土阻力;

　　　f——滚动阻力系数;

　　　h——平均切土深度;

　　　G_s——推土机的工作重力,N;

　　　B_g——推土板宽度;

　　　α——坡道与水平面的夹角;

　　　G_t——推土板前土料的重力;

　　　$\varPhi$——推土板回转角。

计算出电传动推土机在额定工况下的切线牵引力,继而求取驱动电机额定功率:

$$P_{\text{m\_rate}} = \frac{T_{\text{m\_rate}}n_{\text{m\_rate}}}{9550} = \frac{F_{\text{rated}}r_d n_{\text{m\_rate}}}{9550Z \cdot i \cdot \eta \cdot \eta_x} \tag{8-7}$$

式中:η_x——行走机构效率;

　　　$T_{\text{m\_rate}}$——电机的额定工况选输出转矩,N·m;

　　　$n_{\text{m\_rate}}$——由最高车速决定的电机转速除以基速比计算。

驱动电机的最大许用功率应根据最大许用转矩与额定转速来计算,如果采用双侧独立电驱动结构推土机带载转向,需对驱动电机的功率需求作进一步合理设计。如存在较大困难,可选择双功率流电传动结构。

第9章　工程车辆的牵引性能和动力性能

一般来说,施工机械的工作过程有两种典型工况:牵引工况和运输工况。机器在牵引工况下工作时,需要克服由铲土而产生的巨大工作阻力,因而要求机器能发挥强大的牵引力。当机器在运输工况下工作时,它需要克服的仅是数值不大的行驶阻力,此时主要要求机器在越野条件下能具有高的速度性能、加速性能、运行稳定性和机动性。但是,对于运行速度较低的铲土运输机械来说,最主要的工况是牵引工况。

机器在牵引工况下的工作能力和燃料消耗的多少称为机器的牵引性能和牵引工况下的燃料经济性。为了有效地完成牵引工况,必须使机器在低挡工作时保证发动机的功率高效率地转换成作业用的牵引功率,并发挥出必要的牵引力,同时所消耗的燃料则应尽可能少。

车辆的牵引性能和燃料经济性通常是用机器的牵引特性来评价的。本章将着重讨论工业车辆的牵引特性及其计算与绘制方法。

9.1　牵引力平衡和牵引功率平衡

如前文所述,推动履带式车辆前进的驱动力是地面作用在履带上的切线牵引力。产生这一切线牵引力的原动力是由发动机传至驱动轮上的驱动力矩,而驱动力矩本身又需依靠履带与土壤之间的附着作用才能得以充分发挥。因此,车辆的切线牵引力可按两种限制条件来计算:即按发动机的功率和地面的附着条件。发动机的特性和地面的附着条件是牵引力平衡和牵引功率平衡计算的基础。

9.1.1　驱动力的确定

1)机械直接传动的车辆驱动力的确定

在确定驱动力矩 M_K 时,应注意,对大多数现代工业车辆来说,发动机的功率在输入变速器之前,必须分出一部分来驱动机器的辅助装置。对装载机一类的机械,还需分出相当大的一部分功率来驱动工作机构。因此,在计算驱动力矩时,应将这一部分转矩(功率)从发动机的转矩 M_e(功率 P_e)中扣除。

设 M_{Ba} 和 M_{PTO} 分别为消耗在驱动辅助装置和功率输出轴上的发动机转矩,P_{Ba} 和 P_{PTO} 分别为消耗在驱动辅助装置和功率输出轴上的发动机功率,则输入变速器的发动机自由转矩 M_{ec} 和自由功率 P_{ec} 可按下式计算:

$$M_{ec} = M_e - M_{Ba} - M_{PTO} \tag{9-1}$$

$$P_{ec} = P_e - P_{Ba} - P_{PTO} \tag{9-2}$$

对履带式推土机来说,这种辅助装置主要是操纵主离合器、转向离合器和工作装置用的工作油泵和润滑油泵。在推土机作业时,操纵系统只有短暂性的工作,因此辅助装置的消耗可按液压系统的空载回路(阻力)消耗来计算。此时,转矩的损失可近似地认为与发动机转速成正比。当发动机在额定转速工作时,这种损失占发动机额定转矩的3% ~ 5%,亦即:

$$M_{Ba} = (0.03 \sim 0.05) M_{eH} \left(\frac{n_e}{n_{eH}} \right) \tag{9-3}$$

式中:M_{eH}——发动机的额定转矩;

n_{eH}——发动机的额定转速;

n_e——发动机转速。

对于轮式装载机来说,则驱动工作机构消耗的转矩 M_{PTO} 可按发动机额定转矩的20% ~40%来考虑。

在等速稳定运转的工况下,驱动轮上的力矩 M_K 可按下式计算:

$$M_K = M_{ec} i_m \eta_m \tag{9-4}$$

式中:i_m——传动总传动比(自发动机至驱动轮);

η_m——传动系统总效率。

在一般情况下:

$$i_m = i_g \times i_0 \times i_s = \frac{n_e}{n_K} = \frac{\omega_e}{\omega_K} \tag{9-5}$$

式中:i_g——变速器各挡的传动比;

i_0——主减速器传动比;

i_s——侧减速器传动比;

n_e、ω_e——发动机转速和角速度;

n_K、ω_K——驱动轮转速和角速度。

传动系统的总效率则可按下式计算:

$$\eta_m = \eta_1^{m_1} \cdot \eta_2^{m_2} \tag{9-6}$$

式中:η_1——圆柱齿轮的传动效率,$\eta_1 = 0.985$;

η_2——圆锥齿轮的传动效率,$\eta_2 = 0.97$;

m_1——传动系统中圆柱齿轮的对数;

m_2——传动系统中圆锥齿轮的对数。

根据式(2-24)和式(9-4),切线牵引力 F_K 可按下式计算:

$$F_K = \frac{\eta_r M_K}{r_K} = \frac{M_{ec} i_m \eta_m \eta_r}{r_K} \tag{9-7}$$

式中:r_K——驱动轮动力半径;

η_r——履带驱动段效率,$\eta_r = 0.96 \sim 0.97$。

当工作阻力突然减小或增大时,机器处于减速或加速的不稳定过程。此时,由于发动机飞轮、传动系统及整车质量惯性力的作用,驱动力矩和切线牵引力都会发生变化。尤其是在减速过程中,此种惯性力可用来增大车辆的驱动力以克服铲掘阻力的短时增大(即所谓冲击铲掘)。此点对机械传动的工业拖拉机是有实用意义的。

在不稳定工况下,履带式车辆的切线牵引力 F_K' 可按下式计算:

$$F_K' = F_K \pm \left(\frac{G}{g} + J_e \frac{i_m^2}{r_K^2} \eta_m \eta_r \right) \frac{dv}{dt} \tag{9-8}$$

式中:G——机器重量;

g——重力加速度;

J_e——发动机运动质量换算至曲轴上的转动惯量(传动系统的转动惯量很小,通常忽略不计);

$\dfrac{dv}{dt}$——机器前进的减速度或加速度。

由附着条件决定的最大有效牵引力 F_φ(附着力)可按下式确定:

$$F_\varphi = \varphi G \tag{9-9}$$

式中:G——机器重量;

φ——履带与地面的附着系数。

由附着条件决定的最大切线牵引力(最大附着力)$F_{K\varphi}$ 可按下式计算:

$$F_{K\varphi} = (\varphi + f) G \tag{9-10}$$

式中:f——由履带行走机构的滚动阻力系数。

2)液力机械传动车辆驱动力的确定

如前文所述,在液力机械传动中,可将发动机和液力变矩器看成是某种复合的动力装置。因此,对于这种传动形式的机械传动部分,只要给出了变矩器与发动机共同工作的输出特性,则驱动力计算与机械直接传动的情况并无原则性的区别,但计算的原始依据应是涡轮输出的转矩 M_2。

需要注意的是:当计算变矩器的输出特性时,在发动机的有效功率中必须扣除由发动机直接驱动的功率输出轴(例如装载机的驱动工作机构的油泵)和辅助装置所消耗的功率。

和机械直接传动的情况不同,在液力机械传动中,辅助装置的消耗不仅包括主离合器、转向等油泵的空载消耗,而且还有变矩器冷却油泵的消耗,该油泵是按照工作负荷运转的。辅助装置的转矩消耗 M_{BaT} 按下式计算:

$$M_{BaT} = (0.03 \sim 0.05) M_{eH} \left(\frac{n_e}{n_{eH}} \right) + M_{BaT} \tag{9-11}$$

式中:M_{BaT}——变矩器油泵所消耗的转矩。

M_{BaT} 也可按下式计算:

$$M_{BaT} = \frac{p q_T}{2\pi \eta_{bm}} \qquad (N \cdot m) \tag{9-12}$$

式中:p——油泵工作压力,MPa;

q_T——油泵理论排量,mL/r;

η_{bm}——油泵机械效率,$\eta_{bm} = 0.85 \sim 0.88$。

对于推土机而言，$M_{PTO}=0$。对于装载机而言，可取 $M_{PTO}=(0.20\sim0.40)M_{eH}$。

在车辆等速稳定行驶的工况下，驱动力矩 M_K 可按下式计算：

$$M_K = M_2 i_m \eta_m \tag{9-13}$$

式中：M_2——涡轮输出转矩；

i_m——机械传动部分的总传动比（自变矩器输出轴至驱动轮）；

η_m——机械传动部分的总效率。

i_m 和 η_m 仍可按式(9-5)和式(9-6)进行计算，只是 n_e 和 ω_e 应用相应的 n_2 和 ω_2 来代替。需要注意的是，如果采用动力换挡变速器，其功率损失中齿轮的啮合损失占小部分，主要的损失还是各离合器中的回转损失。对于此种损失，尚无精确的计算办法，在实用计算中，动力换挡变速器的转矩损失可按 $30\sim50N\cdot m$ 来考虑（对于 $10\sim20t$ 级的机器），并将其在变速器的输出转矩中扣除。

切线牵引力 F_K 可按下式计算：

$$F_K = \frac{M_2 i_m \eta_m \eta_r}{r_K} \tag{9-14}$$

由附着条件决定的最大牵引力 F_φ 与最大切线牵引力 $F_{K\varphi}$ 的计算公式与机械传动时相同，见式(9-9)和式(9-10)。

当液力机械传动的履带式车辆在不稳定工况下工作时，由于变矩器对发动机负荷的隔离作用（不透穿性），利用发动机飞轮惯性来增大切线牵引力的可能性大大降低。但变矩器的变矩作用通常能保证机器具有足够大的牵引力以克服临时增大的切削阻力。因此，利用机器在减速时的惯性来增大牵引力的问题，在这种场合没有太大实用意义，故本书不再多作讨论。

9.1.2 牵引力平衡和牵引功率平衡

工业车辆的牵引力平衡和功率平衡表明了当机器工作时它的切线牵引力和发动机的有效功率是怎样分配、消耗和被利用的。机器的牵引力平衡方程和牵引功率平衡方程是计算牵引力和牵引功率的基本方程。

1）牵引力平衡方程

我们知道，在等速行驶工况下，车辆牵引力平衡方程为：

$$F_K = \sum F \tag{9-15}$$

现在来考察在稳定行驶的牵引工况下，作用在车辆上的外部阻力，这些外部阻力包括以下各项：

（1）滚动阻力 F_f。

$$F_f = fG\cos\alpha \tag{9-16}$$

式中：α——运动表面对水平面的倾角；

G——机器重量。

（2）坡道阻力 F_i。

$$F_i = \pm G\sin\alpha \tag{9-17}$$

式中正号表示上坡，负号表示下坡。

（3）工作阻力 F_x。

工作阻力 F_x 即作用在工作装置上的铲掘阻力。

这样，作用在车辆上的外部阻力的总和 $\sum F$ 即等于：

$$\sum F = F_f + F_i + F_x \tag{9-18}$$

于是，车辆的牵引平衡方程具有以下形式：

$$F_K = F_t + F_i + F_x \tag{9-19}$$

机器做等速运行时，有效牵引力 F_{KP} 的一般表达式为：

$$F_{KP} = F_K - G(f\cos\alpha \pm \sin\alpha) \tag{9-20}$$

当机器在水平地面上做等速行驶时：

$$F_{KP} = F_K - f \cdot G \tag{9-21}$$

机器在不稳定工况下运动时，对于机械直接传动的车辆，需要考虑运动质量惯性力的影响，此时牵引平衡方程为：

$$F_K = F_f + F_i + F_j + F_x \tag{9-22}$$

式中：F_j——惯性阻力，可按下式计算：

$$F_j = \pm\left(\frac{G}{g} + J_e\frac{i_m^2}{r_K^2}\eta_m\eta_r\right)\frac{dv}{dt} \tag{9-23}$$

式中正号表示加速惯性力，负号表示减速惯性力，其他符号意义见式(9-8)。

此时，机器的有效牵引力 F_{KP} 的表达式为：

$$F_{KP} = P_K - \left\{G(f\cos\alpha \pm \sin\alpha) \pm \left(\frac{G}{g} + J_e\frac{i_m^2}{r_K^2}\eta_m\eta_r\right)\frac{dv}{dt}\right\} \tag{9-24}$$

2）牵引功率平衡方程——牵引功率和牵引效率的计算

（1）机械传动。

当机械传动的车辆在等速牵引工况下工作时，发动机的有效功率 P_e 将按以下各部分分配。

①驱动辅助装置消耗的功率 P_{Ba}。

这部分功率主要消耗在克服操纵和润滑系统油泵的空载回路阻力时，它可按下列公式计算：

$$P_{Ba} = M_{Ba}n_e = (0.03 \sim 0.05)P_{eH}\left(\frac{n_e}{n_{eH}}\right)^2 \tag{9-25}$$

式中：P_{eH}——发动机的额定功率；

n_e——发动机转速。

如用 η_{Ba} 表示驱动辅助装置的效率，则有：

$$\eta_{Ba} = \frac{P_e - P_{Ba}}{P_e} \tag{9-26}$$

式中：P_e——发动机有效功率。

②驱动功率输出轴所需的功率 P_{PTO}。

这部分功率计算需视车辆所带工作装置的类型决定。对于推土机，可认为在推土时，工作装置等操纵系统基本上是不工作的，此时 $P_{PTO} = 0$。

对于装载机可取：

$$P_{PTO} = (0.20 \sim 0.40) P_{eH}$$

输入变速器的功率，亦即发动机的自由功率 P_{ec} 为：

$$P_{ec} = P_e - (P_{Ba} + P_{PTO}) \tag{9-27}$$

③传动系统中的功率损失 P_m。

$$P_m = P_{ec}(1 - \eta_m) \tag{9-28}$$

式中：η_m——传动系统总效率。

驱动轮上的驱动功率 P_K，则可按下式计算：

$$P_K = P_{ec} - P_m = P_{ec}\eta_m \tag{9-29}$$

④履带驱动段上的功率损失 P_r。

$$P_r = P_K(1 - \eta_r) = P_{ec}\eta_m(1 - \eta_r) \tag{9-30}$$

履带上的理论切线牵引功率 P'_{PK} 可按下式计算：

$$P'_{PK} = P_K - P_r = P_K\eta_r = P_{ec}\eta_m\eta_r \tag{9-31}$$

当切线牵引力 F_K 和车辆的理论速度 v_T 为已知时，则 P'_{PK} 亦可直接按 F_K 与 v_T 计算：

$$P'_{PK} = F_K v_T \tag{9-32}$$

⑤履带滑转引起的功率损失 P_δ。

$$P_\delta = F_K v_j = F_K v_T \delta \tag{9-33}$$

式中：v_j——履带对地面的滑转速度；

　　δ——滑转率。

如果用滑转效率 η_δ 来表示由于滑转而引起的理论切线牵引功率的损失，则：

$$\eta_\delta = \frac{P'_{PK} - P_\delta}{P'_{PK}} = \frac{F_K v_T - F_K v_i}{F_K v_T} = \frac{v}{v_T} \tag{9-34}$$

式中：v——车辆的实际行驶速度。

上式表明，η_δ 实际上代表了由于滑转而引起的理论速度的损失，所以也称速度效率。

$P'_{PK} - P_f$ 表示了切线牵引力实际产生的推动车辆前进的功率，称为实际切线牵引功率 P_{PK}，并可按下式计算：

$$P_{PK} = P'_{PK} - P_\delta = P'_{PK}\eta_\delta = P_{ec}\eta_m\eta_r\eta_\delta \tag{9-35}$$

P_{PK} 也可用切线牵引力 F_K 与机器实际行驶速度 v 之乘积来表示：

$$P_{PK} = F_K v \tag{9-36}$$

⑥消耗在克服滚动阻力上的功率 P_f。

$$p_f = F_f v = fGv\cos\alpha \tag{9-37}$$

如机器在水平面上工作，则：

$$P_f = F_f v \tag{9-38}$$

式中：F_f——滚动阻力。

如果用效率 η_f 表示由于克服滚动阻力而造成的实际切线牵引功率之损失，则有：

$$\eta_f = \frac{P_{PK} - P_f}{P_{PK}} = \frac{F_K - F_f}{F_K} = 1 - \frac{F_f}{F_K} \tag{9-39}$$

式中 η_f 称为滚动效率，它实际上代表了因克服滚动阻力而引起的切线牵引力之损失，所以

η_f也称力效率。

$P_{PK} - P_f$为实际切线牵引功率和扣除滚动阻力消耗的功率之后，所剩余的可供克服有效阻力用的功率。当机器在水平地段上工作时，它即为车辆的有效牵引功率P_{KP}。

$$P_{KP} = P_{PK} - P_f = P_{PK}\eta_f = P_{ec}\eta_m\eta_r\eta_\delta\eta_f \tag{9-40}$$

⑦消耗在克服坡道阻力上的功率P_i。

$$P_i = \pm Gv\sin\alpha \tag{9-41}$$

⑧消耗在克服工作阻力上的功率，即有效牵引功率P_{KP}。

$$P_{KP} = F_x v \tag{9-42}$$

在上述各项计算公式中，机器的理论行驶速度v_T和实际行驶速度v用以下公式计算：

$$v_T = 0.377\frac{r_K n_e}{i_m} \quad (km/h) \tag{9-43}$$

$$v = v_T(1-\delta) = 0.377\frac{r_K n_e}{i_m}(1-\delta) \quad (km/h) \tag{9-44}$$

这样，车辆的功率平衡方程如下：

$$P_e = P_{Ba} + P_{PTO} + P_m + P_r + P_\delta + P_f + P_i + P_x \tag{9-45}$$

从以上方程中可得有效牵引功率P_{KP}的一般表达式如下：

$$P_{KP} = P_e - P_{Ba} - P_{PTO} - P_m - P_r - P_\delta - P_f - P_i \tag{9-46}$$

式(9-45)和式(9-46)表达了牵引功率的物理意义，即车辆的牵引功率是发动机的有效功率中扣除了各种损失后所剩余的，可供进行有效作业的功率。

由于$P_e - P_{Ba} - P_{PTO} - P_m - P_r - P_S - P_f = P_{PK}$，则车辆在水平地面作业时有效牵引功率$P_{KP}$的基本计算公式可表示如下：

$$P_{KP} = P_{PK} - P_f = P_{ec}\eta_m\eta_r\eta_\delta\eta_f \tag{9-47}$$

车辆牵引力功率在发动机功率中所占的百分比称为车辆的牵引效率η_{KP}。

对于无功率分出的情况，例如推土机，η_{KP}可用有效牵引功率P_{KP}与发动机有效功率P_e之比来表示，在此情况下：

$$\eta_{KP} = \frac{P_{KP}}{P_e} = \frac{P_{ec}}{P_e}\times\frac{P_{KP}}{P_{ec}} = \eta_{Ba}\eta_m\eta_r\eta_\delta\eta_f \tag{9-48}$$

对于有功率分出的情况，例如装载机，η_{KP}可用牵引功率P_{KP}与$(P_e - P_{PTO})$之比来表示：

$$\eta_{KP} = \frac{P_{KP}}{P_e - P_{PTO}} = \eta_{Ba}\eta_m\eta_r\eta_\delta\eta_f \tag{9-49}$$

在此种情况下，车辆的总效率η_0用机器输出的全部有效功率与发动机相应的有效功率之比来表示。总效率η_0以下式表示：

$$\eta_0 = \frac{P_{KP} + \eta_{PTO}P_{PTO}}{P_e} \tag{9-50}$$

式中：η_{PTO}——功率输出轴驱动系统的效率。

在许多场合下，牵引效率η_{KP}也常常用牵引功率P_{KP}与发动机的额定功率P_{eH}之比来表示，即：

$$\eta_{KP} = \frac{P_{KP}}{P_{eH}} \tag{9-51}$$

（2）液力机械传动。

对于液力机械传动的车辆,发动机的有效功率的分配和消耗略有不同。此时除机械传动的各项损失外,还需增加液力传动中的功率损失。在这种场合下,车辆的功率平衡方程如下:

$$P_e = P_{Ba} + P_{PTO} + P_{Te} + P_m + P_r + P_\delta + P_f + P_i + P_x \tag{9-52}$$

式中:P_{Te}——液力传动部分(变矩器)的功率损失;

P_m——机械传动部分的功率损失。

在式(9-52)中,需要注意的是,辅助装置消耗的功率 P_{Ba} 不仅包括各油泵回路的空载阻力损耗,而且还应包括带工作负荷的变矩器冷却油泵所消耗的功率,此时 P_{Ba} 可按下式计算:

$$P_{Ba} = (0.03 \sim 0.05)P_{eH}\left(\frac{n_e}{n_{eH}}\right) + P_{BaT} \tag{9-53}$$

式中:P_{BaT}——弯矩器油泵所消耗的功率。

P_{BaT} 可按下式计算:

$$P_{BaT} = \frac{pQ_T}{\eta_{bm}} \qquad (kW) \tag{9-54}$$

式中:p——油泵工作压力,MPa;

Q_T——油泵理论流量,s^{-1}。

变矩器的功率损失 P_{Te} 可按下式计算:

$$P_{Te} = P_1 - P_2 = P_1(1 - \eta) = P_{ec}(1 - \eta) \tag{9-55}$$

式中:η——变矩器效率;

P_1——变矩器的输入功率;

P_2——变矩器的输出功率。

机械传动部分的功率损失 P_m 可按下式计算:

$$P_m = P_2(1 - \eta_m) \tag{9-56}$$

对采用动力换挡的变速器,当计算机械传动部分效率 η_m 时,变速器传动效率可按在变速器输入转矩中扣除 $30 \sim 50 N \cdot m$ 的条件来考虑。

车辆在水平地段工作时的牵引力功率 P_{KP}、牵引效率 η_{KP} 和总效率 η_0 可分别按式(9-57)~式(9-61)计算。

$$P_{KP} = P_{ec}\eta\eta_m\eta_r\eta_\delta\eta_f \tag{9-57}$$

对于无功率分出的情况:

$$\eta_{KP} = \frac{P_{KP}}{P_e} = \eta_{Ba}\eta_m\eta_r\eta_\delta\eta_f \tag{9-58}$$

或

$$\eta_{KP} = \frac{P_{KP}}{P_{eH}} \tag{9-59}$$

对于有功率分出的情况:

$$\eta_{\mathrm{KP}} = \frac{P_{\mathrm{KP}}}{P_{\mathrm{e}} - P_{\mathrm{PTO}}} = \eta_{\mathrm{Ba}} \eta \eta_{\mathrm{m}} \eta_{\mathrm{r}} \eta_{\delta} \eta_{\mathrm{f}} \tag{9-60}$$

$$\eta_0 = \frac{P_{\mathrm{KP}} + \eta_{\mathrm{PTO}} P_{\mathrm{PTO}}}{P_{\mathrm{e}}} \tag{9-61}$$

9.2 牵 引 特 性

牵引特性是反映车辆牵引性能和燃料经济性最基本的特性。牵引特性以图解曲线的形式表示了机器在一定的地面条件下,在水平地段以全油门做等速运动时,机器各挡的牵引功率 P_{KP}、实际速度 v、牵引效率 η_{KP}、小时燃油耗 G_{KP}、比油耗 g_{KP}、滑转率 δ 和发动机功率 P_{e}(或曲轴转速 n_{e})随牵引力 F_{KP} 而变化的函数关系,亦即: $P_{\mathrm{KP}} = P_{\mathrm{KP}}(F_{\mathrm{KP}})$, $v = v(F_{\mathrm{KP}})$, $\eta_{\mathrm{KP}} = \eta_{\mathrm{KP}}(F_{\mathrm{KP}})$, $G_{\mathrm{KP}} = G_{\mathrm{KP}}(F_{\mathrm{KP}})$, $g_{\mathrm{KP}} = g_{\mathrm{KP}}(F_{\mathrm{KP}})$, $\delta_{\mathrm{KP}} = \delta_{\mathrm{KP}}(F_{\mathrm{KP}})$, $P_{\mathrm{e}} = P_{\mathrm{e}}(F_{\mathrm{KP}})$ 的图解形式。

牵引特性可分为理论特性和试验特性两种。理论牵引特性是根据机器的基本参数,通过牵引计算来绘制的。由于计算时不可避免要引入某些假设,所以理论牵引特性与实际情况总会有某些出入。最能真实地表明车辆实际牵引性能和燃料经济性的是通过牵引试验测得的试验牵引特性。

牵引特性曲线是车辆的基本技术指标,无论在机器的设计还是使用中,它们都是十分有用的。

在车辆设计过程中,牵引特性被广泛地用来研究和检查发动机、传动系统、行走机构和工作装置各参数之间匹配的合理性。在比较各种设计方案以及与现有机型作对比时,牵引特性则成为一种重要的手段。

在机器的使用过程中,了解机器的牵引特性有助于合理地使用机器,有效地发挥它们的生产率。在组织机械化施工时,牵引特性也常常是解决各种机种进行合理配合的基本依据。

在牵引特性图上可以标出在机器最低挡的某些特征性工况下各项牵引参数的具体数值,作为表征机器牵引性能和燃料经济性的基本指标(图9-1)。

这些特征性的工况为:

(1)最大有效牵引功率 P_{KPmax} 工况;

(2)最大牵引效率 η_{KPmax} 工况;

(3)发动机额定功率 P_{eH} 工况;

(4)额定滑转率 δ_{H} 工况;

(5)由发动机转矩决定的最大牵引力 F_{Memax} 工况;

可以把在上述各特征工况下的各项牵引指标列成表,此种表格在研究发动机与底盘的匹配问题时,使用比较方便。下面以机械传动车辆为例,说明车辆的理论牵引特性的绘制方法。

1)原始资料

(1)发动机调速外特性。

在调速特性中应包括以下曲线图解(图9-2):

$$M_e = M_e(n_e), P_e = P_e(n_e), G_e = G_e(n_e) \tag{9-62}$$

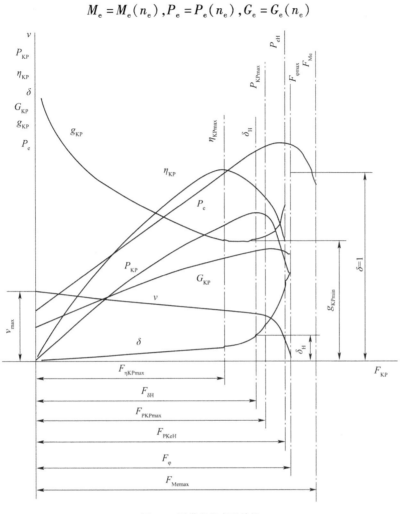

图 9-1 履带底盘牵引特性

（2）机器使用重量 G_s 和附着重量 G_φ。

机器使用重量应包括全部液体质量（燃料，容量的 2/3 以上，冷却水、润滑油、按规定量注入的工作油），随车工具及操作员体重（按 60～65kg 计算）。附着重量指作用在驱动元件上的那部分机器使用重量。显然，履带式车辆的使用重量等于附着重量。

（3）地面条件和滑转率曲线 $\delta = \delta(F_{KP})$。

对于工业履带式车辆，典型的地面条件是自然密实的黏性新切土[含水率 $\omega = (0.4\sim0.6)\omega_T$]，$\delta$ 曲线可采用下列方程绘制（在 $\delta = 0\sim0.5$ 的范围内）：

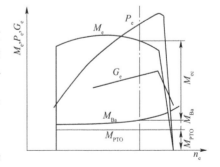

图 9-2 发动机调速外特性

$$\delta = 0.05\frac{F_{KP}}{G_s} + 3.92\left(\frac{F_{KP}}{G_s}\right)^{14.1} \tag{9-63}$$

对于轮式机械：

$$\delta = 0.1 \frac{F}{G_\varphi} + 9.25 \left(\frac{F}{G_\varphi}\right)^8 \qquad (9\text{-}64)$$

式中：F——驱动轮有效牵引力。

(4)传动系统图及各挡总的机械传动 i_M。

(5)驱动链轮啮合齿数 Z_K 及链轨节销孔中心距 l_t。

2)计算公式

为使用方便起见，将绘制牵引特性所需的计算公式汇集于表 9-1。

机械传动车辆牵引计算公式　　　　表 9-1

计算公式	备注
$\eta_m = \eta_1^{m1} \eta_2^{m2}$	η_1——对圆柱齿轮的啮合效率，$\eta_1 = 0.98 \sim 0.99$； η_2——对圆锥齿轮的啮合效率，$\eta_2 = 0.97$； $m_1 \backslash m_2$——传动系统中圆柱齿轮和圆锥齿轮的对数
$\eta_r = 0.96 \sim 0.97$	—
$r_K = \dfrac{Z_K l_t}{2\pi} \quad (\text{m})$	—
$F_f = f \cdot G_s \quad (\text{N})$	f——滚动阻力系数，对工业拖拉机工作的典型土壤条件可取 $f = 0.1$
$M_{ec} = M_e - M_{Ba} - M_{PTO} \quad (\text{N} \cdot \text{m})$	—
$M_{Ba} = (0.03 \sim 0.05) M_{eH} \left(\dfrac{n_e}{n_{eH}}\right)$	—
$P_{ec} = P_e - P_{Ba} - P_{PTO} \quad (\text{kW})$	对推土机：$M_{PTO} = 0$；$P_{PTO} = 0$
$P_{Ba} = (0.03 \sim 0.05) P_{eH} \left(\dfrac{n_e}{n_{eH}}\right)^2$	对装载机：$M_{PTO} = (0.20 \sim 0.40) M_{eH}$；$P_{PTO} = (0.20 \sim 0.40) P_{eH}$
$G_{ec} = g_e P_{ec} \quad (\text{kg/h})$	G_{es}——扣除辅助装置和功率输出轴消耗后发动机的小时油耗
$F_K = \dfrac{M_{ec} i_m \eta_m \eta_r}{r_K} \quad (\text{N})$	—
$v_T = 0.377 \dfrac{r_K \eta_e}{i_m} \quad (\text{km/h})$	长度：m，速度：km/h
$v_T = 0.377 \dfrac{r_K n_e}{i_m}(1 - \delta) \quad (\text{km/h})$	力：N，力矩：N·m
$P_{KP} = \dfrac{F_{KP} v}{3600} \quad (\text{kW})$	功率：kW，小时燃油耗：kg/h
$\eta_{KP} = \dfrac{P_{KP}}{P_e}$ 或 $\eta_{KP} = \dfrac{P_{KP}}{P_e - P_{PTO}}$	—
$g_{KP} = \dfrac{1000 G_{KP}}{P_{KP}} [\text{g/(kW} \cdot \text{h)}]$	比油耗：g/(kW·h)

首先，确定一个挡位，其传动比为 i_m，并在发动机的工作区段取不同的转速，读取对应的转矩、功率、耗油量，利用原始资料及表 9-1 中公式进行计算，最后将计算结果绘制成车

辆的牵引特性。

液力机械传动的车辆与机械传动的车辆基本类似,主要区别是要用液力变矩器与发动机共同工作的输出特性代替发动机的调速特性。

9.3　试验牵引特性

车辆的牵引特性也可以通过牵引试验进行实际测定。通过这种实际测定所得的牵引特性称为试验牵引特性。在牵引试验中除了测定绘制机器试验牵引特性所必需的各项参数外,有时为了进一步分析机器的牵引平衡和功率平衡,还附带地测定某些动力参数,以便确定机器的辅助装置、传动系统、行走系统的消耗以及由滚动阻力、风阻力和行走机构滑转率等引起的损耗。牵引试验可以在专门的试验台或跑道上进行。

供牵引试验用的台架,最常见的形式是鼓式或履带式试验台。这种试验台是按相对运动的可逆性原理制成的。在试验台上,机器将停着不动,在驱动轮作用下地面则以行驶着的转鼓或履带的形式向机器的后方移动。为了保持机器不向前运动,在水平面内通过测力计将它固结在不动的机架上。机器的有效牵引力即由这一测力计来感受,而在鼓轮或履带链轮的输出轴上则装有制动装置(各种类型的测功器),可进行加载和测功。

在试验台上进行机器牵引试验的最大缺点是不能很好地反映行走机构与地面相互作用的真实情况。即使在刚性路面的情况下,用机油滤清器转子或履带的运动来代替车辆在真实路面上的行驶也会由于诸如轮胎变形、滑转方面的差别和高速运行引起的振动和不稳定性等原因而造成的较大的误差。对于在土质地面上作业的铲土运输机械来说,这种差别就更为严重。因此,跑道试验在目前仍然是世界各国进行牵引试验的标准方法。

在跑道上进行牵引试验时,机器的牵引负荷是由拖挂在机器后面的负荷车来加载的。这种加载车辆可以采用专门设计的负荷车,也可利用大功率的拖拉机来代替,前者能保证给试验车施加比较稳定的载荷。在试验时一般至少应测定以下数值:有效牵引力 F_{KP}、试验车实际行驶距离 L、通过这一距离所用的时间 t、相应的燃料消耗量 G_{KP} 和左/右驱动轮的转速 η_{KL}、η_{KR} 以及发动机的转速 n_e。有时为了进一步分析牵引效率的组成,还可以附加测定发动机的输出转矩和左右驱动轮的驱动力矩。目前在牵引试验中广泛采用各种电测仪器,图 9-3 是牵引试验中所采用的电测仪器和连接线路实例。图中用环形测力计来测定有效牵引力,牵引力由粘贴在拉力环 1 内圆面上的大功率应变片感受,它们组成一个测量全桥,并由一组专用的电池供电。由于应变片容许通过很大的工作电流,因而电桥输出的测量信号可以不经放大器而直接记录在光线示波器 9 上。机器的实际行驶距离由安装在后部的五轮仪来测定。在五轮仪上装有感应式计数器,每转可给出 6 个电脉冲信号。左右驱动轮的转数分别由安装在驱动轮上的感应式计数器 3 来测定。燃油消耗量由测量油桶来测定,并由带穿孔量标随浮子移动来感受,通过光电计数器 6 转换成电脉冲信号。发动机的转速由感应式计数器 4 测定,一般测定柴油机高压泵驱动轴转速的脉冲信号。试验的时间信号电脉冲由一台时间信号发生器 7 供给。所有的电信号同时记录在一台光线示波器的纸带上。

牵引试验一直是机器性能试验中最容易产生结果不一致的一种试验。

影响试验结果不一致的因素很多,其中最主要的有以下几个方面:地面附着性能的不一致;牵引力点高度和配重选择和分布的不一致;轮胎状态的不一致(包括环境温度的影响);所加牵引力负荷稳定性的差别。

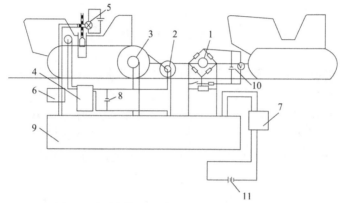

图9-3　牵引试验用的测仪器和连接线路框形示意图

1-拉力环;2-五轮仪;3-驱动轮转速计数器;4-发动机数字转速计;5-小灯;6-光电计数器;7-时间信号发生器;8-计数器电源;9-光线示波器;10-拉力环直流电流电桥电源;11-示波器、时间信号发生器电源

牵引试验的不一致性引起了在对比不同机型的试验结果时发生困难。当这种不一致性十分严重时,试验结果显然会失去其意义。为了提高试验结果的可比性,往往希望采用地面状态比较稳定、附着性能良好的路面作为试验跑道。因此,许多国家的拖拉机试验标准规定牵引试验只在专门建造的沥青混凝土或水泥混凝土的人工跑道上进行。但是,在这样条件下取得的试验结果只能反映出机器某种可能的技术性能(即所谓技术性试验),而并不代表机器在作业条件下真实的牵引性能。这就大大降低了跑道试验相对于台架试验的优越性,同时也导致了不少制造厂希望在机器试验时用大量增加配重的方法来取得良好的牵引指标,但这样做与机器作业时的实际工况有出入。

因此,寻求某能反映机器作业时实际牵引性能的方法,一直是引起广泛兴趣的课题。确定机器在作业条件下的实际牵引性能,不仅是用户直接关心的问题,而且对设计人员考核各总成参数选择的合理性,也有着重要的意义。

对于铲土运输机械来说,目前不少国家已规定牵引试验必须在土质地面上进行,并要求严格控制地面状态、土质条件和牵引点的高度。对于这样的牵引试验,虽然不应期待其有十分精确的可比性(例如小于牵引性能指标的百分之几),然而至少可对机器在作业条件下的实际牵引性能作出一定程度的评价。

为了提高牵引试验的可比性,必须严格地控制试验条件。

首先,试验场地应尽可能地接近于实际作业中有代表性的典型土质条件(例如有的国家规定牵引试验应在有黏性的新切土上进行),并严格控制诸如含水率、密实度、剪切强度等土的物理机械性质和地面的坡度。

其次,牵引点的高度应尽量符合在实际作业时铲土阻力的作用高度。

试验样机的技术状态应符合造厂的要求,并在试验前进行必要的跑合,以使各总成达到稳定的工作性能,特别是发动机性能和轮胎的磨损应达到稳定状态。此外,在每次试验开始前还应进行适当的预热。

对于测量仪器,除要求具有一定的精确度外,应尽可能在现场进行标定。特别是五轮仪应严格控制胎压,并在每次试验前后进行现场标定。

在给试验车加载时,应尽可能保持牵引负荷的稳定性。

根据牵引试验所获得的测试记录数据,经过整理即可绘制试验牵引特性。此时可按下述程序确定所需的各项数值。

(1)有效牵引力 F_{KP},应选择牵引负荷稳定区段按下式进行计算:

$$F_{KP} = H_K m_K \quad (N) \tag{9-65}$$

式中:H_K——计算区段记录纸上有效牵引力的平均高度,mm;

m_K——牵引力 F_{KP} 的标定常数,N/mm。

(2)实际行驶速度 v 可根据在相应区段(即读取平均有效牵引力的同一区段)同五轮仪测定的实际行驶距离 L 和相应的试验持续时间 t 来计算:

$$v = 3.6 \frac{L}{t} \quad (km/h) \tag{9-66}$$

式中:L——与读取有效牵引力的区段相对应的机器实际行驶距离,$L = k_L m_L m$;

t——与这一区段相对应的试验持续相间,s;

k_L——与这一区段内五轮仪计数器的脉冲数;

m_L——五轮的标定常数,即每一脉冲代表的行驶距离,m。

(3)小时燃油耗 G_{KP},可根据在相应区段内由油耗仪测得的燃料消耗量 G_L 来计算:

$$G_{KP} = 3.6 \frac{G_L}{t} \quad (kg/h) \tag{9-67}$$

式中:G_L——在读取挂钩牵引力的区段内的燃料消耗量,g,$G_L = k_G m_v \rho$;

t——与这一区段相对应的试验持续时间,s;

k_G——在这一区段内油耗仪光电计数器的脉冲数;

m_v——油耗仪的标定常数,即每一脉冲所代表的容积,cm^3;

ρ——燃料密度,g/cm^3。

(4)滑转率 δ 可按空载和牵引负荷下通过相应的实际行驶距离 L 时,左右驱动轮平均转数 n_0 和 n_K 来计算:

$$\delta = \frac{n_K - n_0}{n_K} \tag{9-68}$$

(5)发动机的功率 P_e 可根据相应区段内的发动机平均转速 n_e 在发动机调速外特性上取得。

(6)有效牵引功率 P_{KP}、牵引效率 η_{KP}、比油耗 g_{KP} 是派生的数值,它们可按以下公式计算:

$$P_{KP} = \frac{F_{KP} v}{3600} \quad (kW) \tag{9-69}$$

$$\eta_{KP} = \frac{P_{KP}}{P_e} \tag{9-70}$$

$$g_{KP} = 1000 \frac{G_{KP}}{P_{KP}} \quad [g/(kW \cdot h)] \tag{9-71}$$

在对不同牵引负荷的试验结果进行上述计算后,即可在坐标纸上绘出试验牵引特性。图 9-4 是 T220 推土机的试验牵引特性。

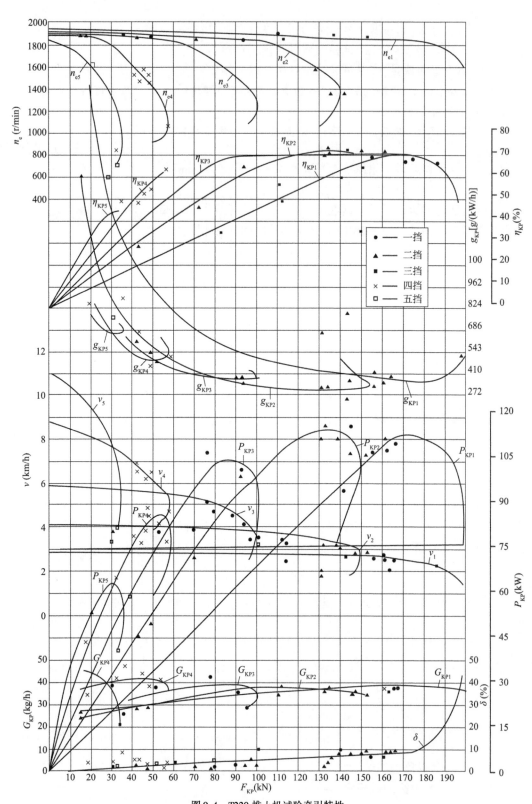

图 9-4　T220 推土机试验牵引特性

9.4 动力特性

当车辆在运输工况下工作时,机器的动力性主要反映在车辆的速度性能、加速性能和爬坡能力上。由于滚动阻力、坡道阻力、惯性阻力都是和机器的重量成正比的,因此上述各项性能不仅取决于驱动轮输出的牵引力,而且也和机器的重量直接有关。为了能对不同重量的机器进行对比,因而引出了单位重量的驱动力和阻力的概念。车辆在运输工况下,如果将牵引平衡方程表示为:

$$F_K = F_f + F_i + F_j + F_w \tag{9-72}$$

那么,经移项代入,两边各除以机器的总质量 G_s 后成为下式:

$$\frac{F_K - F_w}{G_s} = f\cos\alpha \pm \sin\alpha \pm \sin\alpha \pm \frac{x}{g}\frac{dv}{dt} \tag{9-73}$$

式中:x——转动质量转化为直线运动质量的影响系数,对工程车辆 $x = 1.08$。

数值 $(F_K - F_w)/G_s$ 通常用动力因数 D 表示,它反映了在扣除风阻力 F_w 后,机器单位机重所能获得的用来克服滚动阻力、坡道阻力、惯性阻力的切线牵引力。这样,机器在运输工况下的牵引平衡可以用另一种形式表示:

$$D = f\cos\alpha \pm \sin\alpha \pm \frac{x}{g}\frac{dv}{dt} \tag{9-74}$$

对于某一给定的车辆来说,上式右边前两项之和 $f\cos\alpha \pm \sin\alpha$ 主要与道路状况有关,为方便起见,常常将它们合在一起,称为道路阻力系数 ψ,亦即:

$$\psi = f\cos\alpha \pm \sin\alpha \tag{9-75}$$

这样,式(9-74)可改写为:

$$D = \psi \pm \frac{x}{g}\frac{dv}{dt} \tag{9-76}$$

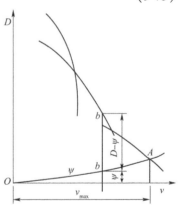

图 9-5 铲土运输机械的动力特性

由于 F_K 和 F_w 都是实际行驶速度 v 的函数,如果以 v 作为自变量,则可用图解的形式表示出变速器各个挡位下动力因素 D 随车速 v 而变化的关系曲线,通常称为动力特性。为了表示机器的牵引平衡关系,在动力特性图上可以绘上代表道路总阻力随车速而变化的曲线 $\psi = \psi(v)$(图9-5)。

动力特性是反映铲土运输机械在运输工况下动力性的基本特性曲线。利用动力特性可以方便地来评价铲土运输机械的速度性能、加速性能和爬坡能力。

1)速度性能

速度性能通常用机器的最高运输速度来评价。这一速度可以很方便地利用动力特性来确定。实际上,如果在动力特性图上绘上道路阻力曲线 $\psi = \psi(v)$,则最高挡的动力因数曲线 $D = D(v)$ 和曲线 $\psi = \psi(v)$ 之交点 A 的横坐标,即代表了在给定道路条件下车辆所能达到的最高运输速度 v_{max}。

2）加速性能

机器在起步加速过程中，起动力矩是随着车速而不断变化的，因而由此形成的加速度也将是一个不断变化的数值。机器的加速性能通常用加速度随车速而变化的曲线（称为加速曲线）以及加速过程的时间和路程来评价。加速度曲线同样可以利用动力特性来取得。实际上，对式（9-76）进行移项中可得（加速取正号）：

$$D - \psi = \frac{x}{g} \frac{\mathrm{d}v}{\mathrm{d}t} \qquad (9\text{-}77)$$

因此，动力特性任一车速下的动力因数 D，扣除了道路阻力系数 ψ 后剩余部分（图 9-5 上线段 b-b），就反映了在这一车速下加速度 a 的数值。于是根据动力特性，按照关系式：

$$a = (D - \psi)\frac{g}{x} \qquad (9\text{-}78)$$

可见 D 曲线与 ψ 曲线间距离 g/x 倍即为加速度。粗略估计时，取 $x \approx 1$，$g \approx 10$，则加速度即是 $D - \psi$ 的 10 倍。

在加速度曲线上不仅可以看出某一挡位下加速随车速而变化的情况，而且通过两个相邻挡位加速度曲线的交点，还可以进一步显示合理的换挡过程。从图 9-6 上可以看到与各挡加速度曲线交点的车速（图 9-6 上 v_1、v_2），实际上代表了最佳的换挡速度。如果换挡过程是在这些车速下进行的，那么车辆将获得最大的加速过程。

由于：

$$\mathrm{d}t = \frac{1}{a}\mathrm{d}v \qquad (9\text{-}79)$$

所以对上式进行积分，即可求得车辆从初速度 v_1 加速至某一速度 v 所需的时间 t：

$$t = \int_{v_1}^{v} \frac{1}{a}\mathrm{d}v \qquad (9\text{-}80)$$

因为加速度 a 很难用方程的形式来表示，所以通常可以采用图解积分的办法。此时首先应根据加速度曲线绘出加速度倒数曲线 $\frac{1}{a} = f(v)$（图 9-7）。从图 9-7 上可看到，单元面积 $\mathrm{d}F = \frac{1}{a}\mathrm{d}v$，实际上代表了单元加速时间 $\mathrm{d}t$。因此，为了获得从 v_1 加速至 v 所需的时间，只需求出曲线 $\frac{1}{a} = f(v)$ 和横坐标之间 $v_1 v$ 所切割出来的面积（这一面积可用求积仪或其他方法来确定）即可。在选取若干车速，并进行相应的计算后即可绘出加速时间 t 随车速 v 而变化的曲线 $t = t(v)$（图 9-8）。

在取得了时间-速度曲线 $t = t(v)$ 后，进一步对速度再作一次积分即可获得加速路程 S 和时间 t 的关系曲线，即：

$$S = \int_{t_1}^{t} v\mathrm{d}t \qquad (9\text{-}81)$$

这一积分同样可以利用图解积分法来求取，经过自变量的变换后，可绘出行程-速度曲线 $S = S(v)$（图 9-9）。

3）爬坡能力

机器动力性所反映的爬坡能力，是指车辆在某一挡位下等速行驶时，由发动机动力所决定的最大爬坡角。机器在各挡位的最大爬坡角可以根据各挡动力因数的最大值 D_{max} 计算而得。如果 D_{max} 完全用来克服车辆的道路总阻力,那么此时的坡道角即为该挡的最大爬坡角,并可以利用动力因数的平衡方程求出:

$$D = \psi = f\cos\alpha + \sin\alpha = f\sqrt{1 - \sin^2\alpha} + \sin\alpha \tag{9-82}$$

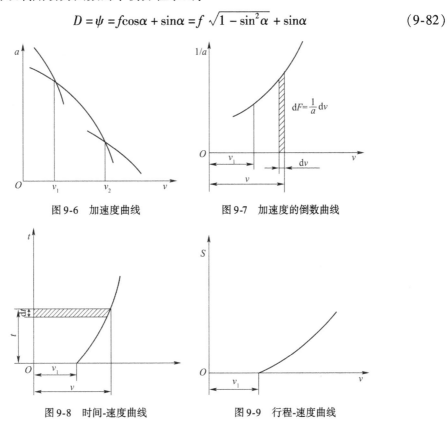

图 9-6　加速度曲线　　　　　　图 9-7　加速度的倒数曲线

图 9-8　时间-速度曲线　　　　　图 9-9　行程-速度曲线

由此可得计算最大爬坡角 α_{max} 之表达式:

$$\sin\alpha_{max} = \frac{D_{max} - f\sqrt{1 - D_{max}^2 + f^2}}{1 + f^2} \tag{9-83}$$

由式(9-83)计算所得的爬坡角,只是反映了发动机所能提供的爬坡能力,实际上机器可能实现的最大爬坡角往往还要受到机器纵向滑移和稳定性的限制。

第10章 牵引性能参数的合理匹配

10.1 牵 引 性 能

牵引性能参数是指机器总体参数中,直接影响机器牵引性能的发动机、传动系统、行走机构、工作装置的基本参数。由于牵引性能是车辆的基本性能,这些参数的确定往往也就决定了所设计机器的基本性能指标。

施工机械在作业时,发动机、传动系统、行走机构、工作装置既相互联系又相互制约。机器的整机性能不仅取决于总成本身的性能,而且也与各总成间的工作是否协调有着密切的关系。因此,在机器的总体参数之间存在着相互匹配是否合理的问题。只有正确地选择发动机、传动系统、行走机构、工作装的参数,并保证它们之间具有合理的匹配,才能充分发挥各总成本身的性能,从而使机器获得较高的技术经济指标。

对机械传动的车辆来说,机器的作业是通过发动机、机械传动系统、行走机构和工作装置的共同工作来完成的。在这种共同工作的过程中,机器每个总成性能的充分发挥都将受到其他总成性能的制约,而机器的牵引特性则将以机器外部输出特性的形式显示出各总成共同工作的最终结果。因此,在选择各总成的参数时,必须充分注意到它们之间相互的制约关系。这种制约关系主要反映在切线牵引力与发动机调速特性之间的相互配置,以及发动机的最大输出功率和工作阻力与行走机构滑转曲线之间的相互配置上。下面将着重讨论上述配置关系对各总成和整机性能的影响,以及如何保证机器牵引性能参数之间合理匹配的问题。

10.1.1 切线牵引力在发动机调速特性上的配置

铲土运输机械的工作对象大都是较为坚硬的土石方,其中常常还有巨大的石块、树根,土的非均质性也比普通耕地恶劣得多。因此,在作业过程中工作阻力将急剧地变化,并常常出现短时间的高峰载荷以及行走机构完全滑转等情况。这是大部分铲土运输机械负荷工况的显著特点。工作阻力的急剧变化使得机器的切线牵引力也随之发生急剧的变化,后者通过传动系统反映到发动机曲轴上来,就形成了曲轴急剧波动的阻力矩。许多研究表明,这种急剧波动的负荷对发动机的性能将产生很大的影响。

因此,在变负荷工况下,发动机的实际平均输出功率和平均比油耗会大大偏离它们的额定指标。平均输出功率和比油耗的数值,与曲轴阻力矩 M_c 在调速特性上的配置位置有关。对于同样变化的切线牵引力,当选择不同的传动系统传动比时,可以在发动机曲轴上获得一系列相似的负荷循环。因此,通过调节传动比的方法就可以改变发动机负荷循环在调速特性上的位置。这就产生了应该如何配置曲轴阻力矩在调速特性上的位置,以获得最大的平均输出功率的问题(图10-1)。

很明显,当阻力矩的配置远低于发动机的额定转矩时,平均输出功率必然是较低的。这是因为在大部分时间内,发动机将在负载程度很低的情况下工作,所以调速特性上的平均输出功率较低。如果使阻力矩的配置位置沿着调速区段逐步上升(图10-1),则调速特性上的平均输出功率也随之提高。此时,发动机在整个负荷循环中都在调速区段上工作,转速的波动不大(也即减速度和加速度不大),因而功率和转矩偏离调速特性的情况并不显著,实际的平均输出功率将随着发动机负荷程度的增大而提高。但是,当最大负荷超过发动机的额定转矩后,由于在负荷循环中发动机有部分时间在非调速区段上工作,转速急剧起落,输出功率的增长速度开始减慢。这样,到一定程度时,发动机的实际平均输出功率必然将随着发动机负载程度的提高而下降。由此可见,在变负荷工况下代表发动机负荷程度的转矩载荷系数(发动机曲轴上的平均阻力矩M_C与额定转矩M_{eH}之比),必然存在一个最佳值,在此最佳值下,发动机的实际输出功率将最大。如果发动机的负载程度超过其最佳值而继续增长,并使负荷循环阻力矩的最大值超过发动机的最大转矩时,发动机的工作将呈现出不稳定状态。如再进一步增大负荷,则将导致发动机熄火。图10-2是发动机在按推土机的负荷循环进行模拟试验时获得的结果。从图中可以看到,随着发动机负载程度的增大,在开始发动机偏离静载调速特性甚小,发动机平均输出功率$\overline{P}_e$随着平均阻力矩M_C的增大而增大。但是当M_C增至一定程度后,发动机偏离调速特性的程度越大。于是,在某一负载程度下可获得最大的平均输出功率。这一最佳负载程度下的发动机转矩M_{epmax}和最大平均输出功率$\overline{P}_{emax}$可以用最佳转矩负载系数K_{ZO}和最佳功率输出系数K_{PO}来表示:

$$M_{ePmax} = K_{ZO}M_{eH} \tag{10-1}$$

$$\overline{P}_{emax} = K_{PO}P_{eH} \tag{10-2}$$

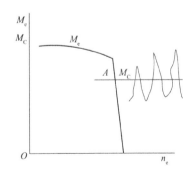

图10-1　曲轴阻力矩在发动机调速特性上的
　　　　配置 A—平均阻力矩工作点

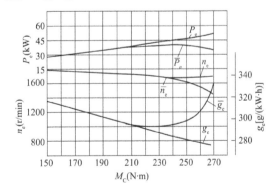

图10-2　柴油机按推土机负荷循环工作时,发动机平均
　　　　输出指标随平均负载程度而变化的情况

　　P_e、n_e、g_e-发动机调速特性上的功率、转速和比油耗;

　　$\overline{P}_e$、$\overline{n}_e$、$\overline{g}_e$-发动机实际平均输出功率、转速和比油耗

当发动机的负载程度大于这一最佳值时,发动机的平均输出功率将随着负载程度的增大而下降,负载程度达到某一极限时,发动机将不稳定工作。从图中还可以看到,当发

动机具有最大输出功率时,发动机的平均输出比油耗也接近它的最佳值。

以上讨论表明,发动机只有在稳定工况下工作时才能输出额定功率,而平均阻力矩的工作点才以能配置得等于其额定转矩。当阻力矩发生波动时,发动机的最大平均输出功率总是小于它的额定功率。只有在适当配置阻力矩在发动机调速特性上的位置,才能获得最大的平均输出功率。

然而,图10-2所显示的仅仅是在某一特定负荷循环下,对某一特定发动机所做试验的结果。而在机器实际工作中获得最大的平均输出功率,问题将变得复杂得多。这是因为不仅在每一负荷循环中工作阻力的变化是随机的,而且负荷循环本身由于土的条件、操作员操作,发动机、行走机构、工作装置的匹配关系等方面因素的不同,也不可能同样重复。对于发动机来说,不仅存在着结构因素的影响,而且即使同一台发动机,在不同的负荷循环下,其最佳负载程度也是不同的。因此,在机器的实际工作中要精确地确定发动机调速特性与切线牵引力间的合理匹配,以保证获得最大平均输出功率是十分复杂而困难的。然而,通过以上讨论,至少可以从定性方面对确定此种匹配关系提出如下几条指导性的原则:

(1)要确定负荷循环在发动机调速特性上的位置时,应该保证工作循环中可能出现的最大阻力矩不超过发动机的最大输出转矩。如果不能满足这一条件,则当机器遇到突然增大的阻力时就有可能造成发动机熄火。出现突然超负荷的情况,操作员往往来不及及时调整切削深度,而不得不脱开主离器,此时不仅发动机熄火或脱开离合器本身会损失机器的有效工作时间,而且频繁地操作控制手把也会加重操作员的劳动强度和紧张状态,容易引起工作人员的疲劳。这些最终都将导致机器生产率下降。

(2)为了获得较大的平均输出功率,应该使发动机在工作循环的大部分时间处在调速区段上工作。这样可保证发动机的转速在整个工作循环中不致发生剧烈的波动,从而减少由于负荷的不稳定性而引起发动机动力性和经济性的恶化。

为了实现上述两项要求,最简单的方法是适当地配置发动机的最大输出功率在行走机构滑转曲线上的位置。正确地配置这一位置不仅能保证发动机在作业过程中不会强制熄火,而且还可以利用行走机构的滑转来保护发动机不致过分超载,从而保证发动机经常处在调速区段上工作。对于工作阻力急剧变化的铲土运输机械来说,这一点对发动机动力性和经济性得到充分的发挥将产生积极的影响。因此,正确地配置发动机的最大输出功率在行走机构滑转曲线上的位置将是解决牵引性能参数合理匹配的一个重要问题。

10.1.2　发动机最大输出功率在滑转曲线的配置

滑转率曲线是反映行走机构牵引元件与地面相互作用最基本的特性曲线,它表示了牵引元件的滑转率 δ 随其输出的牵引力 F 而变化的函数关系。滑转率曲线不仅与行走机构本身工作性能的一些基本指标,如滚动效率、滑转效率、附着能力等有着密切关系,而且也和机器的牵引效率、有效牵引功率、生产率等许多重要的整机性能指标有关。

首先来讨论一下行走机构的牵引效率与滑转曲线的关系。

行走机构的牵引效率 η_x 可以由滚动效率 η_f 与滑与滑转效率 η_δ 的乘积来表示,亦即:

$$\eta_x = \eta_f \eta_\delta = \frac{F}{F + F_f}(1 - \delta) \tag{10-3}$$

式中:F——牵引元件输出的牵引力;

　　　F_f——行走机构的滚动阻力;

　　　δ——滑转率。

从式(10-3)中可以看到,当牵引力F从零开始逐渐增大时,滚动效率η_f亦将从零逐步变大,然而滑转效率η_δ却由于滑转率的上升而逐渐减小。从滑转曲线(图10-3)上可以看到,在牵引力逐步增长的开始阶段,滑转率上升十分缓慢。此时η_f的增长速率大大超过η_δ的下降速率。因而行走机构的牵引效率η_x将随着牵引力的增大而增大。当牵引力继续增长时,滑转效率的下降速率,将由于滑转率δ的迅速增长而变快,而滚动效率的增加速率逐步减慢。于是在某一牵引力下,行走机构的牵引力效率可出现最大值。当牵引力超过这一值而继续增大时,η_x将随着牵引力的增长而下降。当滑转率达100%时,η_x等于零。

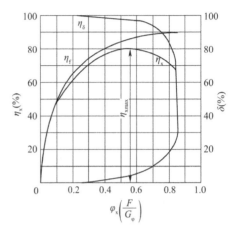

图10-3　行走机构的牵引效率曲线

考虑到牵引力F可以用相对牵引力φ_x与附着重力G_φ之乘积来表示,而行走机构的滚动阻力F_f可用fG_φ来表示,即:

$$F = \varphi_x G_\varphi, \quad F_f = fG_\varphi \tag{10-4}$$

于是式(10-3)可改写成以下形式:

$$\eta_x = \frac{\varphi_x}{\varphi_x + f}(1 - \delta) \tag{10-5}$$

式中:φ_x——相对牵引力 $\varphi_x = F/G_\varphi$;

　　　f——滚动阻力系数;

　　　δ——滑转率。

如果滑转曲线用下列方程式表示:

$$\delta = A\varphi_x + B\varphi_x^n \tag{10-6}$$

式中:A、B、n——与地面条件、行走机构形式和参数有关的常数,它们可通过对试验测定的滑转曲线进行统计归纳而求得。

将式(10-6)代入式(10-5)可得:

$$\eta_x = \frac{\varphi_x - A\varphi_x^2 - B\varphi_x^n}{\varphi_x + f} \tag{10-7}$$

对φ_x求η_x之微商,可得:

$$\frac{\mathrm{d}\eta_x}{\mathrm{d}\varphi_x} = \frac{f - 2Af\varphi_x - A\varphi_x^2 - (n +)Bf\varphi_x^n - nB\varphi_{n+1}x}{(\varphi_x + f)^2} \tag{10-8}$$

当$\eta_x = \eta_{max}$时,应满足下列条件:

$$f - 2Af\varphi_x - A\varphi_n^2 - (n+1)BFf\varphi_x^n - nB\varphi_x^{n+1} = 0 \tag{10-9}$$

由此可求出与η_{xmax}对应的相对牵引力$\varphi_{\eta xmax}$和滑转率$\delta_{\eta xmax}$。这一特征工况称为行走机构的最大牵引效率工况。

由牵引功率的表达式可知：

$$P_{KP} = P_e \eta_{Ba} \eta_m \eta_r \eta_x \tag{10-10}$$

由于 η_{Ba} 和 $\eta_m \eta_r$ 可近似地认为是常量，因此，如果使 P_e 和 η_x 同时达到最大值，则 P_{KP} 具有最大值。这就是说，当发动机的最大输出功率 P_{emax} 与行机构的最大牵引效率 η_{xmax} 匹配在一起时，机器将获得最大有效牵引功率。

当铲土运输机械在有黏性的新切土上工作时（铲土运输机械的典型土质条件），对于轮式机械来说，最大牵引效率工况 $\delta = 10\%$ 左右，对于履带式机械，大约为 5%。

具有同样重要意义的是机器生产率与行走机构滑转曲线之间的关系。

铲土运输机械的生产率是用单位时间所完成的土方作业量来表示的。显然，作业量的多少与牵引力有直接的关系，而作业时间则与机器的作业速度有关。因此，机器的生产率 Q 将是有效牵引力和实际行驶速度的函数，亦即：

$$Q = f(F_{KP}, v) \tag{10-11}$$

由于在行走机构与地面相互作用中，有效牵引力 F_{KP} 的增大将伴随着 v 的下降，因此，在滑转曲线上总可以找到某一工况点，当机器在这一工况下工作时，牵引力和实际速度两方面因素作用的综合结果可使机器的生产率达到最大值。这一工况下工作时，牵引力和实际速度两方面因素作用的综合结果可使机器的生产率达到最大值。这一工况称为行走机构的最大生产率工况。

对连续作业的机械来说，机器的生产率 Q 可用下式表示：

$$Q = 100Av \qquad (\text{m}^3/\text{h}) \tag{10-12}$$

式中：A——与机器行驶方向垂直的切削截面积，m^2；

v——机器的实际行驶速度，km/h。

由于切截面积 A 与有效牵引成正比，即：

$$A = \frac{F_{KP}}{K_b} \tag{10-13}$$

式中：K_b——切削比阻力，N/m^2。

机器的实际行驶速度可用 $v_T(1 - \delta)$ 表示。如将 A 和 v 之表达式代入式（10-12），并注意 η_δ 和 η_f 之表达式[式（9-34）和式（9-39）]，则：

$$Q = 1000 \frac{F_{KP} v_T}{K_b}(1 - \delta) = 1000 \frac{F_K v_T}{K_b} \eta_f \eta_\delta \tag{10-14}$$

考虑到 $\eta_f \eta_\delta = \eta_x$，则机器的生产率可表示如下：

$$Q = 1000 \frac{F_K v_T}{K_b} \eta_x \qquad (\text{m}^2/\text{h}) \tag{10-15}$$

式（10-15）中的乘积 $F_K v_T$ 实际上代表了输送给行走机构的理论切线牵引功率 P'_{PK}。因此，当输送给行走机构的理论切线牵引功率一定时，机器的生产率将与行走机构的牵引效率成正比。

由此可见，对于连续作业的机械来说，行走机构的最大牵引效率工况和最大生产率工况是一致的。

对于循环作业的机器来说,机器的生产率可用下式表示:

$$Q = \frac{3600q}{t_1 + t_0} \qquad (\mathrm{m^3/h}) \tag{10-16}$$

式中:q——机器每一工作循环所完成的土方量,或铲斗容量,$\mathrm{m^3}$;

　　t_1——工作循环中铲土工序的时间,s;

　　t_0——工作循环中其余工序的时间,s。

式(10-10)中,q 可认为与有效牵引力 F_{KP} 成正比,而 t_1 则与铲土时的实际行驶速度 v 成反比,亦即:

$$q = kF_{KP}, \quad t_1 = \frac{l_1}{v} \tag{10-17}$$

由此可得:

$$Q = \frac{3600k}{\dfrac{l_1}{F_{KP}v} + \dfrac{t_0}{F_{KP}}} \tag{10-18}$$

考虑到 $v = v_T(1-\delta)$,$\dfrac{F_{KP}}{F_K}(1-\delta) = \eta_f\eta_\delta = \eta_x$,则上式可改写为:

$$Q = \frac{3600k}{\dfrac{l_1}{\eta_x F_k v_T} + \dfrac{t_0}{F_{KP}}} \tag{10-19}$$

式(10-20)中乘积 $F_K v_T$ 代表了行走机构的理论切线牵引功率 P'_{PK}。如令 $\alpha = 3600k$,$\beta = l_1/P'_{PK}$,则生产率 Q 的表达式可写成:

$$Q = \frac{\alpha}{\dfrac{\beta}{\eta_x} + \dfrac{t_0}{F_{KP}}} \tag{10-20}$$

从式(9-4)中可知:

$$\eta_x = \frac{\varphi_x}{\varphi_x + f}(1-\delta) \tag{10-21}$$

因此,当滑转曲线 $\delta = \delta(F_{KP})$ 为已知时,即可给出机器生产率 Q 随有效牵引力 F_{KP} 而变化的曲线,$Q = Q(F_{KP})$(图10-4)。

如对 F_{KP} 求 Q 的微商,则:

$$\frac{\mathrm{d}Q}{\mathrm{d}F_{KP}} = \frac{\partial Q}{\partial F_{KP}} + \frac{\partial Q}{\partial \eta_x} \cdot \frac{\mathrm{d}\eta_x}{\mathrm{d}F_{KP}} \tag{10-22}$$

由于:

$$\frac{\partial Q}{\partial F_{KP}} = \frac{at_0}{\left(\dfrac{\beta F_{KP}}{\eta_x} + t_0\right)^2}$$

$$\frac{\partial Q}{\partial \eta_x} = \frac{\alpha\beta}{\left(\beta + \dfrac{t_0\eta x}{F_{KP}}\right)^2}$$

所以:

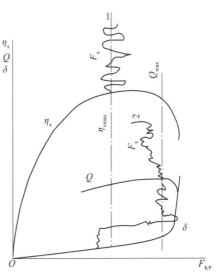

图10-4　行走机构的最大牵引效率工况
和最大生产率工况

$$\frac{\mathrm{d}Q}{\mathrm{d}F_{\mathrm{KP}}} = \frac{at_0}{\left(\dfrac{\beta F_{\mathrm{KP}}}{\eta_{\mathrm{x}}} + t_0\right)^2} + \frac{\alpha\beta}{\left(\beta + \dfrac{t_0\eta_{\mathrm{x}}}{F_{\mathrm{KP}}}\right)^2}\frac{\mathrm{d}\eta_{\mathrm{x}}}{\mathrm{d}F_{\mathrm{KP}}} \tag{10-23}$$

从式(10-23)中可以看到,当行走机构在其最大效率工况下工作时,$\dfrac{\mathrm{d}\eta_{\mathrm{x}}}{\mathrm{d}F_{\mathrm{KP}}} = 0$,而$\dfrac{\mathrm{d}Q}{\mathrm{d}F_{\mathrm{KP}}}$为正值,因而生产率曲线 $Q = Q(F_{\mathrm{KP}})$ 处在上升阶段(图10-4),此时 Q 并非最大。如令 $\dfrac{\mathrm{d}Q}{\mathrm{d}F_{\mathrm{KP}}} = 0$,则可以获得满足最大生产率的条件:

$$\frac{at_0}{\left(\dfrac{\beta F_{\mathrm{KP}}}{\eta_{\mathrm{x}}} + t_0\right)^2} + \frac{\alpha\beta}{\left(\beta + \dfrac{t_0\eta_{\mathrm{x}}}{F_{\mathrm{KP}}}\right)^2}\frac{\mathrm{d}\eta_{\mathrm{x}}}{\mathrm{d}F_{\mathrm{KP}}} = 0 \tag{10-24}$$

此时$\dfrac{\mathrm{d}Q}{\mathrm{d}F_{\mathrm{KP}}}$为负值,因而行走机构牵引效率曲线处于下降阶段。

由此可知,对于循环作业的机构来说,行走机构的最大效率工况和最大生产率工况是不一致的,而且两者偏离的情况显然与工作循环中其余工序的时间 t_0 之值有关。当 $t_0 = 0$ 时,亦即为机构变为连续作业时,$Q_{\max}$ 工况与 η_{xmax} 工况相重合。T_0 越大,即铲土工序的时间在整个工作循环中所占比重越小,则在滑转曲线上 $Q_{\max}$ 工况将越向 η_{xmax} 工况右方偏离。

显然对于连续作业的机械,不论从充分利用发动机的功率,还是充分发挥机器生产率的角度来看,均应将作业过程中的平均工作阻力配置在最大牵引效率工况附近(图10-4的曲线1)。

但是,对于循环作业的机械来说,为了使机器获得最大的生产率,则应将工作循环中的平均最大工作阻力(这一阻力通常出现在铲土过程的末尾)配置在最大生产率工况附近(图10-4的曲线2)。因此,根据行走机构的最大生产工况来确定循环作业机械的额定滑转率 δ_{H} 将是合理的。按照这一观点,轮式机械的额定滑转率一般可定为 $\delta_{\mathrm{H}} = 20\% \sim 25\%$,对于轮式装载机由于铲装工序时间在整个循环中所占比重很小,所以 $\delta_{\mathrm{H}} = 30\% \sim 35\%$,而履带式机械的额定滑转率则可定为 $\delta_{\mathrm{H}} = 10\% \sim 15\%$。

10.2 牵引性能参数合理匹配的条件

从上述的分析中可以得出以下结论:铲土运输机械牵引性能参数的合理匹配应保证充分利用发动机的功率和发挥机器的最大生产率。

对于自行式平地机,由于比较接近于连续作业机械,发动机负荷的变化带有稳定随机过程的性质,影响发动机最佳负荷程度的因素相对较少,因此,对于此类机械,牵引性能参数应根据发动机的最大平均输出功率、行走机构的额定滑转率和工作装置的平均工作阻力之间的合理匹配关系来确定。此时,应该保证当工作装置以设计要求的平均阻力 F_{x} 连续作业时,发动机正好在最大平均输出功率 $\overline{P}_{\mathrm{emax}}$ 工况下工作,而行走机构则在最大生产率的工况下工作(即额定滑转率 δ_{H} 工况)。上述条件可以表示如下:

$$F_{\mathrm{KP\overline{P}emax}} = F_{\mathrm{H}} = F_{\mathrm{x}} \tag{10-25}$$

式中：$F_{\mathrm{KP\overline{P}emax}}$——发动机最大平均输出功率相对应的有效牵引力；

$\quad\quad F_{\mathrm{H}}$——与行车机构额定滑转率 δ_{H} 相对应的额定牵引力；

$\quad\quad F_{\mathrm{x}}$——工作装置在连续作业过程中的平均工作阻力。

对于推土机、铲运机、装载机一类的循环作业机械来说，不仅铲掘工序的工作阻力变化急剧，而且不同工序的工作阻力也是不同的。各工序时间长短、所采用的挡位等因素又都带有随机变化的性质。因而，影响发动机负荷循环的因素将更为复杂，曲轴阻力矩的变化则呈现为某种非稳定的随机过程，确定发动机的最佳负荷载程度也显得十分困难。在这种情况下，比较简单的解决办法是根据发动机的额定功率工况、行走机构的最大生产率工况、工作装置的平均最大工作阻力工况之间的合理配置来确定牵引性能参数。此时，牵引性能参数之间应满足下列条件：

(1)牵引性能参数的匹配必须保证机器在突然超负荷时，首先发生行走机构的滑转，而不应导致发动机熄灭，此时发动机决定的最大牵引力应留有适当的储备(相对于地面的附着力而言)。当机器在此种条件下工作时，行走机构的滑转起着一种自动保护作用。它一方面减小了操作员的工作量，另一方面自动保护了发动机不致严重超载。因此，牵引性能参数合理匹配的第一个条件可以归纳为：由发动机转矩决定的最大牵引力 F_{Memax} 应大于地面附着条件所决定的最大牵引力(即附着力)F_{φ}，亦即：

$$F_{\mathrm{Memax}} > F_{\varphi} \tag{10-26}$$

(2)牵引性能参数合理匹配的第二个条件是从发动机的额定功率工况应与行走机构的最大生产率工况相适应的角度提出来的。这就是说，当发动机在额定工况下工作时，机器的行走机构将在额定滑转率工况下工作，此时由发动机额定功率决定的有效牵引力 $F_{\mathrm{KPPeH}} = F_{\mathrm{H}}$ 与由行走机构额定滑转率决定的额定牵引力 F_{H} 应相等。亦即：

$$F_{\mathrm{KPPeH}} = F_{\mathrm{H}} \tag{10-27}$$

机器在这样的匹配条件下工作时，有效牵引力稍大于额定牵引力 F_{H}(例如大 10% 左右)，即会引起行走机构完全滑转。这样，便于操作员在铲土过程中掌握切土深度，使机器尽可能在接近额定牵引力的范围内作业。此时，行走机构滑转的自动保护作用将防止发动机在铲土过程中发生严重超载。同时，在工作循环的大部分时间内，发动机在负荷急剧变化的工况下能收到较好的动力性和经济性。

(3)牵引性能参数合理匹配的第三个条件是从工作装置的容量应与额定牵引力相适应的角度提出来的。如前文所述，为了使机器获得较高的生产率，应该保证当铲土过程中发动最大的铲掘力时(它通常发生在铲土过程的末尾)，行走机构能在额定滑转率工况附近工作。亦即铲土过程末尾的平均最大工作阻力 F_{x} 应等于机器的额定牵引力 F_{H}。此条件可用下式表示：

$$F_{\mathrm{x}} = F_{\mathrm{H}} \tag{10-28}$$

当满足这一匹配条件时，工作装置的容量将按滑转曲线上额定牵引力来选择，因而可以使机器具有较大的生产率指标。而在工作循环的大部分时间内，则由于有效牵引力的减小，行走机构仍可在较高的效率区工作。

上述三个匹配条件也可利用牵引特性图来表示(图 10-5)。当满足这些条件时,牵引特性上代表发动机额定功率工况的 $a\text{-}a$ 线与代表行走机构额定滑转率工况的 $b\text{-}b$ 线和代表平均最大工作阻力工况的 $c\text{-}c$ 线应接近或吻合。代表最大牵引效率工况的 $d\text{-}d$ 线则应在它们的左方。而代表由发动机转矩决定的最大牵引力工况的 $e\text{-}e$ 线则应在代表行走机构的最大附着能力的 $f\text{-}f$ 线右方。对于液力机械传动的机械,牵引性能参数的合理匹配条件可归纳如下:

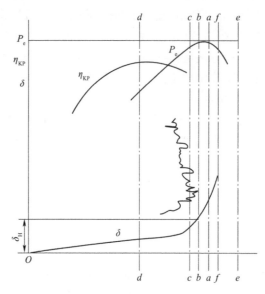

图 10-5 利用牵引特性来评价参数匹配的合理性

$a\text{-}a$-发动机额定功率工况;$b\text{-}b$-行走机构额定滑转率工况;$c\text{-}c$-平均最大工作阻力工况;$d\text{-}d$-最大牵引效率工况;$e\text{-}e$-由发动机转矩决定的最大牵引力工况;$f\text{-}f$-行走机构最大附着能力工况

(1)对于液力机械传动的铲土运输机械来说,利用行走机构的滑转来防止发动机熄火显然是没有意义的。在这种场合下,重要的问题是防止变矩器经常处在效率很低的效率区工作。因为变矩器经常处在效率很低的工况下,一方面会大大降低发动机和变矩器共同工作的输出功率,另一方面将导致变矩器过热。因此,行走机构的滑转应该起到防止变矩器进入低效区工作的作用。这样,合理匹配的第一条件可表述为:由发动机与变矩器共同工作输出特性上最大工作转矩 M_{2Pmax}(与 $\eta_P = 75\%$ 相对应的变矩器输出轴最大转矩)所决定的牵引力 F_{M2Pmax} 应大于由附着条件决定的最大牵引力 F_φ,亦即:

$$F_{M2Pmax} > F_\varphi \tag{10-29}$$

(2)牵引性能参数合理匹配的第二个条件可归纳为发动机与变矩器共同工作输出特性的最大功率工况应与行走机构的最大生产率工况相一致。此时,与变矩器输出轴最大功率工况相适当的有效牵引力 $F_{KPP2max}$ 应等于与行走机构额定滑转率相对应的额定牵引力 F_H,亦即:

$$F_{KPP2max} = F_H \tag{10-30}$$

(3)牵引性能参数合理匹配的第三个条件和机械传动性能参数匹配条件并无原则区别,即机器在铲土过程中末尾的平均最大工作阻力 F_x 应等于额定牵引力 F_H,亦即:

$$F_x = F_H \tag{10-31}$$

10.3　用牵引特性曲线分析机械的牵引性能

牵引特性是评价铲土运输机械的牵引性能和燃料经济性的基本依据。在牵引特性图上不仅可以看到不同挡位下机器的动力性和经济性各指标的具体数据,而且还可以从各挡特性曲线的形状、走向和分布中获知不同的牵引负荷下机器牵引性能和燃料经济性能的变化规律,以及各挡传动比的分配是否合理和牵引力、速度的适应性能。当对牵引特性作进一步的研究时,还可以根据各特性工况下的功率平衡来分析发动机额定功率的分配情况,以及从各特征工况位置和相互关系中来分析牵引性能参数匹配的合理性。通过这些分析,我们便可获知各总成的工作性能是否获得充分发挥,以及机器牵引性能和燃料经济性良好或欠佳的原因。下面将结合某些具体的实例来讨论如何根据牵引特性来评价机器的牵引性能和燃料经济性。

图 10-6 和图 10-7 是两台机械传动履带式推土机的牵引特性,机器的主要参数列于表 10-1 中。

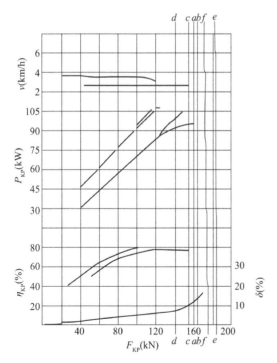

图 10-6　机械传动履带式推土机试验牵引特性
a-a-P_{eH}工况;b-b-δ_H 工况;c-c-F_x 工况;d-d-η_{KPmax} 工况;e-e-F_{Mmax}工况;f-f-F_φ 工况

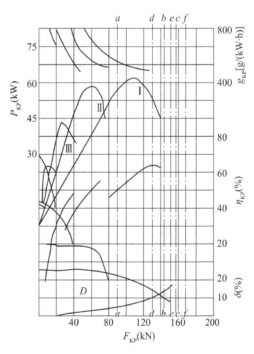

图 10-7　机械传动履带式推土机试验牵引特性
a-a-P_{eH}工况;b-b-δ_H 工况;c-c-F_x 工况;d-d-η_{KPmax} 工况;e-e-F_{Mmax} 工况;f-f-F_φ 工况

试验推土机(图 10-6、图 10-7)的主要参数   表 10-1

参数名称	图 10-6	图 10-7
发动机额定率(kW)	137	112.5
发动机额定转速(r/min)	1850	1800
发动机额定转矩(N·m)	717	710
发动机最大转矩(N·m)	800	780
发动机最大转矩转速(r/min)	1150	1100
发动机空转最高转速(r/min)	2000	2000
一挡总传动比	120	120
二挡总传动比	78.9	78.9
履带节距(m)	0.217	0.217
驱动轮啮合齿数	12.5	12.5
推土装置高度(mm)	1070	1100
推土装置宽度(mm)	4270	4170
推土机使用质量(N)	213700	202000
推土机滚动阻力(N)	14000	21780

在研究牵引性能时,可得到如下讨论:

(1)首先可按表 10-2 的形式列出各特征工况下机器牵引性能和燃料经济性的基本指标。根据这些基本指标和牵引特性图,即可对机器的牵引性能和燃料经济性作出初步的分析与评价。例如对比表 10-2 中的数据可以看到,图 10-6 所示的推土机各项牵引性能指标普遍较高,而图 10-7 所示的推土机各项牵引性能指标则普遍较低。对于后者来说(图 10-7),一挡是机器发挥最大的牵引功率的挡位,但最大有效牵引功率只有 71.8kW;从牵引特性上可以看到二、三挡的最大有效牵引功率更低,而四挡的最大有效牵引功率只有 24.3kW;在发动机额定转速下的有效率引力只有 90kN,而牵引效率仅为 49%;在 10%的滑转率下,虽然有效牵引力可增大到 140kN,但有效牵功率只有 42kW,此时推土机速度下降到 1.1km/h。因此,可以得出初步结论,即图 10-7 所示的推土机的牵引性能和燃料经济性欠佳,而图 10-6 所示的推土机则较好。

(2)其次可根据各挡有效牵引功率曲线和行驶速度曲线的分布情况来考察各挡传动比的分配和牵引力与行驶速度的适应性能。此时应检查各挡有效牵引功率曲线之间不应有深谷存在,同时应注意速度曲线上高一挡的最大有效牵引点应在低一挡速度曲线之下(图 10-7 中 D 点)。此时当牵引力增大到必须换挡时,机器的车速仍能接近于换挡前的数值,此点对于保证操作员良好的操纵感是很有必要的。对于牵引力则应有适当的储备,以便有可能克服阻力的短时间增大。

对于上述要求,两台推土机均能较好地满足要求。

由试验牵引特性(图10-6、图10-7)**得出的牵引性能和燃料经济性基本指标** 表10-2

特征工况		有效牵引力 $F_{KP}(kN)$	实际行驶速度 $v(km/h)$	有效牵引功率 $P_{KP}(kW)$	牵引效率 $\eta_{KP}(\%)$	滑转率 $\delta(\%)$	小时燃油耗 $G_{KP}(kg/h)$	比油耗 $g_{KP}[g/(kW \cdot h)]$
P_{KPmax}工况	图10-6	150	2.25	95	72	7	31.5	510
	图10-7	107	2	71.8	57	5		
η_{KPmax}工况	图10-6	140	2.35	90.5	75	5	24.5	473
	图10-7	130	1.5	53	77.5	8		
P_{eH}工况	图10-6	170	2.1	92	78	10	31.5	570
	图10-7	90	2.3	55	49	4		
δ_H工况	图10-6	170	2.1	92	78	10	—	—
	图10-7	140	1.1	42	75	10		
F_{Memax}工况	图10-6	184	—	—	—	—	—	—
	图10-7	150						
F_φ工况	图10-6	177.5	—	—	—	—	—	—
	图10-7	175						

(3)进一步研究牵引特性时,可根据各特征工况下的牵引效率、滚动效率和滑转率对发动机额定功率的分配和牵引效率的组成作出分析(表10-3和表10-4)。在表10-3中可以看到,对于图10-6所示的推土机,各部分消耗和相应的效率都处在正常范围内。然而在表10-4中却显示出明显的不正常情况。例如,在发动机额定功率工况下,滚动阻力和机械传动部分(辅助装置消耗计入传动损失中)的消耗高达41.7kW,其相应效率仅为73.5%。由于传动系统、滚动阻力的消耗过大,导致有效牵引力降低到只90kN左右(表10-2)。当机器在额定滑转率工况下工作时,有效牵引力不能满足满铲作业的要求。发动机在最大转矩附近工作时,机器的有效牵引功率只有42kW,亦即发动机的额定功率只有37.3%被转化为完成有效作业的牵引功能。

图10-6所示试验推土机的功率平衡和牵引效率的组成 表10-3

额定功率工况	功率(kW)	P_{eH}	P_e	$P_f + P_{mr}$	P_δ	P_f	P_{KP}	$P_{eH} - P_e$
		137	137	24.2	11.4	8.5	92	0
	效率(%)	P_e/P_{eH}	$\eta_f\eta_{mr}$	η_δ	η_f	η_{KP}	P_{KP}/P_{eH}	—
		100	82	90	92	78	78	—
额定滑转率工况	功率(kW)	P_{eH}	P_e	$P_f + P_{mr}$	P_δ	P_f	P_{KP}	$P_{eH} - P_e$
		137	137	24.2	11.4	8.5	92	0
	效率(%)	$P_e - P_{eH}$	$\eta_f\eta_{mr}$	η_δ	η_f	η_{KP}	P_{KP}/P_{eH}	—
		100	82	90	92	78	78	—

图 10-7 所示试验推土机的功率平衡和牵引效率的组成　　　　　　表 10-4

		P_{eH}	P_e	$P_f + P_{mr}$	P_δ	P_f	P_{KP}	$P_{eH} - P_e$
额定功率工况	功率(kW)	112.5	112.5	41.7	2.3	13.4	55	0
	效率(%)	P_e/P_{eH}	$\eta_f\eta_{mr}$	η_δ	η_f	η_{KP}	P_{KP}/P_{eH}	—
		100	73.5	97	80.5	49	49	—
额定滑转率工况	功率(kW)	P_{eH}	P_e	$P_f + P_{mr}$	P_δ	P_f	P_{KP}	$P_{eH} - P_e$
		112.5	74	10.7	5.15	7.25	42	48.5
	效率(%)	$P_e - P_{eH}$	$\eta_f\eta_{mr}$	η_δ	η_f	η_{KP}	P_{KP}/P_{eH}	—
		57	83	90	87.7	75	37.3	—

（4）为了进一步研究牵引性能参数匹配的合理性,可在牵引特性图上用垂线标出各特征工况的位置。

首先可检查发动机额定功率工况、行走机构额滑转率工况($\delta_H = 10\% \sim 15\%$)和工作装置满铲作业工况在牵引特性图上的标线是否接近或吻合。

从图 10-6 中可以看到,标志上述三种工况的标线都很接近,这表明当推土机铲满土时,行走机构将在最大生产率工况下工作,而发动机则将在额定功率附近工作。此时合理匹配的条件:$F_H \approx F_{KPPeH}$ 和 $F_H \approx F_x$ 均能很好地满足。

图 10-7 则是匹配较差的实例。从图中可以看出,标志发动机额定功率工况的标线 a-a 位于标志额定滑转率工况的标线 b-b 及标志满铲作业工况的标线 c-c 左方,且 a-a 与 b-b、c-c 相离甚远,亦即 $F_{KPPeH} \neq F_H$ 和 $F_H \neq F_x$,这表明,图 10-7 所示的匹配其牵引性能参数之间存在着严重失调的情况。

其次应检查 F_{Memax} 和 F_φ 工况之间的相互关系。从图 10-6 上可看到 $F_{Memax} > F_\varphi$ 的条件可获得很好满足,且有 5% 左右的储备。因此,当推土机在作业中发生突然超载时,履带将完全滑转,而不至于使发动机熄火。

图 10-7 所示的情况则恰恰相反,F_{Memax} 位于履带打滑界限内,因此当机器发生突然超载时,发动机有强制熄火的可能。

（5）在进行上述考察的基础上,即可进一步分析牵引性能和燃料经济性良好或欠佳的原因,并对机器的动力性和经济性作出更为全面的评价。

对于图 10-6 所示的推土机,由于将发动机的额定功率和工作装置满铲作业时工作阻力配置在滑转率较高的区域($\delta = 10\% \sim 15\%$),因而整个牵引特性向右扩展。从动力性的角度看,一方面当铲掘阻力增大时,行走机构将在额定滑转率的范围内($\delta_H = 10\% \sim 15\%$)工作,因而可以输出较大的有效牵引力,而发动机则将在额定功率附近工作,因而可以提供较大的输出功率;另一方面当铲掘阻力超过这一范围内,履带将迅速滑转,使发动机不至于超载,从而起到保护发动机的作用。这样在铲土和运土过程的大部分时间内,发动机将基本上在调速区段工作。此时,发动机转速不致发生急剧的变化,因而它的功率和比油耗偏离静载调速特性较小,而发动机的动力性和经济性将获得较好的发挥。

从经济性的角度看,牵引特性向右扩展将使行走机构最大效率工况(在正常情况下它和最大牵引效率工况大体上是一致的)到满铲作业工况之间的区域相应扩展。由于在最大效率点右方的行走机构效率曲线进展比较平缓,因而机器高效区的工作范围也随之扩大。从图10-6中可以看到,牵引效率在有效牵引力等于80~170kN的区间内变化十分平缓,因而高效率区的范围就比较大。与这种情况相一致,比油耗曲线在这一区间的变化也比较平缓,低油耗区的范围也相应扩大,上述情形意味着机器在铲土和运土工序的大部分时间内将在较高牵引效率和较低的比油耗下工作。

此外,牵引特性向右扩展必然会导致一挡的有效牵引功率相应减小,而高挡牵引功率则相应增大(从图10-7上可以看到机器最大的有效牵引功率出现在二挡上),这是由于改善了低牵引负荷下的牵引效率的缘故。由此可见,机器在高挡工作时(例如在运输工况下工作)的牵引效率和燃料经济性均可获得相应改善。

综上所述,图10-6所示的推土机之所以具有良好的牵引指标,不仅是由于各总成本身的性能较好,而且还因为它们之间能相互协调地进行工作,因而各总成的工作性能得以充分发挥。

当分析第二台推土机各项牵引指标偏低的原因时,首先可以指出,此台推土机总成性能与第一台相比普遍较差。例如发动机的动力性、经济性、辅助装置、传动系统、行走系统的效率、滚动阻力系数等均不如第一台。特别是在发动机转速较高时,辅助装置、传动系统的功率消耗剧增,相应的效率下降到73.5%。这说明辅助装置和传动系统在高速下的工作极不正常,这种情况很可能是由于液压系统的空载损失和传动齿轮的搅油损失过大而引起的。

当进一步分析辅助装置、传动系统、行走机构损失过大对机器牵引性能的影响时,可以看出,这些消耗的增大不仅反映这些总成本身的工作性能较差,而且还由于发动机额定工况牵引力数值的过分降低而使各牵引参数匹配不合理程度加剧。因此,从这一意义上来说,机器性能欠佳的原因,在很大程度上要归结为牵引参数之间的匹配关系的严重失调。

参数选择不当,也可从这两台推土机的主要参数对比中明显地看出(表10-1)。例如,尽管第二台推土机功率比第一台小24.3kW,然而工作装置的容量和一挡的传动比却几乎和第一台完全一样,而单位功率的机器重量也大大偏高。

这种参数匹配的不合理性反映在牵引特性图上,则表现为整个牵引特性呈现向左方压缩,从而将发动机的额定功率配置在滑转率很低的区域($\delta = 4\%$)。这样配置发动机额定功率的后果,首先表现为使 P_{eH} 工况下的有效牵引力下降到90kN左右。因此,如不能相应地缩小工作装置的容量,则在铲掘较硬的土壤时必然会感到牵引力严重不足,而在牵引特性图上就会出现工作装置的满铲作业工况远离发动机额定功率工况的情况。这就意味着迫使发动机经常在非调速区段上工作,而且还可能造成发动机熄火。发动机经常转入非调速区段工作,不仅发动机额定功率得不到充分利用,而且还由于转速急剧变化而造成输出功率和输出比油耗大大偏离调速特性,从而使发动机的动力性和经济性进一步恶化。

这样配置发动机额定功率的另一后果是迫使发动机调速区段完全配置在牵引效率很低的位置上。从图 10-7 中可见,最大牵引效率点在额定功率工况点右方,且偏离量甚大,因而使机器大部分时间在牵引效率很低的情况下工作。这一特点同样反映在比油耗曲线上,使图 10-7 中各挡比油耗曲线均陡峭,甚至没有出现比油耗的"盆谷"点。这表明机器的燃料经济性是很差的。

此外,各挡牵引功率曲线向左方压缩的结果还必然会因牵引效率的迅速降低而导致

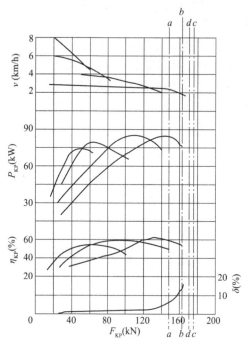

图 10-8　液力机械传动履带推土机试验牵引特性

高挡牵引功率的急剧下降,因而最大牵引功率将出现在第一挡上,而且随着挡位的增高而逐渐下降。这就必然会大大恶化高挡工作的动力性和经济性。从图 10-7 中可以看到,最高挡上的最大有效牵引功率仅为 24.3kW,而且比油耗很高。这一功率甚至还不能满足平地行驶的需要。这表明最高挡的额定有效牵引力甚至比机器的滚动阻力还小。此时,稍遇障碍或坡度,车速就会急剧下降,甚至导致发动机熄火。因此,推土机在最高挡上将不能正常行驶,也无余力满足平地作业的要求。

从以上的分析中可以清楚地看到,由于参数匹配不合理而造成各总成不能协调工作,并将严重地影响机器动力性和经济性的充分发挥。

现在再来看一个液力机械传动的实例。图 10-8 是一台液力机械传动履带式推土机的试验牵引特性,它的主要参数见表 10-5 中。

试验推土机主要参数　　　　　　　　表 10-5

参数名称	图 10-8	参数名称	图 10-8
发动机额定率(kW)	137	二挡总传动比	—
发动机额定转速(r/min)	1850	履带节距(m)	0.217
发动机额定转矩(N·m)	717	驱动轮啮合齿数	12.5
发动机最大转矩(N·m)	800	推土装置高度(mm)	1280
发动机最大转矩转速(r/min)	1150	推土装置宽度(mm)	3720
发动机空转最高转速(r/min)	2000	推土机使用质量(N)	211000
一挡总传动比	—	推土机滚动阻力(N)	18800

在讨论液力传动的特性时,同样也可用表格的形式列出各特征工况下的牵引性能和燃料经济性的基本指标,见表 10-6。

由试验牵引特性得出的牵引性能和燃料经济性基本指标　　　　表10-6

特征工况	有效牵引力 $F_{KP}(kN)$	实际行驶速度 $v(km/h)$	有效牵引功率 $P_{KP}(kW)$	牵引效率 $\eta_{KP}(\%)$	滑转率 $\delta(\%)$	小时燃油耗 $G_{KP}(kg/h)$	比油耗 $g_{KP}[g/(kW \cdot h)]$
P_{KPmax}工况	145	2.17	87	72	4	31.5	510
η_{KPmax}工况	140	2.22	84.5	73	3	24.5	473
δ_H工况	170	1.77	77.5	53	10	—	—
F_φ工况	173	—	—	—	—	—	—
P_{2max}工况	147	2.1	84	71	7	—	—
F_{M2Pmax}工况	177	—	—	—	—	—	—

如果将图10-8与图10-6进行比较,就可以看出,尽管两台推土机的参数基本相同,但前者的牵引特性与后者比较,却有着很大的差别。这种差别反映出液力机械传动的一系列特点,并可以从图10-8上明显地看出:

(1)从速度特性来看,它没有明显的转折点,呈现为一条柔软并能随牵引负荷变化而自动调节机器速度的特性曲线,速度特性的这种"柔性"反映了液力传动转矩特性的自动无级调节的性能。对比图10-8和图10-6看到,当机器在空载行驶时,液力机械传动的车速将高于机械传动;而当车速降低至接近零时它又可提供大大超过机械传动机器的有效牵引力。虽然对于铲土作业来说,在变矩器效率过低时,这种很高的牵引力并没有太大的实际意义,然而它却能大大地改善机器的起步和加速性能。

此外,还应该注意到,液力机械传动的这种无级调速特性也会给机器的操纵和控制带来某些不利的因素,这就是当阻力突然减小时,会引起车速的急剧增大,从而给操作员的操纵带来一定的困难。因此,通常需要对最高车速与额定牵引力下的车速之比值加以一定的限制。

(2)速度特性的上述特点反映到有效牵引功率特性上,使得有效牵引力功率曲线看起来比较平滑而饱满。从图10-8与图10-6的对比中可看出,液力机械传动的最大牵引功率和最大牵引效率都明显低于机械传动,尤其是最大牵引效率只有72%,这是因为在变矩器中存在着功率损失的缘故,这也是液力机械传动不可避免的缺点。然而,图10-8上有效牵引功率曲线却由于比较饱满而可以在较宽的范围内保持高的有效牵引功率,从而将大大地提高发动机额定功率的利用程度。这表明在工作阻力变化的情况下,液力机械传动能输出最大的平均有效牵引功率。

(3)液力机械传动有效牵引功率曲线比较饱满的特点还可显著地减小各挡功率曲线之间的波谷面积。由此表明,机器在全部速度段和负荷范围内发动机额定功率获得充分的利用;另一方面也说明比起单纯的机械传动来,机器的变速器挡位可减少。

(4)从燃料经济性的角度来看,液力机械传动的最低比油耗较之机械传动显著增高(图10-8中未示出)。液力机械传动比油耗曲线另一个明显的特点是当负荷增大而车速下降时,比油耗可剧增至无限大。这一点显然是由变矩器的效率特性所引起的。由于随着涡轮转速的减小,变矩器的效率会迅速下降,因而机器单位有效牵引功率的小时油耗量必然会剧增。当车速下降到零时,变矩器效率变为零,而比油耗则增至无限大。此时,变矩器输入的功率全部转变为热能,从而将导致变矩器严重发热。

为了降低油耗和防止变矩器发生过热,就必须严格限制变矩器在工作效率区范围以外运转。在最低挡上,通常可以利用履带的滑转来加以限制,在高挡上则要求操作员严格按照规定,在车速下降时及时进行换挡。

由于液力机械传动的牵引特性存在着上述一系列的特点,因此,在评价液力机械传动铲土运输机械的牵引性能和燃料经济性时,除了可以像机械传动那样,通过各项牵引指标的具体数值,各挡牵引曲线的形状、走向和分布,以及发动机额定功率的分配和牵引效率的组成等对机器的动力性和经济性能作出分析外,还应着重根据液力机械传动的特点加以考察。

当考察液力传动机械的牵引性能和燃料性时,应注意不仅需要衡量最大牵引功率和最低比油耗指标的具体数值,而且还应考察高效率区和低油耗区的宽广程度,并计算和比较在工作效率区内的平均牵引功率和平均比油耗指标。

在分析牵引性能参数匹配的合理性时,可检查以下几点:

(1)检查与变矩器最大工作转矩相对应的牵引力 F_{M2Pmax} 是否大于附着条件决定的牵引力 F_φ。

(2)检查发动机与变矩器共同工作输出特性上的最大功率工况与额定滑转率工况以及铲土过程的平均最大工作阻力工况在牵引特性上的位置是否接近或吻合。

(3)此外,为了避免当机器负荷突然减小时车速突然增大的缺点(例如当铲掘阻力增大到极限值车辆即停止时,突然提升工作装置,车速就迅速增大),必须对一挡理论空载行驶速度 v_{Tmax} 相对于涡轮最大输出功率 P_{2max} 所对应的理论速度 v_{TP2max} 进行限制,亦即:

$$\frac{v_{Tmax}}{v_{TP2max}} < 1.5 \tag{10-32}$$

对于图10-8所示的推土机来说,上述各项匹配要求大体上均能较好地满足,但在 P_{2max} 工况下的有效牵引力尚感不足,这说明发动机的功率还可以适当地增大。

10.4 牵引性能参数的计算步骤

10.4.1 机械传动车辆牵引性能参数的计算步骤

我国施工机械中,如推土机系列,是按功率来分级的,发动机的选型通常是在总体设计时首先要解决的问题,因此在各项总体参数中,发动机的参数可以认为是已知的。现以履带式推土机为例,参数计算按以下程序进行。

(1)选择拖拉机最低挡和最高挡的理论行驶速度:

v_{Tmin} 和 v_{Tmin};

$v_{Tmin} = 2.4 \sim 2.8 km/h$;

$v_{Tmin} = 8.5 \sim 10.5 km/h$。

(2)按式(9-32)计算理论切线牵引功率 P_{PK}:

$$P_{PK} = P_{ec}\eta_m\eta_r = P_{eH}\eta_{Ba}\eta_m\eta_r \quad （kW）$$

在初步计算时可取 $\eta_m\eta_r = 0.87 \sim 0.90; \eta_{Ba} = 0.95 \sim 0.97$。

（3）计算额定切线牵引力 F_{KH}：

$$F_{KH} = \frac{3600P'_{PK}}{v_{Tmin}} \quad （N） \tag{10-33}$$

（4）按下列公式绘制出相对牵引力 φ_x，为横坐标的无因次滑转率曲线：

$$\delta = 0.05\varphi_x + 3.92\varphi_x^{14.1} \tag{10-34}$$

求出 $\delta = 12\%$ 时的相对牵引力 φ_x 的数值，并以 φ_H 表示，即：

$$\varphi_H = \varphi \big|_{\delta = 12\%} \tag{10-35}$$

在初步计算时 φ_H 的数值也可直接通过以下关系式求出：

$$\varphi_H = (0.92 \sim 0.86)\varphi \tag{10-36}$$

式中：φ——附着系数。

（5）按下列关系式求出推土机的使用质量 G_s 和额定牵引力 F_H：

$$G_s = \frac{F_{KH}}{\varphi_H + f} \quad （N） \tag{10-37}$$

$$F_H = F_{KP} - G_sF \quad （N） \tag{10-38}$$

（6）确定拖拉机的使用质量 G_t：

$$G_t = G_s - G_d \quad （N） \tag{10-39}$$

式中：G_d——推土装置的质量。

在初步计算时 G_t 可按下式计算：

$$G_t = \frac{G_s}{1.18 \sim 1.23} \tag{10-40}$$

（7）按式(2-7)求驱动轮的动力半径 r_K：

$$r_K = \frac{Z_Kl_t}{2\pi} \quad （N） \tag{10-41}$$

（8）按式(9-43)计算最低挡和最高挡的传动比 i_{mmin} 和 i_{mmax}：

$$i_{mmin} = 0.377\frac{r_KKn_{eH}}{v_{Tmin}} \tag{10-42}$$

$$i_{mmax} = 0.377\frac{r_KKn_{eH}}{v_{Tmax}} \tag{10-43}$$

（9）按下式计算运输工况功率是否足够，如功率不够可适当降低地运输速度：

$$P_{KP} = \frac{v_{Tmax}}{3600}(F_f + F_w) \quad （kW） \tag{10-44}$$

（10）按式(9-7)、式(9-9)、式(9-21)计算最大切线牵引力 F_{Kmax}、最大有效牵引力 F_{Kpmax} 以及由附着条件决定的最大牵引力 F_φ，并校核合理匹配的第一条件：

$$F_{Kmax} = \frac{M_{emax}i_{mmin}\eta_{Ba}\eta_m\eta_r}{r_K} \tag{10-45}$$

$$F_{KPmax} = F_{Kmax} - fG_s \tag{10-46}$$

$$F_\varphi = \varphi G_s \tag{10-47}$$

此时应满足下列条件：

$$F_{KPmax} > F_{\varphi} \tag{10-48}$$

（11）按推土机铲掘土壤工况，计算取土阶段末尾的铲土阻力 F_x，并校核合理匹配的第三条件：

$$F_x \approx F_H \tag{10-49}$$

10.4.2　液力机械传动车辆牵引性能参数的计算步骤

液力机械传动工业拖拉机总体参数匹配计算可按以下程序进行：

（1）按下列公式选择拖拉机与变矩器涡轮轴最大功率要对应的最低挡理论工作速度 v_{Tmin} 和与涡轮轴最大转速相对应的最高挡理论行驶速度 v_{Tmax}。

$$v_{Tmin} = 2.4 \sim 2.8 \quad (km/h) \tag{10-50}$$

$$v_{Tmax} = 9.0 \sim 10.5 \quad (km/h) \tag{10-51}$$

（2）按以下公式计算理论切线牵引功率 P'_{PK}：

$$P'_{PK} = P_{2max} \eta_m \eta_r \quad (kW) \tag{10-52}$$

当采用动力换挡变速器时，变速器效率的计算可按在变速器输出转矩中扣除 $30 \sim 50N \cdot m$ 的条件来考虑。

（3）按下式计算与 P_{2max} 相对应的切线牵引力 F_{KP2max}：

$$F_{KP2max} = \frac{3600 P'_{PK}}{v_{Tmin}} \quad (N) \tag{10-53}$$

（4）按下列公式绘制以相对牵引力 φ_x 为横坐标的无因次滑转率曲线：

$$\delta = 0.05\% \varphi_x + 3.9 \varphi_x^{14.1} \tag{10-54}$$

求出 $\delta = 12\%$ 时的相对牵引力 φ_x 为数值，并以 φ_H 表示。即：

$$\varphi_H = \varphi_x \big|_{\delta = 12\%} \tag{10-55}$$

在初步计算 φ_H 值时也可直接从以下关系式求出：

$$\varphi_H = (0.92 \sim 0.86) \varphi \tag{10-56}$$

（5）按下列关系式求出推土机的使用质量 G_s 和额定牵引力 F_H：

$$G_s = \frac{F_{KP2max}}{\varphi_H + f} \quad (N) \tag{10-57}$$

$$F_H = F_{KP2max} - G_s f \quad (N) \tag{10-58}$$

（6）确定拖拉机的使用质量 G_t：

$$G_t = G_s - G_d \tag{10-59}$$

或

$$G_t = (1.18 \sim 1.23) G_s \quad (N) \tag{10-60}$$

（7）求出驱动轮动力半径 r_K：

$$r_K = \frac{Z_K l_t}{2\pi} \quad (m) \tag{10-61}$$

（8）计算最低挡和最高挡的传动比 i_{mmin} 和 i_{mmax}：

$$i_{mmin} = \frac{0.377 r_K n_{2P2max}}{v_{Tmin}} \tag{10-62}$$

$$i_{mmax} = \frac{0.377 r_K n_{2P2max}}{v_{Tmax}} \qquad (10\text{-}63)$$

式中：n_{2P2max}——与涡轮轴最大输出功率相对应的涡轮轴转速。

（9）按下列公式计算与 M_{2Pmax} 相对应的切线牵引力 $F_{KM2Pmax}$、有效牵引力 $F_{KPM2max}$ 以及由附着条件决定的最大牵引力 F_φ，并校核合理匹配第一条件：

$$F_{KM2Pmax} = \frac{M_{2Pmax} \eta_m \eta_r}{r_K} \qquad (N) \qquad (10\text{-}64)$$

$$F_{KPM2Pmax} = F_{KM2Pmax} - fG_s \qquad (N) \qquad (10\text{-}65)$$

$$F_\varphi = \varphi G_s \qquad (N) \qquad (10\text{-}66)$$

此时应满足下列条件：

$$F_{KPM2Pmax} > F_\varphi \qquad (10\text{-}67)$$

（10）计算铲掘阻力 F_x 并校横向联合：

$$F_x \approx F_H \qquad (10\text{-}68)$$

上述总体参数的匹配计算是在工业拖拉机的总体设计中进行的。当进行机器零部件的设计时，根据结构安排、工艺、材料等的要求，还可能作某些调整。因此，在工业拖拉机的设计全部完成之后，应该根据精确确定的机器参数，绘制拖拉机的牵引特性图，并进一步检查各参数间的匹配情况。当样机试制完成后，则应根据牵引试验测出的试验牵引特性，对拖拉机总体参数匹配的合理性作出最终评价。

第11章 工程机械转向理论

11.1 概　　述

车辆的转向性能是车辆性能的重要方面。我们说,直线行驶是一般工程车辆的基本运动状态(转向结束后仍要恢复直线行驶)。但是不论是直线行驶或者转向,由于地面条件变化的随机性,我们要保证车辆沿一定方向行驶,就必须不时地调整车辆的行驶方向。只是为了保证车辆沿原有方向行驶时,操纵的程度较小;要改变原来的行驶方向时,操纵的程度较大。因此,车辆的转向性能直接影响到车辆的整体性能。

由于转向机构的重要性,因此为了适应不同的工况,转向机构的种类也很多,按车辆转向动力的来源来分类,车辆转向可分为机械转向和动力转向两大类:以操作员手力为动力的转向称为机械转向,以除人力外以其他动力为主要动力的转向称为动力转向。动力转向根据动力产生的原因又可分为液压式、气动式、电动式和复合式。由于液压动力转向以具有结构紧凑、质量轻、体积小、灵敏度高、稳定性好、能够吸收路面冲击和无须另设润滑装置等优点,因此此在工程车辆上应用较为广泛。我们说,不论是机械转向,还是动力转向,为了使车辆实现转向行驶,必须在车辆上产生一个与转向方向一致的转向力矩,用来克服车辆的转向阻力矩。根据工程车辆获得转向力矩方式的不同,工程车辆的转向又可分为下面三类。

11.1.1 偏转车轮转向及偏转履带转向

(1)前轮偏转的转向方式:即改变车辆前轮与机体的相对位置,前外轮的变道行驶半径最大。操作员易于用前外轮是否避过障碍来估计整机的行驶路线。

(2)后轮偏转的转向方式:车辆前方装有工作装置,若采用前轮偏转方式,不仅车轮的偏转角将受工作装置的限制,并由于工作装置靠近前轮,其工作轮压较大,可能要求采用双胎或增大轮胎直径使轮距及外形寸尺加大,机动性降低,还将使转向阻力矩增加。采用后轮偏转方式,可以解决上述矛盾。

(3)前后轮同时偏转的转向方式:往往用于对机动性有特殊要求或机架特别长的机械。

(4)多桥偏转车轮转向方式:对于在公路行驶而总重和长度特别大的轮式工程机械,为了不影响弯道行驶能力,可采用多轮偏转的多桥支承底盘。大型汽车式起重机多采用这种方式。

(5)偏转履带的转向方式:由于大型工程机械的生产率极高,应用也非常广泛,因此这样的工程机械近年来发展得比较快,如大型、巨型和超巨型斗轮挖掘机、排土机、堆取料机及移动式破碎站等。这样大型工程机械的质量很大,轻者上千吨,重者达万吨以上。要担负起它们的承重、移动与转向行走,且要保持对地比压不超过150kPa,必须采用多履带行走装置。

随着机器质量的增加,履带数目、每条履带的宽度和长度也随之增加,目前单条履带的宽度已达4.5m以上,接地长度超过15m。多履带行走装置因履带组合方式不同,其特征、适用对象。承载能力均不同,见表11-1。

履带分组分式及特点

表 11-1

序号	方案示意图		特征	代表样机	适用质量(t)
a	3条履带		三支点,各支点下有一条履带,行走装置相对横轴对称,履带1、2回转,全履带驱动或1、2履带驱动	斗轮机 SCHRS-500 排土机 ARS $\frac{6}{65+25}$	≤1000
b	6条履带		三支点,每支点下有两条履带,行走装置相对横轴对称布置,履带组1、2回转,全部履带驱动或每组中有一条履带驱动	斗轮机 ∂PⅡ-2500 SXHRS-1500 SRS(k)-2000	≤4800
c	12条履带		三支点,每支点下降四条履带,行走装置相对横轴对称布置,履带组1、2回转	斗轮机 SRS-6300 SXHRS-4500	≤4800
d	3条履带		三支点,每支点下各有一条履带,行走装置相对纵轴对称,转向时履带1回转	斗轮机 SCHRS-$\frac{200}{5}$-15	≤1000

序号		方案示意图	特征	代表样机	适用质量(t)
e	6条履带		三支点,每支点下有两条履带,行走装置相对纵轴对称布置,履带组1回转	斗轮机KU-300	≤4800
f	12条履带		三支点,每支点下有四条履带、行走装置相对纵轴对称布置,履带组1回转	排土机ARS-13-800	≤4800
g	16条履带		四支点,每支点下有四条履带,转向时,四组履带均回转	斗轮机∂PⅡ-1600	>4800

多履带行走装置分三支点和四支点两种,每个支点下是一组履带,各组履带可由1、2或4条履带组成。当多履带行走装置静止时,转向机构无法克服转向履带组与地面间巨大的摩擦力矩,只有当多履带装置处于行驶状态时,转向履带组才能被转动。总的来说,多履带行走装置有以下特点:①履带支承面积大,对地比压不大,一般为 100～160kPa;②一般在稍经平整(坡度为10%)的地面上工作,转向半径大,且只要求缓慢转向;③行走速度低,一般为 4～12m/min;④承载能力大。

多履带式车辆的转向不同于双履带式车辆常用的滑移转向,它是靠一条或多条履带相对车架偏转一定角度,以使车辆按曲线路径行驶的。它的转向方式接近于轮式车辆转向,但是轮胎和地面接触面积小(可以近似地看成是点接触),因而可忽略地面对轮胎的扭转作用。而偏转履带转向时,由于接触面积大,地面通过履带给车辆一个很大的转向阻力矩。

根据转向履带的组数不同,多履带行走装置的转向方式可分为两类:一类为一组履带转向,即转向履带沿纵轴对称布置(见表11-1中 d、e、f);另一类为两组履带一起转向,二者沿纵向对称线布置或一前一后对称布置(见表11-1中 a、b、c)。当两类多履带行走装置以相同半径转向时,转向阻力及对地面的破坏程度是不同的。在一般情况下,多履带行走装置的转向轨迹只取决于转向履带组偏转的角度,所以其转向轨迹可控性好。此外,多履带行走装置可以做任意长时间的转向而没有制动功率损失,转向过程是平稳的。

为了使多履带行走装置能实现转向,首先,必须有一套独立的转向机构,以便将转向履带组拉偏所需的角度;其次,多履带行走装置具有两套以上的驱动装置,转向时,可以保证各条履带的受力及转向速度适应于转向条件。

多履带行走装置常用的转向机构有螺旋、钢绳和液压三种。液压转向机构的优点是:它能提供所需的转向力,可减少磨损、便于维修。此外,还可以减轻转向机构的质量。近年来,液压转向机构在大型工程机械中得到了广泛的应用。

11.1.2　铰接车架转向方式

铰接车架转向方式是一种轮式车辆和履带式车辆都可以采用的转向方式。它与偏转车轮的转向方式不同,是利用前后车架相对偏转来实现转向的。这种转向方式的特点是当工作装置装在前车架上,两段车架相对偏转时,其方向始终与前车架一致,有利于迅速对准作业面,减少循环时间,提高生产率,显示了铰接底盘特有的机动性;铰接车架相对偏转时,车轮轴线在地面的投影必交于一点,不需要专门的转向梯形机构就能避免弯道行驶时由于轮胎滚动方向的偏差而产生的侧滑,从而使转向机构简化;特别是全轮驱动时,不必采用昂贵的驱动转向桥。但铰接车架转向也有一定的缺点,主要是其转向时,抗倾翻的稳定性降低。

11.1.3　差速(滑移)转向

差速转向方式的车架是整体的(没有相对偏转的车架),其车轮轴线或履带与机架是固定的,它依靠改变左右两侧车轮或履带的转速及其转矩来操纵行驶方向,主要用于全桥驱动的车辆或双履带式车辆。差速(滑移)转向结构比较简单,转向半径较小,但转向时车轮的滑动较为严重,而双履带式车辆一般都采用这种转向方式。由于对于差速转向来说,其转向原理轮式与履带式车辆相似,因此对于这种转向方式,我们以对双履带式车辆讨论为主。

下面我们分别讨论一下轮式车辆的转向理论及履带式车辆的转向理论。

11.2　轮式车辆的转向理论

11.2.1　偏转车轮转向车辆的转向理论

1)偏转车轮转向车辆的转向运动学

图11-1为偏转车轮转向车辆在水平地段上绕转向轴线 O 做稳定转向时的车辆简图。轮式车辆在转向或直线行驶过程中,经常要求左右车轮以不同的角速度旋转,其理由是:

(1)转向时,外侧车轮所走过的路程较内侧车轮长;

(2)当左、右车轮轮胎、载荷、气压不等或磨损不均时,其实际滚动半径不相等;

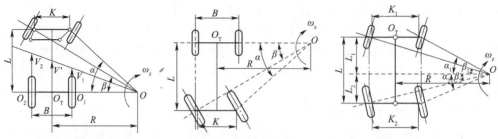

a) 前轮偏转车辆转向运动简图   b) 后轮偏转车辆转向运动简图   c) 前、后轮同时偏转车辆转向运动简图

图 11-1　偏转车轮转向运动简图

（3）在高低不平的道路上行驶时，两侧车轮实际走过的路程不同。

因此，为了减少转向和直线行驶时的功率消耗、轮胎磨损及地面阻力，改善操纵性，对轮式车辆转向所提出的基本要求是：尽可能保证车辆在地面上只有滚动，而不产生滑动（包括侧滑、纵向滑移和滑转）。为此，轮式车辆转向必须满足下列三个条件：

①转向时，通过各个车轮几何轴线的垂直平面都应相交于同一直线上，这样就能防止各车轮在转向时产生侧滑现象。图 11-1 上的 O 点就是该机的转向轴线和转向中心。从转向轴线 O 到车辆的纵向对称面的距离 R，称为车辆的转向半径。观察图 11-1a）、b）我们不难看出，偏转前轮转向的车辆与偏转向的车辆其运动规律是相同的，不同之处只是各个车辆的运动轨迹的有所不同。其 R 值都可用下式表示：

$$\left.\begin{array}{l} R = L\cot\alpha + \dfrac{K}{2} \\[2mm] R = L\cot\beta - \dfrac{K}{2} \end{array}\right\} \tag{11-1}$$

为了满足上述要求，轮式车辆在转向时，内外导向轮对于机体的偏转度应该是不相等的，它们分别是 α 和 β，由式（11-1）可知，这两个角度应该有下列关系：

$$\cot\alpha = \frac{R - 0.5K}{L}, \cot\beta = \frac{R + 0.5K}{L}$$

或

$$\cot\beta - \cot\alpha = \frac{K}{L} = 常数 \tag{11-2}$$

式中：K——左右转向节立轴之间的距离；

L——车轴的轴距。

对于前后轮同时偏转时，如果前桥两主销之间距离 K_1 等于后桥两主销之间距离 K_2 时，即 $K_1 = K_2 = K_o$，有：

$$\left.\begin{array}{l} R = L_1\cot\alpha_1 + \dfrac{K}{2} \\[2mm] R = L_1\cot\beta - \dfrac{K}{2} \\[2mm] R = L_2\cot\alpha_2 + \dfrac{K}{2} \\[2mm] R = L_2\cot\beta_2 - \dfrac{K}{2} \end{array}\right\} \tag{11-3}$$

要满足上述要求,则有:

$$\left.\begin{array}{l} \cot\beta_1 - \cot\alpha_1 = \dfrac{K}{L_1} \\[3mm] \cot\beta_2 - \cot\alpha_2 = \dfrac{K}{L_2} \\[3mm] \dfrac{\cot\alpha_1}{\cot\alpha_2} = \dfrac{L_2}{L_1} \end{array}\right\} \tag{11-4}$$

式中:L——车辆的轴距,$L = L_1 + L_2$。

当前,后桥两主销之间距离 K_1 与 K_2 不相等时,即 $K_1 \neq K_2$,且 $L_1 = L_2$,要满足转向时,通过各个车轮几何轴线的垂直平面都应相交于同一直线上,即:

$$\cot\alpha_2 - \cot\alpha_1 = \frac{K_1 - K_2}{L} \tag{11-5}$$

由上式可以看出 K_1 与 K_2 的差值越大,α_1 与 α_2 相差也越大,其变化规律如图 11-2 所示。

当偏角较大时,α_2 和 α_1 相差较大,按上述前后轮偏角关系是无法设计转向传动机构的。若按转向的每一瞬时 α_2 都等于 α_1 设计转向传动机构就比较方便,但是,当转向轮偏角较大时,前后轮的瞬时转向中心就不会重合,其差距随 K_1 与 K_2 差值的增大而增大,这样在机械转向半径较小时,转向轮将产生一定量的滑移。因此,在总体设计时应尽量减小 K_2 与 K_1 的差值,最好使 $K_2 = K_1$。

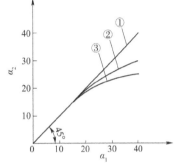

图 11-2　α_1 与 α_2 关系曲线
①$K_2 - K_1 = 0$;②$K_2 - K_1 = 0.7\text{m}$;
③$K_2 - K_1 = 1.2\text{m}$

上面讨论表明,不论车辆的转向的形式如何,内外导向轮相对于机体的偏转角度应满足一定的条件。一般轮式车辆上所采用的转向梯形机构、双拉杆机构等,在选择合适的参数后,可以比较接近地满足上述要求。

②转向时,两侧驱动轮应该以不同的角速度旋转,以避免转向时驱动轮产生纵向滑移或滑转。

车辆转向时的平均速度可以用车辆几何中心的线速度 v' 表示,其转向角速度 ω_Z 为:

$$\omega_Z = \frac{v'}{R} \tag{11-6}$$

转向时,机体上任一点都绕转向轴线 O 回转,其速度为该点到轴线 O 的距离和角速度 ω_Z 的乘积。从图 11-1a) 中可以导出,车辆内、外侧驱动轮的几何中心点 O_1 和 O_2 的速度分别为:

$$\left.\begin{array}{l} v_1 = (R - 0.5B)\omega_Z = v' - 0.5B\omega_Z \\[2mm] v_2 = (R + 0.5B)\omega_Z = v' + 0.5B\omega_Z \end{array}\right\} \tag{11-7}$$

式中:B——车辆的轮距。

不难看出,两侧驱动轮的几何中心点转向的速度 v_1 和 v_2 是不相等的,外侧驱动轮速度大于内侧驱动轮的速度。因此,两侧驱动轮的角速度应不相等。为了满足这一需求,就需要在驱动桥内装设差速器。

③转向时,两侧从动轮应能以不同的角速度旋转,以避免转向时从动轮产生纵向滑移

或滑转。这个条件比较容易满足,因为从动轮是不驱动的,能在轴上自由旋转。

2)偏转车轮转向车辆的转向动力学

偏转车轮转向的车辆无论是偏转前轮、偏转后轮还是前后轮同时偏转,其转向力矩最终是由导向轮与地面相互作用产生的,其分析方法基本相同。下面我们仅对偏转前轮转向的车辆在转向时的受力进行分析讨论。

在了解轮式车辆转向受力情况以前,先来讨论一下两轮车转向时的受力情况。假定两轮车在水平地段上以等角速度 ω_z 做低速稳定转向,略去离心力不计,这时受力情况如图 11-3d)所示。

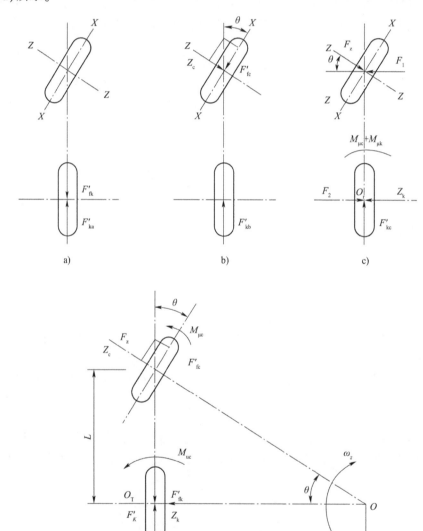

图 11-3　两轮车转向时的受力简图

为了便于讨论,将图 11-3d)上各力分解后,分别表示在图 11-3a) ~ c)上,并将转向时的驱动力 F'_K 人为地分解成 F'_{Ka}、F'_{Kb}、F'_{Kc} 三部分($F'_K = F'_{Ka} + F'_{Kb} + F'_{Kc}$)。

在图 11-3a) 中,驱动力 F'_{Ka} 用以克服驱动轮的滚动阻力 F'_{fK}。

在图 11-3b) 中,驱动力 F'_{Kb} 通过机体推动导向轮,用以克服导向轮的滚动阻力 F'_{Kc}。由于导向轮相对于机体偏转了角度 θ,驱动力 F'_{Kb} 方向与导向轮的滚动方向(X-X 方向)不一致,引起地面对导向轮沿 Z-Z 方向产生了侧向反作用力 Z_c。在一般情况下,侧向附着力要比滚动阻力 F'_{fc} 大得多。因此,导向轮会沿着阻力小的 X-X 方向滚动,而在 Z-Z 方向上不产生侧向滑移。当导向轮沿 X-X 方向做稳定运动时,驱动力 F'_{Kb} 应和 F'_{fc}、Z_c 的合力相平衡,因此:

$$F'_{Kb} = \frac{F'_{fc}}{\cos\theta} \tag{11-8}$$

这说明,如果其他条件相同,当导向轮偏转了角度 θ 以后,克服导向轮的滚动阻力所需的驱动力要比导向轮在转向前做稳定滚动时所需的 F'_{Kb} 要大。

在图 11-3c) 中,以 $M_{\mu c}$ 和 $M_{\mu K}$ 分别表示导向轮和驱动轮的转向阻力矩,它们都通过轮胎传到机体上。驱动力 F'_{Kc} 是用以克服转向阻力矩的。

阻力矩 $M_{\mu c}$ 和 $M_{\mu K}$ 对机体的作用可以看成一个力偶,如同图 11-3c) 中的 F_1、F_2 组成的力偶。可见,F'_{Kc} 不能和上述力偶相平衡,而必须存在着垂直于车轮滚动方向的力 F_Z 和 Z_K。F_Z 在前进方向上的分力 $F_Z \sin\theta$ 须用 F'_{Kc} 去克服,而 F_Z 的水平方向分力 $F_Z \cos\theta$ 与 Z_K 组成力偶克服阻力矩 $M_{\mu c}$ 和 $M_{\mu K}$。

将各力对后轮中点 O_T 取矩,得 F_Z 值为:

$$F_Z L \cos\theta = M_{\mu K} + M_{\mu c}$$

即:

$$F_Z = \frac{M_{\mu K} + M_{\mu c}}{L \cos\theta} \tag{11-9}$$

F_Z 称为转向力,其方向通过转向轴线 O,并促使车辆绕 O_T 点相对转动。实际上,转向力 F_Z 是在驱动力 F'_K 的推动下产生的。显然,这里还必须有条件,即各导轮应有足够的附着力,使导向轮不沿驱动力方向向前滑移。

将图 11-3a)、b)、c) 叠加起来,得图 11-3d)。将各力对转向轴线 O 取矩得:

$$F'_K R = M_{\mu c} + M_{\mu K} + F'_{fK} R + \frac{F'_{fc} R}{\cos\theta}$$

即:

$$F'_K = \frac{M_{\mu c} + M_{\mu K}}{R} + F'_{fK} + \frac{F'_{fc}}{\cos\theta} \tag{11-10}$$

式中:F'_K——车辆稳定转向时的驱动力。

由于两轮车在等速直线行驶时,其驱动力 F'_K 应等于导向轮滚动阻力 F'_{fc} 和驱动轮滚动阻力 F'_{fK} 之和,即 $F'_K = F'_{fc} + F'_{fK}$。由式(11-10)可看出,当稳定转向时,驱动力就必须增大,所增加的驱动力一方面来克服阻碍车辆转向运动的阻力矩,另一方面为了使导向轮滚动,驱动力也应当增加。显然,车辆速度不降低,此时发动机的载荷也就相应地增大了。

下面对一般的轮式车辆(带有牵引负荷)在水平地段上做稳定转向时的受力情况进行分析(图 11-4)。

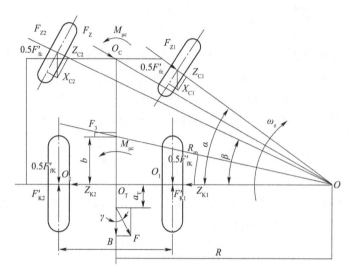

图 11-4　轮式车辆在水平地段上做稳定转向时的受力简图

①牵引负荷 F_x。

它作用在牵引点上,转向时力 F_x 偏转了 γ 角,其纵向分为 $F_x\cos\gamma$,横向分为 $F_x\sin\gamma$。力的作用点与后桥中线 O_T 的距离 a_T 取决于牵引装置的结构和布置。

②离心力 F_j。

它作用在车辆质心上,其横向和纵向分力分别为:

$$F_j\cos\lambda = \frac{G}{g}\omega_Z^2 R_m \frac{R}{R_m} = \frac{G}{g}\omega_Z^2 R = \frac{Gv'^2}{gR} \tag{11-11}$$

$$F_j\sin\lambda = \frac{G}{g}\omega_Z^2 R_m \frac{b}{R_m} = \frac{G}{g}\omega_Z^2 b \tag{11-12}$$

式中:R——两轮中点至原点 O 的距离;

　R_m——车辆质心至轴线 O 的距离;

　b——车辆质心至后桥中线的纵向水平距离;

　λ——离心力与后桥轴线的水平夹角;

　G——车辆质量;

　g——重力加速度;

　v'——后桥中点的速度。

③滚动阻力。

转向时各个驱动轮和导向轮的滚动阻力,可以认为分别是 F'_{fk} 和 F'_{fc} 的一半。

④转向阻力矩 M_μ。

导向轮阻力矩以 $M_{\mu c}$ 表示,驱动轮阻力矩以 $M_{\mu K}$ 表示,转向阻力矩 $M_\mu = M_{\mu c} + M_{\mu K}$。

⑤驱动力 F'_K。

由于后桥采用了单差速器,可认为内、外驱动轮上的驱动力是相等的,即 $F'_{K1} = F'_{K2} = 0.5F'_K$。

⑥土壤对两侧导向轮的作用力 X_{c1} 和 X_{c2}。

实际上是导向轮的滚动阻力 $0.5F'_{fc}$ 和由于偏转导向轮而引起的地面对导向轮的一部分侧向反作用力 Z_{c1}、Z_{c2} 之合力。内、外导向轮的作用力 X_{c1} 和 X_{c2} 对后桥中点 O_T 所产生的力矩可以认为近似相等。

⑦转向力 F_Z。

它是两侧导向轮的一部分侧向作用力 F_{Z1}、F_{Z2} 的向量和。力 F_Z 的作用方向近似地认为作用在 OO_c 平面内。

⑧驱动轮侧向反作用 Z_{K1} 和 Z_{K2}。

它作用在两侧驱动轮上(图11-4)。

在分析上述外力的基础上,下面来讨论各力对后桥中点 O_T 的力矩平衡关系。由图11-4可以看出,阻碍转向的力矩为:土壤对导向轮和驱动的阻力矩 $M_{\mu c}$ 和 $M_{\mu K}$,以及力 $F_j\cos\lambda$ 和 $F_X\sin\gamma$ 所形成的力矩。将这些力矩之和以 M_Σ 表示,称为总转向阻力矩;即:

$$M_\Sigma = M_{\mu c} + M_{\mu K} + F_j b\cos\lambda + F_X a_T \sin\gamma \tag{11-13}$$

转向力 F_Z 对 O_T 点所形成的力矩,称为转向力矩,以 M_Z 表示,则:

$$M_Z = F_Z L\cos\theta \tag{11-14}$$

式中:θ——转向力 F_Z 作用线与驱动轮轴线之间的夹角,$\theta \approx \dfrac{\alpha+\beta}{2}$。

为了使车辆能够实现转向,必须满足下列条件:

$$M_Z \geqslant M_\Sigma$$

即:

$$F_Z L\cos\theta \geqslant M_{\mu c} + M_{\mu K} + F_j b\cos\lambda + F_X a_T \sin\gamma \tag{11-15}$$

当车辆做稳定转向时,$M_Z = M_\Sigma$。由式(11-15)可得转向力 F_Z 为:

$$F_Z = \frac{M_{\mu c} + M_{\mu K} + F_j b\cos\lambda + F_X a_T \sin\gamma}{L\cos\theta} \tag{11-16}$$

车辆在转向过程中,如果转向阻力矩很大,则能否按所要求的转向半径回转,还取决于车辆的转向能力。转向能力受发动机最大力矩和土壤附着条件两方面的制约。如前文所述,转向时发动机载荷要比直线行驶时大。对于轮式车辆来说,转向时为了减小发动机负荷,一般都要降低行驶速度,故转向时发动机因超载而熄火的现象较少。所以,轮式车辆的转向能力一般是土壤附着条件限制的,即土壤对导向轮的总的侧向反作用力不能超过导向轮的侧向附着力 $F_{\varphi z}$。

即:

$$F_{Z1} + F_{Z2} + Z_{c2} + Z_{c1} \leqslant F_{\varphi Z} = \varphi_Z G_c \tag{11-17}$$

式中:G_c——分配到转向桥上的机器质量(应考虑机器工作时,前后桥质量转移的影响);

φ_Z——导向轮的侧向附着系数。

车辆在松软潮湿土壤上工作时,往往由于附着情况不良,条件式(11-17)一般不易得到满足。此外,当牵引负荷很大时,由于分配到前桥上的重量减轻,而使导向轮与土壤间的侧向附着力降低。当不能产生足够大的侧向附着力时,条件式(11-17)也有可能得不到满足。此时,车辆不再按原来的转向半径回转,而是在比某一转向半径更大的轨迹上运动。此时 $M_{\mu c}$、$M_{\mu K}$、γ 和 $F_j\cos\gamma$ 的数值都将随转向半径增大而减小,并使总转向阻力矩 M_Σ 减小,直到恰和转向力矩相平衡为止。车辆在这种实际转向半径增大的过程中,导向轮的运动还伴随有侧向滑移,有时会使车辆失去操纵性。

因此,为了提高车辆的转向能力,可以从提高地面对导向轮的附着力(如改善车辆的前桥负荷,导向轮上应有纵向导向花纹)、增大转向力矩(如采用单边制动,使 $F'_{K1} \neq F'_{K2}$)和减小总转向阻力矩(如降低转向时的行驶速度)等几个方面进行。

3)单差速器对轮式车辆性能的影响

通过对轮式车辆的转向运动学分析可知,车辆转向时要求内、外驱动轮能以不同的角速度旋转,这一要求是通过装置差速器来实现的。在现有轮式车辆上都有单差速器。单差速器对轮式车辆的一些主要性能,如转向性能、直线行驶性能和牵引附着性能有很大的影响。下面将分析单差速器的运动学和动力学特性对轮式车辆上述性能的影响。

(1)单差速器的运动学。

图 11-5 是单差速器的运动简图。差速器壳由中央传动从动齿带动旋转,角速度为 ω_0,行星齿轮除与差速器壳共同旋转(公转)外,在转向时还能以角速度 ω_x 绕自身轴线自转。

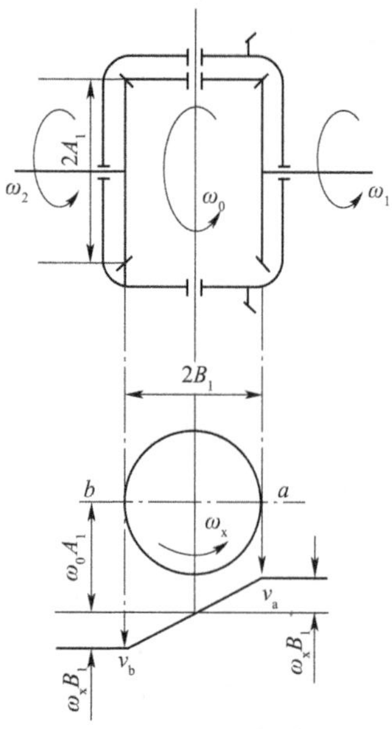

设半轴齿轮的平均节圆半径为 A_1,行星齿轮的平均节圆半径为 B_1,则行星齿轮的公转速度为 $\omega_0 A_1$,而与内、外半轴齿轮啮合的 a 点和 b 点的自转速度为 $\omega_x B_1$。但是,a 点的自转速度方各与公转速度方向相反,而 b 点则相同。因此,a 和 b 两点的速度分别为:

$$\left. \begin{array}{l} v_a = \omega_0 A_1 - \omega_x A_2 \\ v_b = \omega_0 A_1 + \omega_x A_2 \end{array} \right\} \tag{11-18}$$

a 和 b 两点又分别是内、外半轴齿轮上的点,若内外半轴的角速度分别为 ω_1 和 ω_2,则:

$$\left. \begin{array}{l} \omega_1 = \dfrac{v_a}{A_1} = \omega_0 - \omega_x \dfrac{B_1}{A_1} \\[2mm] \omega_2 = \dfrac{v_b}{A_1} = \omega_0 - \omega_x \dfrac{B_1}{A_1} \end{array} \right\} \tag{11-19}$$

图 11-5　单差速器运动简图

两式相加,得:

$$\omega_0 = \frac{\omega_1 + \omega_2}{2} \tag{11-20}$$

式(11-19)和式(11-20)说明了单差速器一个重要的运动学特性,就是一侧半轴的角速度减少了某一数值,则另一侧半轴的角速度必然将增加相应的数值,而差速器壳的角速度永远等于两个半轴角速度的平均值。这一特性符合车辆转向时两侧车轮角速度不等的要求,并使转向时车辆仍保持直线行驶的平均速度。单差速器的这一特性,对车辆的转向十分有利,因为装备了差速器的车辆驱动轮的转向阻力矩将远小于不装差速器的车辆,并可减小转向时轮胎的磨损和地面的阻力,从而改善了车辆的操纵性。

但是差速器的这一运动学特性,对车辆保持直线行驶是不利的。例如,由于某种因素的影响造成两侧驱动轮与土壤的附着条件不同时,或牵引力偏离了车辆纵向对称平面时,或车辆在横坡上作业时,当一侧驱动轮的转速减少或增加,则另一侧驱动轮的转速也就会相应增加或减少同一数值。此时,车辆就可能偏离直线行驶,为此驾驶人就必须经常操纵转向盘,以免车辆偏离正常行驶路线。

显然,当车辆直线行驶时,行星齿轮没有自转($\omega_x = 0$),此时,$v_a = v_b = \omega_0 A_1$ 和 $\omega_1 = \omega_2 = \omega_0$。

(2)单差速器的动力学。

图 11-6 示出了在稳定工况时作用在单差速器脱离体上的各力矩。

设中央传动传给差速器壳的力矩为 M_0,内外半轴作用在单差速器上的力矩分别为 M_1、M_2,$M_0 = M_1 + M_2$。

如果取行星齿轮为脱离体,F_0 为行星齿轮轴对行星齿轮的作用力,F_a 和 F_b 分别为内、外半轴齿轮作用在行星齿轮上的圆周力,M_{ix} 是行星齿轮转动的摩擦阻力矩。根据行星齿轮的力矩平衡关系,可得:

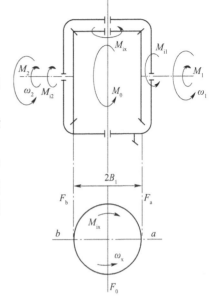

$$F_a B_1 - F_b B_1 = M_{ix} \qquad (11\text{-}21)$$

由此可得:

$$F_a > F_b$$

如果再取内、外半轴为脱离体,由图 11-6 可知,

图 11-6　稳定转向时差速器受力矩图

其上除作用有力 F'_a、F'_b 外(为 F_a、F_b 的反作用力),还作用有半同与壳体接触的摩擦力矩 M_{i1} 和 M_{i2}。由于快速侧半轴的转速高于差速器壳的转速,M_{i2} 的方向是阻止快速半轴旋转的;而慢速侧半轴的转速低于差速器壳的转速,M_{i1} 的方向是帮助 F_a 使半轴齿轮旋转的,因此:

$$F_a A_1 + M_{i1} = M_1 \qquad (11\text{-}22)$$

$$F_b A_1 - M_{i2} = M_2 \qquad (11\text{-}23)$$

由式(11-20)~式(11-22)可得:

$$M_1 - M_2 = (F_a - F_b) A_1 + M_{i1} + M_{i2}$$

或

$$M_1 - M_2 = M_{ix} \frac{A_1}{B_1} + M_{i1} + M_{i2} \qquad (11\text{-}24)$$

通常将式(11-23)等式右边各项之和称为单差速器的内摩擦力矩 M_i。内摩擦力矩的存在,使得单速器的力矩分配发生了变化,引起内侧(或慢速)半轴的力矩增大和外侧(或快速)半轴力矩减少。因为单差速器的内摩擦力矩 M_i 较小(一般不超过 $0.1M_0$),所以可近似地认为 $M_i \approx 0$,即:

$$M_1 \approx M_2 \qquad (11\text{-}25)$$

此式说明了无内摩擦力矩的单差速器的一个重要力学特性:它永远将传给它的力矩平均分配到两侧半轴;或者说作用在其两侧半轴上的力矩总是相等的。

单差速器的这一动力学特性,对轮式车辆牵引附着性能是十分不利的,如图 11-7a)所示。当一侧驱动轮陷入较滑的地段(如泥泞、水坑、冰、雪、沙地等)时,由于单差速器不能根据路面(或土壤)条件情况来分配给左、右半轴以不同的转矩,而是将转矩以几乎相等的份额传给内、外侧半轴,使得两侧的驱动力始终相等,即 $F_{K1} = F_{K2}$。如果一侧土壤的附着条件不好,而使这一侧驱动轮上的驱动力 F_{K1} 受限于附着力 $F_{\varphi1}$,尽管另一侧驱动轮与土壤之间的附着力 $F_{\varphi2}$ 足够大,也会使得该侧驱动力降低到同 $F_{\varphi1}$ 一样的数值,即 $F_{K2} =$

F_{K1}。如果不考虑滚动阻力,这时总驱动力为 $F_K = F_{K1} + F_{K2} = 2F_{K1} \leq 2F_{\varphi1}$,总驱动力减小,甚至使车辆不能继续工作。因此,有时会出现一个车轮在原地滑转,而另一个车轮则完全停止不动的现象,从而使车辆的通过性大大降低。这一点是单差速器的致命缺陷。

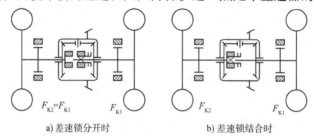

a) 差速锁分开时   b) 差速锁结合时

图 11-7　差速器和差速锁对车辆牵引附着性能的影响

为了解决这个问题,一般轮式车辆上都装有差速锁。当差速锁接合时,如图 11-7b)所示,两侧半轴成为一个运动学整体,差速器就不起作用了。这时由发动机传来的转矩不再平均地分配到两侧半轴上,整个车辆的驱动力将受两侧驱动轮附着力之和的限制,即 $F_{K1} \leq F_{\varphi1}$,$F_{K2} \leq F_{\varphi2}$,$F_K = F_{K1} + F_{K2} \leq F_{\varphi1} + F_{\varphi2}$。因此,如果一侧驱动轮与土壤的附着条件较差

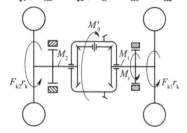

图 11-8　单边制动时作用在轮式车辆后桥分离体上的力

(如 $F_{\varphi1}$ 很小)而另一侧附着条件较好(如 $F_{\varphi2}$ 很大)时,通过接合差速锁,就可能充分利用附着条件较好的那一侧的驱动轮所产生的驱动力使车辆"脱陷"。应该注意,如果两侧驱动轮与土壤的附着条件相同,则接合差速锁并不能提高车辆的驱动力。

有时,为了使车辆进行急转弯,可以采用单边制动内侧半轴的办法,如图 11-8 所示(只有左右能分别制动的拖拉机才有可能)。被制动半轴上的力矩为:

$$M_1 = F_{K1}r_K + M_r \tag{11-26}$$

式中:r_K——驱动轮的动力半径;

M_r——内侧半轴制动器的摩擦力矩。

外侧半轴上的力矩为 $M_2 = F_{K2}r_K$。

根据单速器动力学特性,$M_1 = M_2$,可得:

$$\left. \begin{aligned} F_{K2} &= F_{K1} + \frac{M_r}{\gamma_K} \\ F_{K2} - F_{K1} &= \frac{M_r}{\gamma_K} \end{aligned} \right\} \tag{11-27}$$

这说明,制动力矩 M_r 越大,则两侧轮胎上的驱动力相差就越大。所以,在偏转导向轮的同时再制动内侧驱动轮,拖拉机的转向力矩 M_z 将显著增加[$M_z = F_z L \cos\theta + 0.5(F_{K2} - F_{K1})B$](其中 L 为轴距)。不过,采用单边制动的办法,将会导致发动机载荷增加。

11.2.2　铰接式轮式车辆的转向理论

1)铰接式轮式车辆转向的运动学

近年来,如铲运机、装载机、压路机等工程机械的车架由两段(或更多段数)的车架组

成,车架间用垂直转轴相联,并由液压缸改变相邻车架间的相对夹角而使机械以不同的弯道半径在地面运行。

从图 11-9 中可以看出,当车辆在水平地面上,绕 O 点以角速度 ω_0 稳定转向时,车辆四个轮胎的运动半径($R_{\omega 1}$ 前外侧、$R_{\omega 2}$ 前内侧、$R'_{\omega 1}$ 后外侧、$R'_{\omega 2}$ 后内侧)分别为:

$$R_{\omega 1} = \frac{L}{\sin\gamma} + \frac{B}{2}$$

$$R_{\omega 2} = \frac{L}{\sin\gamma} - \frac{B}{2}$$

$$R'_{\omega 1} = L\cot\gamma + \frac{B}{2}$$

$$R'_{\omega 2} = L\cot\gamma - \frac{B}{2}$$

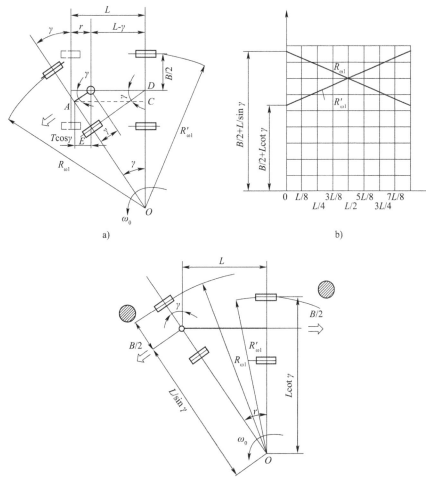

图 11-9 铰接轮式底盘转向示意图

L-车辆的轴距;B-车辆的轮距;γ-前后车架的相对偏转角度;r-铰接点距前辆的距离;R_ω-前轴外侧的转动半径;R'_ω-后轴外侧轮的转动半径

四个轮胎的线速度分别为：

$$v_{\omega 1} = \left(\frac{L}{\sin\gamma} + \frac{B}{2}\right)\omega_0$$

$$v_{\omega 2} = \left(\frac{L}{\sin\gamma} - \frac{B}{2}\right)\omega_0$$

$$v'_{\omega 1} = \left(L\cos\gamma + \frac{B}{2}\right)\omega_0$$

$$v'_{\omega 2} = \left(L\cos\gamma - \frac{B}{2}\right)\omega_0$$

从图 11-9a) 中可以看出，当车辆在水平面上绕 O 点以角度 ω_0 稳定转向时，车辆四个轮胎的运动半径分别为：

$$R_{\omega 1} = \frac{L - r + r\cos\gamma}{\sin\gamma} + \frac{B}{2}$$

$$R_{\omega 2} = \frac{L - r + r\cos\gamma}{\sin\gamma} - \frac{B}{2}$$

$$R'_{\omega 1} = \frac{(L - r)\cos\gamma - r}{\sin\gamma} + \frac{B}{2}$$

$$R'_{\omega 2} = \frac{(L - r)\cos\gamma + r}{\sin\gamma} - \frac{B}{2}$$

四个车轮的线速度为：

$$v_{\omega 1} = \left[\frac{L - r + r\cos\gamma}{\sin\gamma} + \frac{B}{2}\right]\omega_0$$

$$v_{\omega 2} = \left[\frac{(L - r)\cos\gamma}{\sin\gamma - r} + \frac{B}{2}\right]\omega_0$$

$$v'_{\omega 1} = \left[\frac{(L - r)\cos\gamma + r}{\sin\gamma} + \frac{B}{2}\right]\omega_0$$

$$v'_{\omega 2} = \left[\frac{(L - r)\cos\gamma + r}{\sin\gamma} - \frac{B}{2}\right]\omega_0$$

由上面的讨论可以看出，当铰点的位置不同时，$R_{\omega 1}$ 与 $R'_{\omega 1}$ 的变化如图 11-9b) 所示。另外由于在转向时，四个车轮的线速度不同，所以在转向时应保证每个车轮能按其各自的转速转动。

2）铰接轮式车辆转向力矩及阻力矩分析

（1）转向力矩分析。

铰接转向机构一般是在前后车架铰接点的两侧对称布置转向油缸，如图 11-10 所示，通过转向油缸协调动作，使前后车架围绕着铰接点 O 做相对转动，从而实现车体转向。车体的转向力矩是两个转向缸体作用力相对于铰接点 O 的力矩之和，而转向缸作用力相对于 O 点的力臂是随转向角 α_i 的变化而变化，故铰接转向力矩是转向角 α_i 的一个函数。

在转向时，前后车架离开直线方向的转向，称为转向；前后车架向恢复直线方向的转向为回正。图 11-10 中转向油缸 $\overline{AD}$ 及 $\overline{BC}$ 是使前后车架处于直线状态时的位置。车体做转向并且转向角为 α_i 时，转向缸分别处于 $\overline{AD_i}$ 及 $\overline{BC_i}$ 位置。下面我们研究转向油缸 $\overline{AD_i}$ 做转向时的转向力矩 M_1，如图 11-11 所示。

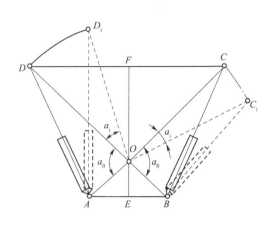
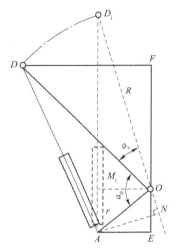

图 11-10　转向油缸布置简图　　　　图 11-11　油缸转向时的转向力矩

因为：

$$M_1 = P \cdot \overline{M_i O} \tag{11-28}$$

式中：P——转向缸大腔推力。

又因为 $\Delta \mathrm{M}_i OD_i \backsim \Delta \mathrm{NAD}_i$

所以：

$$\frac{\overline{\mathrm{D}_i \mathrm{O}}}{\overline{AD_i}} = \frac{\overline{M_i D}}{\overline{AN}}$$

令：

$$\overline{D_i O} = R \quad \overline{\mathrm{AO}} = r$$

则：

$$\overline{AN} = r \cdot \sin(\alpha_0 + \alpha_i)$$

$$\overline{M_i O} = \frac{R \cdot r \cdot \sin(\alpha_0 + \alpha_i)}{\overline{AD_i}} \tag{11-29}$$

将式(11-29)代入式(11-28)得：

$$M_1 = \frac{P \cdot R \cdot r \cdot \sin(\alpha_0 + \alpha_i)}{\overline{AD_i}} \tag{11-30}$$

根据余弦定理，转向缸 $\overline{AD_i}$ 的铰点长度为：

$$\overline{AD_i} = \sqrt{R^2 + r^2 - 2Rr\cos(\alpha_0 + \alpha_i)} \tag{11-31}$$

将式(11-31)代入式(11-30)得：

$$M_1 = \frac{P \cdot R \cdot r \cdot \sin(a_0 + a_i)}{\sqrt{R^2 + r^2 - 2Rr\cos(a_0 + a_i)}} \tag{11-32}$$

同理在转向时，转向缸 $\overline{CB_i}$ 的转力矩 M_2 及转向缸铰点长度 $\overline{BC_i}$ 的计算公式为：

$$M_2 = \frac{P(1 - K^2)Rr\sin(a_0 - a_i)}{BC_i} \tag{11-33}$$

$$\overline{BC_i} = \sqrt{R^2 + r^2 - 2Rr\cos(\alpha_0 - \alpha_i)} \tag{11-34}$$

式中：D——转向缸内径，$D = \dfrac{d}{K}$；

d——活塞杆直径。

将式(11-34)代入式(11-33)得:

$$M_2 = \frac{P(1-K^2)Rr\sin(a_0-a_i)}{\sqrt{R^2+r^2-2Rr\cos(a_0-a_i)}} \tag{11-35}$$

则车辆在转向时的力矩为:

$$M = M_1 + M_2 \tag{11-36}$$

当车体回正时其几何关系与转向时完全相同,只是转向缸大小腔的施力做了交替,故负转向时转向缸$\overline{AD_i}$、$\overline{BC_i}$的转向力矩 M_1'、M_2'分别为:

$$\left.\begin{array}{l} M_1' = \dfrac{P(1-K^2)Rr\sin(\alpha_0+\alpha_i)}{\sqrt{R^2+r^2-2Rr\cos(\alpha_0+\alpha_i)}} \\[3mm] M_2' = \dfrac{PRr\sin(\alpha_0-\alpha_i)}{\sqrt{R^2+r^2-2Rr\cos(\alpha_0-\alpha_i)}} \end{array}\right\} \tag{11-37}$$

其转向力矩 M'为:

$$M' = M_1' + M_2' \tag{11-38}$$

利用转向力矩和回正力矩计算公式均可用数值法计算出,对应于不同转角 α_i 的转向力矩;绘制 M、M'-α_i 的特性曲线,算出转向力矩不均匀系数 $n = \dfrac{M_{\max}}{M_{\min}}$。

同时还能求出转向缸的最大铰点长度和最小铰点长度(即极限转向角状态),进而得到转向缸的最大行程,于是对转向缸结构尺寸可作进一步设计。

(2)转向阻力矩分析。

二段式轮式铰接底盘,在水平地面上做低速稳定转向时,前、后车段的受力情况如图 11-12 所示。

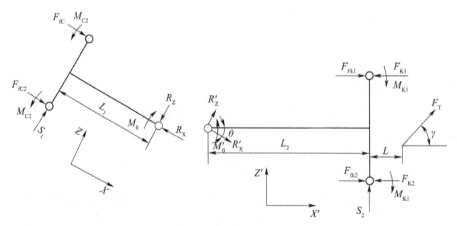

图 11-12　二段式轮式铰接底盘转向时受力简图

车辆受力情况如下:

①转钩牵引力 F_T'。

转向时挂钩的牵引力 F_T'相对于Ⅱ车段夹角为γ,其横向分力 $F_{T\sin\gamma}'$至后桥距离为L。

②离心力。

转向时假设车速很低,我们在这里忽略离心力。

③驱动力 F_K。

如果该车辆是后桥驱动,在驱动桥上按装有单差速器,可以认为内、外驱动轮上的驱动力是相等的,即 $F_{K1} = F_{K2} = 0.5F_K$。

④滚动阻力。

从动轮滚动阻力为 F_{fc} 驱动轮滚动阻力为 F_{fK},假设转向时各个从动轮的轮荷、状态及地面条件一样;驱动轮的轮荷、状态及地面条件一样,则有:

$$F_{fK1} = F_{fK2} = 0.5F_{fK}$$
$$F_{fC1} = F_{fC2} = 0.5F_{fC}$$

⑤车轮转向时的侧向反力。

车辆在转向时有向外运动的趋势,地面阻碍车辆向外运动,因此在轮胎上作用有侧向反力 S_1 与 S_2。

⑥转向时地面对车辆作用的力矩。

转向时车轮都要偏转原来的运动轨迹,地面阻碍车轮偏转在车轮上作用的力矩 M_{C1}、M_{C2}、M_{K1}、M_{K2}。

⑦铰点处转向时油缸作用产生的力矩。

在转向时为使两个车架发生相对偏转,转向油缸在铰点处作用的力矩 M_0。

以上是车辆上转向时所受的作用力,下面我们以 1 车段为研究对象。如图 11-12 所示,由力平衡条件可列出如下方程:

Ⅰ车段:

$$\sum X = 0 \quad F_{fc1} + F_{fc2} - R_x = 0$$
$$\sum Z = 0 \quad S_1 - R_z = 0$$
$$\sum M = 0 \quad M_{C1} + M_{C2} - M_0 - S_1 L_1 = 0$$
$$F_{fc1} + F_{fc2} = F_{fc}$$

以Ⅱ车段为研究对象,由力的平衡条件可列出如下方程:

Ⅱ车段:

$$\sum X' = 0 \quad R'_x\cos\theta + R'_z\cos\theta + F_{fK2} + F_{fK2} + F'_T\cos\gamma - F_{K1} - F_{K2} = 0$$
$$\sum Z' = 0 \quad R'_x\cos\theta + S_2 + F'_T\cos\gamma + R'_z\cos\theta = 0$$
$$\sum M = 0 \quad M'_0 - M_{K1} - M_{K2} + S_2 L_2 + F'_T\cos\gamma(L_2 + L) = 0$$
$$F_{fK1} + F_{fK2} = F_{fk}$$
$$F_{K1} + F_{K2} = F_K$$

由上述方程可以解得:

$$M_0 = M_{C1} + M_{C2} - \frac{\left[F_K - F_{fC}\cos\theta - F_{fK} - F'_T\cos\gamma\right]L_1}{\sin\theta} \tag{11-39}$$

在车辆进行稳定转向时,转向油缸所提供的力矩等于转向阻力矩。车辆在转向过程中,能否以一定速度按要求的转向半径回转,要受到发动机的最大力矩、土壤附着条件和转向油缸所能提供的力矩等几个方面的限制。

11.3 履带式车辆的转向理论

本节主要研究双履带式车辆的转向理论。

对于双履带式车辆,各种转向机构就基本原理来说是相同的,都是依靠改变两侧驱动轮上的驱动力,使其达到不同时速来实现转向的。

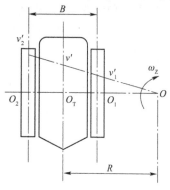

图 11-13 履带式车辆转向运动简图

11.3.1 双履带式车辆转向运动学

履带式车辆不带负荷,在水平地段上绕转向轴线 O 做稳定转向的简图如图 11-13 所示。从转向轴线 O 到车辆纵向对称平面的距离 R,称为履带式车辆的转向半径。

以 O_T 代表轴线 O 在车辆纵向对称平面上的投影 O_T 的运动速度 v' 代表车辆转向时的平均速度。则车辆的转向角速度 ω_z 为:

$$\omega_z = \frac{v'}{R} \tag{11-40}$$

转向时,机体上任一点都绕转向轴 O 做回转,其速度为该点到轴线 O 的距离和角速度 ω_z 的乘积。所以慢、快速侧履带的速度 v_1' 和 v_2' 分别为:

$$v_1' = \omega_z(R - 0.5B) = v' - 0.5B\omega_z$$
$$v_2' = \omega_z(R + 0.5B) = v' + 0.5B\omega_z \tag{11-41}$$

式中:B——履带式车辆的轨距。

根据相对运动原理,可以将机体上任一点的运动分解成两种运动的合成:①牵连运动,即该点以 O_T 的速度 v' 所做的直线运动;②相对运动,即该点以角速度 ω_z 绕 O_T 的转动。所以,慢、快速侧履带上 O_1、O_2 点的速度 v_1'、v_2' 就是牵连速度 v' 和相对运动速度 $0.5B\omega_z$ 的向量和。

由式(11-40)和式(11-41)可以得出以下关系式:

$$\frac{v_1'}{v'} = \frac{R - 0.5B}{R}$$

$$\frac{v_2'}{v'} = \frac{R + 0.5B}{R}$$

$$\frac{v_1'}{v_2'} = \frac{R - 0.5B}{R + 0.5B}$$

11.3.2 双履带式车辆转向动力学

1)牵引力平衡和力矩平衡

图 11-14 给出了带有牵引负荷的履带式车辆,在水平地段上以转向半径 R 做低速稳定转向时的受力情况(离心力可略去不计)。

转向行驶时的牵引力平衡可作两点假设:

（1）在相同地面条件下，转向行驶阻力等于直线行驶阻力，且两侧履带行驶阻力相等，即：

$$F'_{f1} = F'_{f2} = 0.5F_f \qquad (11\text{-}42)$$

（2）在相同的地面条件和负荷情况下，$F_x\cos\gamma$ 相当于直线行驶的有效牵引力 F_{KP}，即：

$$F_{KP} = F_x\cos\gamma \qquad (11\text{-}43)$$

所以回转行驶的牵引力平衡关系为：

$$F'_{K1} + F'_{K2} = F'_{f1} + F'_{f2} + F_x\cos\gamma$$

或

$$F'_{K1} + F'_{K2} = F_f + F_{KP} = F_K \qquad (11\text{-}44)$$

设履带式车辆回转行驶时，地面对车辆作用的阻力矩为 M_μ，在负荷 F_x 作用下总的转向阻力矩为：

$$M_C = M_\mu + a_T F_x\sin\gamma \qquad (11\text{-}45)$$

式中：a_T——牵引点到轴线 O_1O_2 的水平距离。

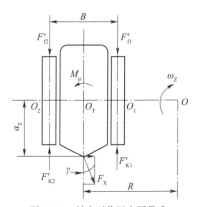

图 11-14　转向时作用在履带式车辆上的外力

如前所述，履带式车辆转向是靠内、外侧履带产生的驱动力不等来实现的，所以回转行驶时的转向力矩为：

$$M_Z = 0.5B(F'_{K2} - F'_{K1}) \qquad (11\text{-}46)$$

稳定转向时的力矩平衡关系为：

$$\left.\begin{array}{l} M_Z = M_\Sigma \\ \\ 0.5B(F'_{K2} - F'_{K2}) = M_\Sigma \end{array}\right\} \qquad (11\text{-}47)$$

牵引力矩平衡关系已经表示出内、外侧驱动力、转向阻力矩和结构参数 B 之间的关系。为了进一步研究回转行驶特性，有必要对内、外侧驱动分别加以讨论。为此，通过式（11-44）和式（11-47）可解得：

$$\left.\begin{array}{l} F'_{K1} = 0.5F_K = \dfrac{M_\Sigma}{B} \\ \\ F'_{K2} = 0.5F_K = \dfrac{M_\Sigma}{B} \end{array}\right\} \qquad (11\text{-}48)$$

式中：$\dfrac{M_\Sigma}{B}$——在 M_Σ 作用下，土壤对履带行驶所增加的反力，亦即转向力，作用方向与驱动力方向相同，以 F_Z 表示。

式（11-48）还可表示为：

$$\left.\begin{array}{l} F'_{K1} = 0.5F_K - F_Z \\ F'_{K2} = 0.5F_K + F_Z \end{array}\right\} \qquad (11\text{-}49)$$

令 $v = \dfrac{F_Z}{F_K}$ 所以 $F_Z = vF_K$。v 称为转向参数，其意义为转向力与车辆切线牵引力之比。显然 v 大表示转向阻力矩大，v 小表示转向阻力矩小。v 可以综合反映转向特性。将 v 代入式(11-49)可得下式：

$$F'_{K1} = F_K(0.5 - v)$$
$$F'_{K2} = F_K(0.5 + v)$$ \quad (11-50)

下面就 v 值的变化来讨论一下履带式车辆转向情况。

① 当 $v = 0$ 时，转向阻力矩 $M_\Sigma = 0$，$F'_{K1} = F'_{K2} = 0.5F_K$，表明车辆做直线行驶。

② 当 $v = 0.5$ 时，内侧履带的驱动力，$F'_{K1} = 0$，外侧履带的驱动力 $F'_{K2} = F_x$，说明内侧转向离合器彻底分离，但制动器没有制动，牵引负荷完全由外侧履带承担。

③ 当 $v < 0.5$ 时，内侧履带的驱动力，$F'_{K1} > 0$，外侧履带驱动 $F'_{K1} < F'_{K2}0$，说明内侧离合器处于半分离状态，内外侧履带都提供驱动力。

④ 当 $v > 0.5$ 时，内侧履带的驱动力，$F'_{K1} < 0$，外侧履带驱动力 $F'_{K1} > F_K$，说明内侧离合器不仅完全分离，而且对驱动链轮施加了制动力矩，履带产生了制动力。

2）转向阻力矩

前面已经讨论了履带式车辆带负荷稳定转向时的阻力矩 $M_\Sigma = M_\mu + a_T F_x \sin\gamma$，显然，不带负荷时转向阻力矩 M_Σ 就是 M_μ。M_μ 也称为转向阻力矩，它与牵引负荷的横向分力所引起的转向阻力矩不同，它是履带绕其本身转动线 O_1（或 O_2）做相对转动时，地面对履带产生的阻力矩。转向阻力矩 M_μ 由下列因素引起：

（1）履带板的支承面、侧面和履刺表面与土壤的相对摩擦；

（2）履带转动时对土壤的挤压和剪切；

（3）履带转动时对堆积在它旁边土壤的作用；

（4）转向行走机构内部的摩擦阻力。

实验表明，当土壤和转向半径一定时，这些力与车辆重力大体成正比，且对履带转动轴线 O_1（或 O_2）形成阻力矩。所有作用的履带上单元阻力矩之和，就是履带式车辆的转向阻力矩 M_μ。为便于计算 M_μ 的数值，作如下两点假设：

① 机重平均分布在两条履带上，且单位履带长度上的负荷为：

$$q_t = \frac{G_s}{2L_0}$$ \quad (11-51)

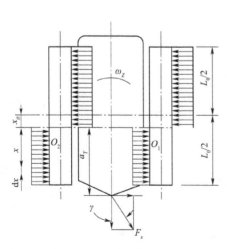

图 11-15　履带式车辆转向阻力的分布

② 形成转向阻力矩 M_μ 的反力都是横向力且是均匀分布的。于是在牵引负荷横向分力的影响下，车辆转向轴线将由原来通过履带接地几何中心移至 O_1O_2（图 11-15），移动距离为 x_0。

根据横向力平衡原理，转向轴转偏移量 x_0 可按下式计算：

$$x_0 = \frac{F_x \sin\gamma}{G_S \mu} \cdot \frac{L_0}{2}$$ \quad (11-52)

式中：G_s——整机使用重力；

μ——转向阻力系数。

根据上述假设，转向时地面对履带支承段的反作用力的分布如图 11-15 所示，为矩形分布。

在履带支承面上任何一微小单元长度 $\mathrm{d}x$，分配在其上的机器重力为 $q_\mathrm{t}x\mathrm{d}x$。总的转向阻力矩可按下式进行计算：

$$M_\mu = 2\left[\int_0^{\left(\frac{l_0}{2}+x_0\right)}\mu q_\mathrm{t}x\mathrm{d}x + \int_0^{\left(\frac{l_0}{2}-x_0\right)}\mu q_\mathrm{t}x\mathrm{d}x\right]$$

将式(11-51)代入上式并积分得：

$$M_\mu = \frac{\mu G_\mathrm{s}L_0}{4}\left[1+\left(\frac{2x_0}{L_0}\right)^2\right] \tag{11-53}$$

式中：$\dfrac{2x_0}{L_0}$——转向轴线偏移系数。

式(11-53)说明，转向阻力矩随转向轴线偏移量的增加而增大，然而转向轴线的偏移量 x_0 相对履带接地长度 L_0 是较小的。如果设 $\left(\dfrac{2x_0}{L_0}\right)^2 \approx 0$，此时转向阻力矩 M_μ 可表示为：

$$M_\mu = \frac{\mu G_\mathrm{s}L_0}{4} \tag{11-54}$$

式(11-54)是在压力均布条件下求得的，而大多实际情况下履带接地长度上的压力分布是不均匀的，所以转向阻力矩的计算法也不尽相同。图11-16显示了几种典型压力颁下转向阻矩的计算式。需要说明的是，图11-16g)的计算假设条件，即压力中心的改变影响接地比压的分布，回转轴线的偏移量与压力中心偏移量相等。单梯形分布具有一定的实用意义。

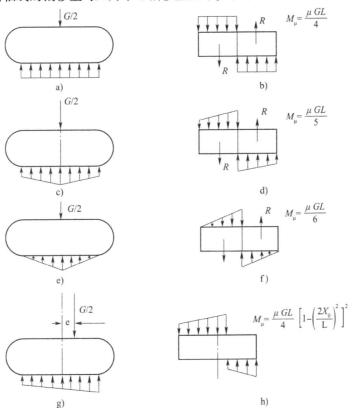

图11-16 几种典型履带压力分析

转向阻力系数 μ 表示作用在履带支承面上单位机器重量所引起的土壤换算横向反力。它综合考虑了土壤的横向和纵向的摩擦和挤压等因素的作用。试验表明,履带式车辆的转向阻力系数与土壤的物理机械性质、履带板的结构、履带对土壤的单位压力、履刺插入土壤的深度、机器行驶速度等有关。

车辆的转向半径对系数 μ 的影响很大,当转向半径减小时,由于履带的掘土现象使土壤挤压反力增大,μ 的数值随之增大。当车辆急转弯时,μ 值的变化一般在 0.4(硬土路面)和 0.7(疏松土壤)之间。

系数 μ 的值是用试验方法测定的。这样实际上就已经校正了由于推导式(11-48)时所作的一些假设而带来的误差。

图 11-17 给出了两条 $\mu = \mu(\rho)$ 的试验曲线,横坐标 $\rho = \dfrac{R}{B}$ 为回转半径相对值。从图中曲线可以看出,当 ρ 逐渐增大到 16 时,μ 值将降低为原来的 20% ~ 25%。

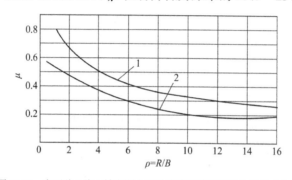

图 11-17　在两种土壤上转向阻力系数随转弯半径而变化的关系曲线

车辆做急转弯时,转向阻力系数达到最大值 $\mu_{\max}$,即转向半径 $R = (0.5 \sim 1)B$ 时转向阻力矩最大,但若地面条件不同,最大转向阻力系数也就不同。通常松软土壤地面最大转向阻力系数为 0.6 ~ 0.7,干土路面为 0.5 ~ 0.6,雪路为 0.15 ~ 0.25。

当车辆以任一转向半径 R 进行转向时,转向阻力系数 μ 值可按以下经验公式计算:

$$\mu = \frac{\mu_{\max}}{0.85 + 0.15 \dfrac{R}{B}} \tag{11-55}$$

式中:B——履带轨距。

按以上各式可以计算出各种转向条件下的转向阻力矩 M_μ,如果知道牵引负荷 F_x,不难计算总的转向阻力矩。

11.3.3　影响履带式车辆转向能力的因素

如前文所述,履带式车辆转向时,必须要有足够的转向力矩 M_z 去克服总转向阻力矩 M_Σ,才能使车辆按规定的转向半径回转。车辆转向时可能获得的最大转向力矩受发动机功率和土壤的附着条件两方面的制约。下面将分别讨论。

1)转向能力受限于发动机功率的条件

履带式车辆在稳定转向时和它在相同条件下做等速直线运动时比较,由于传动系统和行走系统的功率损失变化不大,所以为了便于说明稳定转向时发动机功率的增长情况,在以下分析中略去了在这种情况下所共有的一些功率损失。这样履带式车辆在水平地段上做稳定转向时所消耗的功率则由下列三部分所组成:

(1)车辆做基本直线运动所消耗的功率:

$$F_K' v' = (F_x \cos\gamma + F_f') v' \tag{11-56}$$

(2)车辆绕本身的相对转动轴线 OT 转动所消耗的功率:

$$M_\Sigma \omega_z = \left(\frac{\mu G_S L_0}{4} + F_x \sin\gamma \cdot a_T \right) \omega_x \tag{11-57}$$

(3)转向机构或制动器的摩擦元件所消耗的功率:

$$P_r = M_r \omega_r \tag{11-58}$$

式中:M_r——转向离合器或制动器上的摩擦力矩;

ω_r——制动器的角速度或转向离合器主、从动片间的相对角速度。

由此可知,履带式车辆做稳定转向时,传到中央传动从动齿轮上的功率可分为三部分,即:

$$M_0' \omega_0' = F_K' v' + M_\Sigma \omega_z + M_r \omega_z \tag{11-59}$$

式中:M_0'——车辆在稳定转向时,作用在中央传动齿轮上的力矩;

ω_0'——车辆在稳定转向时,中央传动从动齿轮的角速度。

当车辆在相同条件下作等速直线运动时,传到中央传动从动齿轮上的功率等于:

$$M_0 \omega_0 = F_K v \tag{11-60}$$

式中:M_0——车辆做等速直线运动时,作用在中央传动从动齿轮上的力矩;

ω_0——车辆做等速直线运动时,中央传动从动齿轮的角速度。

将式(11-59)与式(11-60)相比,可以得履带式车辆在水平地段上做稳定转向时,与它在相同土壤条件下做等速直线运动时发动机功率的增长倍数,即:

$$\frac{M_e' \omega_e'}{M_e \omega_e} = \frac{M_0' \omega_0'}{M_0 \omega_0} = \frac{F_K' v' + M_\Sigma \omega_x + M_r \omega_r}{F_K v} \tag{11-61}$$

式中:M_e'、M_e——车辆稳定转向时和等速直线运动时的发动机转矩;

ω_e'、ω_e——车辆稳定转向时和等速直线运动时的曲轴线动角速度。

为了进一步简化,假定 $\omega_e' = \omega_e$,则 $\omega_0' = \omega_0$。如果将车辆稳定转向时与等速直线运动时发动机转矩之比称为发动机载荷比,并用系数 ξ 来表示,可以得到:

$$\xi = \frac{M'}{M_e} = \frac{M_0'}{M_0} = \frac{F_K' v' + M_\Sigma \omega_x + M_r \omega_r}{F_K v} \tag{11-62}$$

由于车辆转向时的驱动力 F_K' 在相同条件下与直线运动时驱动力 F_K 相等,所以发动机载荷比 ξ 也可以表示为:

$$\xi = \frac{v'}{v} \left(1 + \frac{M_\Sigma}{F_K R} + \frac{M_r \omega_r}{F_K v'} \right) \tag{11-63}$$

该式表示了在相同的土壤和载荷条件下,履带式车辆稳定转向时与直线运动时相比,其发动机功率的增长情况。系数 ξ 值越大,表明发动机的荷载就越大,车辆在急转弯时功率增长尤为显著。为了使发动机不致熄火,转向时的发动机转矩 M_e' 应小于发动机最大输

出转矩 M_{emax}。转向机构不同则 ξ 值就不同,因此,发动机载荷比 ξ 是评价履带式车辆转向机构性能的一项指标。

2)转向能力受限于附着力的条件

履带式车辆转向时,由土壤附着条件所决定的转向能力受快速侧履带与土壤间附着力的限制,它与转向机构的形式无关。当车辆在松软潮湿土壤或冰雪地上转弯时,有时会出现快速侧履带严重打滑而不能进行急转弯的现象。为了确保履带式车辆能稳定地进行转向,快速侧履带的驱动力必须满足下列不等式的要求,即:

$$F_{K2} \leqslant 0.5 G_{s}(\varphi + f) \tag{11-64}$$

式中:φ——快速侧履带与土壤的附着系数。

当车辆不带负荷在水平地段上做稳定转向时(即 $F_x = 0$,$F_K = F_f = f G_s$),根据式(11-43)和式(11-49),上述车辆条件式可写成:

$$F'_{K2} = 0.5 F_f + \frac{M_{\Sigma}}{B} = 0.5 G_s f + \frac{\mu G_s L_0}{4B} \leqslant 0.5 G_s (\varphi + f)$$

或

$$\frac{L_0}{B} \leqslant \frac{2\varphi}{\mu} \tag{11-65}$$

式(11-65)是履带式车辆在给定的 μ 值和不同土壤条件下空车转向的判断式。该式表明,履带式车辆的转向能力不仅与土壤条件和履刺结构(系数 φ、f 及 μ)有关,同时还与车辆的结构参数 $\frac{L_0}{B}$ 有关,增加履带接地段长度 L_0 会使转向阻力矩 M_μ 增大,对转向不利;增加轨距 B,可加大转向力矩 M_z,对转向有利。

如果取松软地面的附着系数 $\varphi = 0.7$,转向阻力系数 $\mu = 0.7$,则转向附着条件式为:

$$\frac{L_0}{B} \leqslant \frac{2\varphi}{\mu} = 2$$

现代履带式拖拉机的结构参数 $\frac{L_0}{B} = 1.2 \sim 1.5$,故一般均能满足不带负荷急转弯的行驶条件。

同样分析,履带式车辆内侧离合器被动鼓不制动转向的条件是:

$$F'_{K1} \geqslant 0$$

当车辆不带牵引负荷在水平地段上做稳定转向时,根据式(11-48)、式(11-54),上述条件式可写成:

$$F'_{K1} = 0.5 F_f - \frac{M_{\Sigma}}{B} = 0.5 G_s f - \frac{\mu G_s L_0}{4B} \geqslant 0$$

或

$$\frac{L_0}{B} \leqslant \frac{2f}{\mu} \tag{11-66}$$

如果取松土地面的转向阻力系数 $\mu = 0.7$,滚动阻力系数 $f = 0.1$,则转向附着条件式为:

$$\frac{L_0}{B} \leqslant \frac{2f}{\mu} \approx 0.3 \tag{11-67}$$

由于现代履带式拖拉机结构参数 $\frac{L_0}{B}$ 远大于0.3,所以不带制动难以实现急转弯行驶。

11.3.4 履带式车辆转向性能的简单评价

履带式车辆的使用寿命和生产率在一定程度上取决于转向机构的性能情况。为了保证车辆在任何使用条件下都能转向,对转向机构提出的基本要求是:

(1)转向机构应保证车辆能平稳地、迅速地由直线运动转入沿任意转向半径的曲线运动;

(2)转向机构应使车辆在转向时具有较小的发动机载荷比,以免发动机熄火;

(3)转向机构应使车辆具有较小的转向半径,以提高车辆的机动性;

(4)转向机构应保证车辆具有稳定的直线行驶性,不应有自由转向的趋势。

目前在履带式车辆上采用的各种转向机构,都不能满足上述第一条要求。因为当车辆结构和土壤、载荷条件都一定时,合成转向阻力矩的值都随着转向半径而变化。要使车辆能平稳地沿任意转向半径转向,操作员必须使车辆的转向力矩恰好等于任意转向半径时的合成转向阻力矩。这一点是不容易做到的。因而,要使车辆以任意转向半径平稳地转向是十分困难的。

第12章 车辆的稳定性与通过性

车辆的稳定性是指车辆在行驶或工作时不发生侧滑和失稳倾翻而保持正常工作的性能,因此,车辆的稳定性用滑移和失稳角评价。近年来,由于人体工程学的发展,在车辆稳定性方面,不仅用滑移和失稳角评价车辆的稳定性,甚至在影响稳定性的工况下,还把驾驶人的安全感或不安全感作为稳定性的判别依据。车辆的稳定性可分为静稳定性和动稳定性两种情况。研究静稳定性时只考虑作用在机器上的稳定载荷,研究动稳定性时则需考虑机器上稳定载荷和动载荷的联合作用。稳定性是保证机器安全作业的一项重要性能,车辆因失去稳定性而造成事故的统计数字表明,大部分事故发生在纵坡或横坡道上,个别也发生在平地上。

车辆的通过性(越野性)是指能以足够高的平均车速通过各种坏路和无路地带(松软地面、凹凸不平地面等)及各种障碍(如陡坡、侧坡、壕沟、台阶、灌木丛、水障等)的能力。根据地面对车辆通过性影响的原因分类,它又分为支承通过性和几何通过性。车辆的通过性主要取决于地面的物理性质及车辆的结构参数和几何参数;同时,它还与车辆的其他性能,如动力性、平顺性、机动性、稳定性、视野性等密切相关。

本章主要包括轮式车辆和履带式车辆通过性的基本内容。

12.1 车辆的静稳定性

本节讨论车辆在坡道上稳定行驶而不倾翻和滑移的性能。坡道上停置车辆的稳定性计算与此无原则区别。

12.1.1 车辆上坡行驶时的纵向稳定性

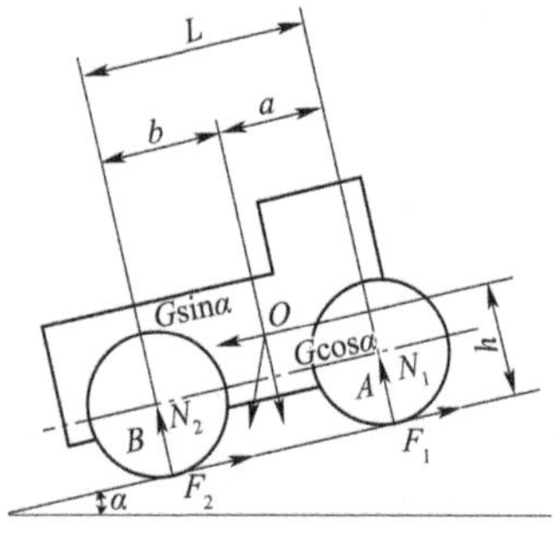

图 12-1 轮式车辆等速上坡时的
受力简图

1)轮式车辆

轮式车辆等速上坡时,作用在车辆上有以下的力和力矩(图 12-1):

(1)重力 G,可分成垂直和平行地面的力 $G\cos\alpha$ 和 $G\sin\alpha$;

(2)前、后轮上的法向反作用力 N_1 及 N_2;

(3)前、后轮上的牵引力 F_1 及 F_2;

(4)风阻力 F_w(图 12-1 中未画出);

(5)前、后轮滚动阻力矩 M_{f1} 及 M_{f2}(图 12-1 中未画出)。

当车辆在坡度较大的坡道上行驶时，F_w 及 M_{f1}、M_{f2} 对倾翻轴 A 或 B 的力矩比之 $G\cos\alpha$、$G\sin\alpha$、N_1、N_2 对 A 或 B 的力矩要小得多。为了便于分析，设 F_w 及 M_{f1}、M_{f2} 均为零。

根据整机平衡条件，分别对 B、A 取矩可得：

$$N_1 = \frac{G(b\cos\alpha - h\sin\alpha)}{L} \tag{12-1}$$

$$N_2 = \frac{G(a\cos\alpha - h\sin\alpha)}{L} \tag{12-2}$$

式中：a——质心 O 到前轮轴线 O_1 的水平距离；

b——质心 O 到后轮轴线 O_2 的水平距离；

h——质心 O 到坡面的垂直距离；

L——轴距。

显然，上坡时车辆不倾翻的条件为 $N_1 \geqslant 0$，即 $b\cos\alpha - h\sin\alpha \geqslant 0$，故不倾翻的最大坡角：

$$\alpha_m = \tan^{-1}\frac{b}{h} \tag{12-3}$$

下面讨论附着条件决定的最大爬坡角 α_φ。

如果上坡的车辆为全轮驱动时，行走机构的附着力可按下式计算。

前轮上的附着力：

$$F_{\varphi 1} = N_1 \frac{G(b\cos\alpha - h\sin\alpha)}{L}\varphi \tag{12-4}$$

后轮上的附着力：

$$F_{\varphi 2} = N_2 \frac{G(b\cos\alpha + h\sin\alpha)}{L}\varphi \tag{12-5}$$

整机的附着力：

$$F_\varphi = F_{\varphi 1} + F_{\varphi 2} = G\varphi\cos\alpha \tag{12-6}$$

按照滑移时的平衡条件，即 $F_\varphi = G\sin\alpha$，故最大爬坡角 α_φ 可按下式予以确定：

$$\sin\alpha_\varphi = \frac{F_\varphi}{G} \tag{12-7}$$

前轮驱时，$F_\varphi = F_{\varphi 1}$，如忽略后轮滚动阻力，将式（12-4）代入式（12-7），得：

$$\sin\alpha_\varphi = \frac{F_{\varphi 1}}{G} = \frac{G(b\cos\alpha_\varphi - h\sin\alpha_\varphi)}{LG}\varphi \tag{12-8}$$

从而：

$$\alpha_\varphi = \tan^{-1}\frac{b\varphi}{L + h\varphi} \tag{12-9}$$

后轮驱动时，$F_\varphi = F_{\varphi 2}$，如忽略前轮滚动阻力，将式（12-5）代入式（12-7），得：

$$\sin\alpha_\varphi = \frac{F_{\varphi 2}}{G} = \frac{G(a\sin\alpha_\varphi + h\sin\alpha_\varphi)}{LG}\varphi \tag{12-10}$$

从而：

$$\alpha_\varphi = \tan^{-1}\frac{a\varphi}{L - h\varphi} \tag{12-11}$$

全轮驱动时，将式（12-6）代入式（12-7），得：

$$\sin\alpha_\varphi = \frac{F_\varphi}{G} = \frac{G\cos\alpha_\varphi}{G}\varphi \tag{12-12}$$

即：

$$\alpha_\varphi = \tan^{-1}\varphi \tag{12-13}$$

为了防止翻车事故以确保安全，应满足条件 $\alpha_\varphi < \alpha_m$。由式(12-3)、式(12-9)、式(12-11)及式(12-13)，得：

$$\left.\begin{array}{ll}\text{前轮驱动时应满足条件：} & b>0\\ \text{后轮驱动时应满足条件：} & \dfrac{b}{h}>\phi\\ \text{全轮驱动时应满足条件：} & \dfrac{b}{h}>\phi\end{array}\right\} \tag{12-14}$$

对于前轮驱动的车辆，一般都能满足上述条件；对于后轮驱动和全轮驱动的车辆，尤其是后者，当轴距较短，采用 φ 值较大且直径较大的越野轮胎时，设计车辆应尽量降低车辆质心高度，以满足上述条件。

2）履带式车辆

履带式车辆在等速上坡时，如忽略外部滚动阻力，作用在车辆上的力如图 12-2 所示。

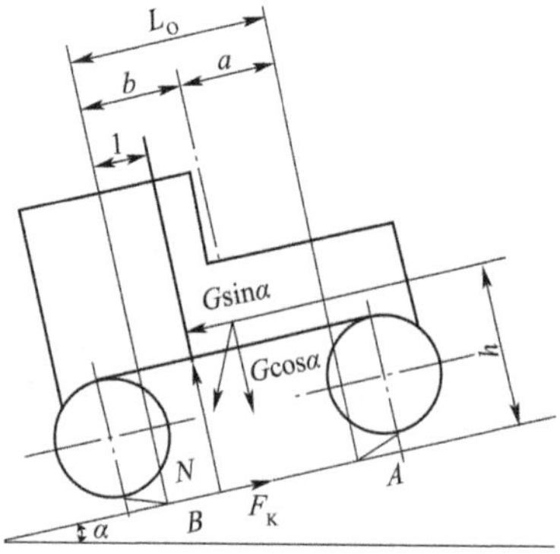

图 12-2　履带式车辆等速上坡时的受力简图

由整机平衡条件得：

$$N = G\cos\alpha$$

$$F_K = G\sin\alpha$$

$$bG\cos\alpha - hG\sin\alpha - Nl = 0$$

即：

$$l = \frac{b\cos\alpha - h\sin\alpha}{\cos\alpha} \tag{12-15}$$

式中：N——地面对车辆的垂直合反力；

b——质心到履带后部接地点 B 的水平距离；

l——合反力 N 到履带后部接地点 B 的距离。

车辆不倾翻的条件为 $l \geqslant 0$，即 $b\cos\alpha - h\sin\alpha \geqslant 0$，故不倾翻的最大坡角 a_m 为：

$$\alpha_m = \tan^{-1}\frac{b}{h} \tag{12-16}$$

由附着条件决定的最大爬坡角 α_φ 可按下式进行计算：

$$F_\varphi = G\sin\alpha_\varphi \tag{12-17}$$

以 $F_\varphi = G\varphi\cos\alpha_\varphi$ 代入式(12-17)，得：

$$a_\varphi = \tan^{-1}\varphi \tag{12-18}$$

为满足 $\alpha_\varphi < \alpha_m$，应满足下述条件：

$$\frac{b}{h} > \varphi \tag{12-19}$$

12.1.2 车辆下坡行驶时的纵向稳定性

1) 轮式车辆

为了确保安全,轮式车辆在下坡时,一般都在制动情况下低速行驶,实际上作用于前后轮上的牵引力 F_1 和 F_2 是制动力(图12-3)。

$$F = F_1 + F_2 = G\sin\alpha \tag{12-20}$$

对 B 点和 A 点取力矩得:

$$N_1 L - Gh\sin\alpha - Gb\cos\alpha = 0$$

$$N_2 L + Gh\sin\alpha - Ga\cos\alpha = 0$$

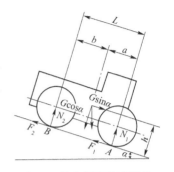

图12-3 轮式车辆下坡行驶的
受力简图

即:

$$N_1 = \frac{Gb\cos\alpha + Gh\sin\alpha}{L} \tag{12-21}$$

$$N_2 = \frac{Ga\cos\alpha - Gh\sin\alpha}{L} \tag{12-22}$$

机械不倾翻的条件为 $N_2 \geq 0$,即 $a\cos\alpha - h\sin\alpha \geq 0$,则不倾翻的最大坡角 α'_m 为:

$$\alpha'_m = \tan^{-1}\frac{a}{h} \tag{12-23}$$

受地面附着条件限制时,近似取最大制动力为:

$$F_{max} = F_\varphi = F_{\varphi 1} + F_{\varphi 2} \tag{12-24}$$

不滑移最大坡角由平衡式 $F_\varphi = G\sin\alpha'_\varphi$ 确定,即:

$$\sin\alpha'_\varphi = \frac{F_\varphi}{G} \tag{12-25}$$

前轮以最大制动力制动时,$F_\varphi = F_{\varphi 1} = N_1\varphi$ 代入式(12-25),得:

$$\sin\alpha_\varphi = \frac{Gb\cos\alpha_\varphi + Gh\sin\alpha_\varphi}{GL}\varphi \tag{12-26}$$

即:

$$\alpha_\varphi = \tan^{-1}\frac{b\varphi}{L - h\varphi} \tag{12-27}$$

后轮以最大制动力制动时,$F_\varphi = F_{\varphi 2} = N_2\varphi$,代入式(12-25)得:

$$\alpha_\varphi = \tan^{-1}\frac{a\varphi}{L + h\varphi} \tag{12-28}$$

全部车轮以最大制动力制动时,$F_\varphi = G\varphi\cos\alpha_\varphi$,代入式(12-25),得:

$$\alpha_\varphi = \tan^{-1}\varphi \tag{12-29}$$

为能安全下坡,则 $\alpha_\varphi < \alpha_m$,应满足以下条件:

前轮完全制动时: $\dfrac{a}{h} > \varphi$

后轮完全制动时: $a > 0$

全部车轮制动时: $\dfrac{a}{h} > \varphi$

$$\tag{12-30}$$

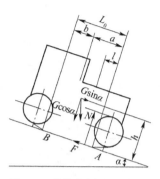

图 12-4 履带式车辆下坡行驶的受力简图

2）履带式车辆

履带式车辆在等速下坡行驶时，作用在车辆上的力如图 12-4 所示，图中 F 为制动力。

由整机受力平衡条件得：

$$F = G\sin\alpha$$

$$Nl + Gh\sin\alpha - Ga\cos\alpha = 0$$

即：

$$l = \frac{Ga\cos\alpha - Gh\sin\alpha}{N} \tag{12-31}$$

不倾翻的条件为 $l \geq 0$，即 $a\cos\alpha - h\sin\alpha \geq 0$，故不倾翻最大下坡角 α'_m 为：

$$\alpha'_m = \tan^{-1}\frac{a}{h} \tag{12-32}$$

近似取最大制动力 $F_{max} = G\varphi\cos\alpha$，则不滑移的最大下坡角 α'_φ 为：

$$\alpha'_\varphi = \tan^{-1}\varphi \tag{12-33}$$

为能安全下坡，应满足 $\alpha'_\varphi < \alpha_m$，则：

$$\frac{a}{h} > \varphi \tag{12-34}$$

12.1.3 车辆在坡道上横向行驶的稳定性

1）等速直线行驶

车辆在坡道上横向行驶时，作用在车辆上垂直于行驶方向的力如图 12-5 所示，图中惯性力 $F_j = 0$。由整机平衡条件得：

$$N_1 + N_2 = G\cos\beta$$

$$Z_1 + Z_2 = G\sin\beta$$

$$N_1\beta + Gh\sin\beta - G\left(\frac{B}{2} - e\right)\cos\beta = 0$$

即：

$$N_1 = \frac{G(0.5\beta - e)\cos\beta - Gh\sin\beta}{\beta} \tag{12-35}$$

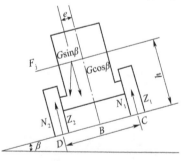

图 12-5 车辆在坡道上横向行驶时的受力简图

式中：N_1、N_2——坡道对行走机构的垂直反力；

Z_1、Z_2——坡道对行走机构的侧向反力；

B——轮距（或轨距）；

e——质心至车辆纵向中线的距离。

不倾翻条件为 $N_1 > 0$，即 $(0.5B - e)\cos\beta - h\sin\beta \geq 0$，故不倾翻的最大坡角 β_m 为：

$$\beta_m = \tan^{-1}\frac{(0.5B - e)}{h} \tag{12-36}$$

地面对车辆作用的最大侧向力由附着条件决定，即：

$$Z_{max} = (Z_1 + Z_2)_{max} = (N_1 + N_2)\varphi_z = \varphi_z G\cos\beta \tag{12-37}$$

式中：φ_z——侧向附着系数,轮式车辆 $\varphi_z = \varphi$,履带式车辆 $\varphi_z = 0.15 \sim 0.60$。

显然,车辆不发生侧滑的条件为 $G\sin\beta \leqslant \varphi_z G\cos\beta$,即不产生侧滑的最大坡角 β_φ 为：

$$\beta_\varphi = \tan^{-1}\varphi_z \tag{12-38}$$

比较式(12-36)与式(12-38),考虑到一般车辆 $e \approx 0$,以及 $\dfrac{B}{2h} > \varphi_z$,即 $\beta_\varphi < \beta_m$,故车辆在横坡上的稳定性滑移先于倾翻。

式(12-37)没有考虑作用在行走机构上的切线牵引力。实际上,机械在横坡上作业时,有较大的切线牵引力 F_K 输出。如果 φ_z 值在各个方向都相同的话,侧向附着力将降低为：

$$Z = \sqrt{(\varphi_z G\cos\beta)^2 - F_K^2} \tag{12-39}$$

则不发生横向滑移的条件为：

$$\tan^2\beta \leqslant \varphi_z^2 - \frac{F_K^2}{G^2\cos^2\beta} \tag{12-40}$$

式(12-40)中 $\varphi_z = \tan\beta_\varphi$,故在有牵引力 F_K 输出的情况下,最大横向滑移角 $\beta_{\varphi K}$ 为：

$$\tan^2\beta_{\varphi K} = \tan^2\beta_\varphi - \frac{F_K^2}{G^2\cos^2\beta_{\varphi K}} \tag{12-41}$$

由式(12-41)可知,在 $F_K > 0$ 的情况下,侧滑的最大坡角 $\beta_{\varphi K}$ 比 β_φ 要小,而且 F_K 越大 $\beta_{\varphi K}$ 角越小。

2)等速转向行驶时横向稳定性

车辆等速转向行驶时,有离心力 $F_j = \dfrac{Gv^2}{gR}$ 存在,式中 v 为行驶速度,R 为转向半径。当车辆向上坡转向时,离心力 F_j 方向如图12-5所示。由整机平衡条件得：

$$N_1 B + \left(G\sin\beta + \frac{Gv^2}{gR}\right)h - (0.5B - e)G\cos\beta = 0$$

即：

$$N_1 = \frac{(0.5B - e)G\cos\beta - hG\sin\beta - \dfrac{Gv^2}{gR}h}{B} \tag{12-42}$$

不倾翻条件为 $N_1 \geqslant 0$,即 $(0.5B - e)\cos\beta - h\sin\beta - \dfrac{v^2}{gR}h \geqslant 0$,经整理,可得式(12-43)：

$$\tan\beta \leqslant \frac{0.5B - e}{h} - \frac{v^2}{gR\cos\beta} \tag{12-43}$$

式(12-43)中 $\dfrac{0.5B - e}{h} = \tan\beta_m$,故在横向坡道上转向时,不致产生倾翻的最大坡度 β_{mj} 为：

$$\tan\beta_{mj} = \tan\beta_m - \frac{v^2}{gR\cos\beta_{mj}} \tag{12-44}$$

式(12-44)表明,转向时最大倾翻角 β_{mj} 小于不转向时的倾翻角 β_m,所以在坡道上转向时,应特别注意降低车速,以免发生翻车事故。

由式(12-42)知,在不倾翻条件 $N_1 \geqslant 0$ 的情况下,可列出车辆在坡道上转向时的最大车速为:

$$v_{\mathrm{m}} = \sqrt{\frac{gR\left[(0.5B - e)\cos\beta - h\sin\beta\right]}{h}} \qquad (12\text{-}45)$$

由式(12-45)知,在平地上车辆做高速急转弯时不致产生横向倾翻的最高车速为:

$$v_{\mathrm{m}} = \sqrt{\frac{gR(0.5B - e)}{h}} \qquad (12\text{-}46)$$

由地面附着条件知,地面对行走机构的横向最大反力为 $Z_{\max} = \varphi_z G\cos\beta$,故转向时不产生横向滑移条件是:

$$\varphi_z G\cos\beta \geqslant G\sin\beta + \frac{Gv^2}{gR} \qquad (12\text{-}47)$$

即:

$$\tan\beta \leqslant \varphi_z - \frac{v^2}{gR\cos\beta} \qquad (12\text{-}48)$$

由式(12-38)知,$\varphi_z = \tan\beta_\varphi$,故不产生横向滑移的最大坡度 $\beta_{\varphi j}$ 为:

$$\tan\beta_{\varphi j} = \tan\beta_\varphi - \frac{v^2}{gR\cos\beta_{\varphi j}} \qquad (12\text{-}49)$$

式(12-48)说明,车辆在横坡上转向时,不产生横向滑移的最大坡度 $\beta_{\varphi j}$ 小于不转向时的坡角 β_φ。

12.2　车辆的动稳定性

车辆在行驶或工作过程中,一般均非受稳定不变力的作用。由于车辆工况和地面条件不断变化,驾驶人频繁操作,这使得车辆运行速度经常发生变化。惯性力的产生,改变了由静稳定性所确定的安全条件,车辆不该滑移时滑移了,不该倾翻时倾翻了。因此,惯性力的产生,降低了车辆的静稳定性。虽然在个别情况下,短时间内惯性力可能会增大车辆的稳定性,一旦惯性力的大小或方向改变了,就可能破坏这种稳定性而使车辆失稳。

车辆动态失稳而发生事故的原因主要有下列几种:

(1)车辆高速行驶时突然制动而倾翻,特别是车辆质心较高且下坡行驶时,上述情况则更趋严重。

(2)一个前轮落入凹坑又未冲出凹坑,使车辆产生横向滑移;或凹坑较深引起车辆倾翻。

(3)一侧车轮(或履带)落入凹坑,引起车辆横向倾翻。

(4)一侧车轮驶上凸台,由于轮胎的弹性将使车轮跳离地面,若跳离地面最高点时车辆的横向倾角已达 β_{m},车辆将发生横向倾翻事故。若此种情况下的横向坡角为 β_{d},显然当凸台高度一定时,车速越高,β_{d} 越小;轮胎的刚度越大,β_{d} 越小。

(5)两侧车轮(或履带)同时越过障碍物后,车辆在重力作用下撞击地面时倾翻。对重心较高且靠前的车辆,发生此类倾翻的可能性就越大。

车辆失稳的原因非常复杂,它与车辆的总体参数、道路条件、行驶工况以及驾驶人的操作技术有关。动稳定性的理论分析计算是比较复杂的问题,而且常常需作某些假设。为了说明理论的分析方法和计算方法,下面以动态失稳原因之一——车辆高速行驶突然制动为例讨论。

在讨论这一计算工况时,引入以下条件和假设:

(1)车辆具有全刚性的悬架结构。

(2)车辆位于水平地面,行走机构与地面具有一定的附着系数。

(3)忽略地面的变形,且假定倾翻时支点 A 不发生变动(图12-6)。

(4)根据试验资料,平均制动时间 t_b 取0.2s。

(5)质心位置应根据车辆的不同用途和工况确定,如装载机可按铲斗满载且最大举升高度工况确定,推土机可按铲刀最大举升高度工况确定等。

紧急制动时,车辆的动稳定性可分两个阶段进行分析:第一阶段为从开始制动到车辆速度为零,即车辆绕 A 点翻转的角速度由零到最大;第二阶段为车辆在惯性力矩作用下继续绕 A 点转动。

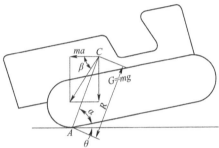

图12-6 紧急制动时车辆的动稳定性(受力情况)

1)动稳定性第一阶段

由图12-6知,车辆绕 A 点翻转的运动微分方程如下:

$$I_A \ddot{\theta} = mR \sqrt{a^2 + g^2} \sin(\theta + \alpha - \beta) \quad (12\text{-}50)$$

式中:I_A——车辆绕 A 点的转动惯量;

$\quad m$——车辆的质量;

$\quad R$——质心 C 到 A 点的距离;

$\quad \alpha$——履带接地段与 $\overline{AC}$ 的夹角,$\alpha = \tan^{-1} \dfrac{h}{b}$;

$\quad \beta$——与加速度 a 有关的角度,$\beta = \tan^{-1} \dfrac{g}{a}$;

$\quad a$——平均加速度。

当制动前车速为 v,制动时间为 t_b 时,则:

$$a = \frac{v}{t_b} \quad (12\text{-}51)$$

把式(12-51)代入式(12-50)并化为如下形式:

$$\ddot{\theta} = \frac{mR}{I_A} \sqrt{\left(\frac{v}{t_b}\right)^2 + g^2} \sin(\theta + \alpha - \beta) \quad (12\text{-}52)$$

它的一次积分解具有如下形式:

$$\dot{\theta}^2 = -\frac{2mR}{I_A} \sqrt{\left(\frac{v}{t_b}\right)^2 + g^2} \cos(\theta + \alpha - \beta) + \dot{\theta}_0^2 +$$

$$\frac{2mR}{I_A} \sqrt{\left(\frac{v}{t_b}\right)^2 + g^2} \cos(\theta_0 + \alpha - \beta) \quad (12\text{-}53)$$

方程式(12-53)中的初始条件 $\dot{\theta}_0$ 和 θ_0 应根据制动开始时的转角和角速度来确定,亦即:

$$\theta_0 = 0, \dot{\theta}_0 = 0$$

将上述初始条件代入式(12-53)可得:

$$\dot{\theta}^2 = \frac{2mR}{I_A} \sqrt{\left(\frac{v}{t_b}\right)^2 + g^2} \left[\cos(\alpha - \beta) - \cos(\theta + \alpha - \beta)\right] \tag{12-54}$$

制动过程结束的一瞬间,角速度 $\dot{\theta}$ 将达到最大值 $\dot{\theta}_{max}$,根据功能转换原理,制动开始前车辆具有的功能,在制动结束时,一部分消耗于地面对履带制动力所做的负功中,另一部分转变为机器绕 A 点旋转的动能,即:

$$\frac{1}{2}mv^2 = mg\varphi S + \frac{1}{2}I_A \dot{\theta}_{max}^2 \tag{12-55}$$

式中:φ——地面与履带间附着系数;

S——制动距离。

制动距离 S 可按式(12-56)确定:

$$S = \frac{1}{2}vt_b \tag{12-56}$$

将式(12-56)代入式(12-55)得:

$$\dot{\theta}_{max}^2 = \frac{mv^2}{I_A}(v - g\varphi t_b) \tag{12-57}$$

将式(12-57)代入式(12-54),可求出制动过程结束时的转角 θ_T,即:

$$\cos(\theta_T + \alpha - \beta) = \cos(\alpha - \beta) - \frac{v(v - g\varphi t_b)}{2R\sqrt{\left(\frac{v}{t_b}\right)^2 + g^2}}$$

或

$$\theta_T = \cos^{-1}\left[\cos(\alpha - \beta) - \frac{v(v - g\varphi t_b)}{2R\sqrt{\left(\frac{v}{t_b}\right)^2 + g^2}}\right] - (\alpha - \beta) \tag{12-58}$$

2)动稳定性第二阶段

制动过程结束后,由于重力作用,车辆绕 A 点转动的角速度将逐渐减小,然而转角仍将继续增大,直至 $\theta = 0$ 时为止。这一阶车辆绕 A 点的转动服从以下运动微分方程:

$$I_A \ddot{\theta} - mgR\sin[90° - (\theta + \alpha)] = 0 \tag{12-59}$$

解方程式(12-59),代入初始条件 $\theta_0 = \theta, \dot{\theta}_0 = \dot{\theta} = \dot{\theta}_{max}$,并考虑关系式(12-57)可得特解为:

$$\dot{\theta}^2 = \frac{2mgR}{I_A}\sin(\theta + \alpha) + \frac{mv}{I}(v - g\varphi t_b) + \frac{2mgR}{I_A}\sin(\theta_T + \alpha) \tag{12-60}$$

当 $\dot{\theta} = 0$ 时,转角 θ 将达到最大值 θ_{max},将这一条件代入方程式(12-60),可求得车辆绕 A 点的最大转角 θ_{max} 为:

$$\sin(\theta_{\max} + \alpha) = \sin(\theta_{\mathrm{T}} + \alpha) + \frac{v(v - g\varphi t_{\mathrm{b}})}{2gR} \tag{12-61}$$

或

$$\theta_{\max} = \sin^{-1}\left[\sin(\theta_{\mathrm{T}} + \alpha) + \frac{v(v - g\varphi t_{\mathrm{b}})}{2gR}\right] - \alpha \tag{12-62}$$

从稳定性考虑,车辆实际倾翻条件是 $\theta_{\max} + \alpha = 90°$,故倾翻的临界车速 $v_{\max}$ 应满足式(12-63),式中 θ_{T} 参看式(12-58)。

$$\sin(\theta_{\mathrm{T}} + \alpha) = 1 - \frac{v(v - g\varphi t_{\mathrm{b}})}{2gR} \tag{12-63}$$

然而,车辆虽未达到倾翻程度,但只要超过某一限度,即可引起驾驶人的不安全感和疲劳感。因此,从安全性考虑,规定这样一种车速,在这种车速下制动,车辆后抬升角为驾驶人不失去安全感并可连续作业。根据对驾驶人实车驾驶试验调查材料,这一安全角度 $\theta_{\mathrm{saf}} < 5°$,则效果良好。将 $\theta_{\mathrm{saf}} = \theta_{\mathrm{T}} = 5°$ 代入式(12-58),得:

$$\cos(5° + \alpha - \beta) = \cos(\alpha - \beta) - \frac{v(v - g\varphi t_{\mathrm{b}})}{2R\sqrt{\left(\dfrac{v}{t_{\mathrm{b}}}\right)^2 + g^2}} \tag{12-64}$$

满足式(12-64)的车速为安全行驶最高车速 v_{saf}。

综上所述,车辆的静稳定性基本上是由车辆的结构参数所决定的。虽然按这些结构参数计算的失稳条件未必都能实现(如滑移角小于倾翻角),但总可以作为车辆稳定性的评价指标写入产品说明书。动稳定性虽与车辆的结构参数有着密切关系,但使用条件与驾驶人操作对车辆的动稳定性有重大影响。事实表明,大部分车辆失稳事故都与惯性力有关。因此,为防止车辆失稳,发生翻车事故,提高驾驶人操作技术水平更具有现实意义。

12.3　车辆通过性评价指标及几何参数

12.3.1　车辆支承通过性评价指标

目前,常采用相对牵引力、牵引效率及燃油消耗率三项指标来评价车辆的支承通过性:

(1)相对牵引力:单位车重的挂钩牵引力(有效牵引力)。它表明车辆在松软地面上加速、爬坡及牵引其他车辆的能力。

(2)牵引效率:驱动轮输出功率与输入车辆功率之比。它反映了功率传递过程中的能量损失。

(3)燃油消耗率:单位燃油消耗所输出的功。

12.3.2　车辆通过性几何参数

由于车辆与地面间的间隙不足而被地面托住、无法通过的情况,称为间隙失效。当车辆中间底部的零件碰到地面而被顶住时,称为"顶起失效";当车辆的前端或尾部触及地面而不能通过时,则分别称为"触头失效"和"托尾失效"。显然,后两种情况属同一类失效。

与间隙失效有关的车辆整车几何尺寸,称为车辆通过性的几何参数。这些参数包括最小离地间隙、纵向通过角、接近角、离去角、最小转弯直径等,如图 12-7 所示。

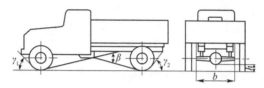

图 12-7　车辆的通过性参数

h-最小离地间隙;β-纵向通过角;γ_1-接近角;γ_2-离去角;b-两侧轮胎内缘距离

(1)最小离地间隙 h:车辆满载、静止时,支承平面与车辆上的中间区域($0.8b$ 范围内)最低点之间的距离。它反映了车辆无碰撞地通过地面凸起的能力。

(2)纵间通过角 β:车辆满载、静止时,分别通过前、后车轮外缘作垂直于车辆纵向对称平面的切平面,当两切平面交于车体下部较低部位时所夹的最小锐角。它表示车辆能够无碰撞地通过小丘、拱桥等障碍物的轮廓尺寸。β 越大,顶起失效的可能性越小,车辆的通过性越好。

(3)接近角 γ_1:车辆满载、静止时,前端突出点向前轮所引切线与地面间的夹角。γ_1 越大,越不易发生触头失效。

(4)离去角 γ_2:车辆满载、静止时,后端突出点向后轮所引切线与地面间的夹角。γ_2 越大,越不易发生托尾失效。

(5)最小转弯直径 d_{min}:当转向盘转到极限位置、车辆以最低稳定车速转向行驶时,外侧转向轮的中心平面在支承平面上滚过的轨迹圆直径。它在很大程度上表征了车辆能够通过狭窄弯曲地带或绕过不可越过的障碍物的能力。d_{min} 越小,车辆的机动性越好。

(6)转弯通道圆:当转向盘转到极限位置、车辆以最低稳定车速转向行驶时,车体上所有点在支承平面上的投影均位于圆周以外的最大内圆,称为转弯通道内圆;车体上所有点在支承平面上的投影均位于圆周以内的最小外圆,称为转弯通道外圆。转弯通道内、外圆半径的差值为车辆极限转弯时所占空间的宽度,此值决定了车辆转弯时所需的最小空间;它越小,车辆的机动性越好。

12.4　车辆的几何通过性

车辆在无路地区失去通过能力,大部分不是由于土壤的坚实度和地面的平整度引起的,而主要是因为不能越过各种几何形障碍。车辆的越障性能也称为几何通过性,涉及车辆不能通过几何障碍物的原因和建立越过几何障碍物的条件。

12.4.1　车辆失去几何通过性的类型

车辆在无路地面行驶时,由于碰到几何障碍物而失去通过性可分为以下几种类型。

(1)因牵引力或附着力不足而失去通过性。

当车辆在坡道上等速爬坡时,由于车重产生的上坡阻力和滚动阻力之和大于车辆所能发出的最大牵引力时,车辆就不能前进。

当坡面或无坡的路面比较滑时,车轮或履带与地面的附着性能很差,尽管车辆动力传动系统具有足够大的力矩,但由于行走装置打滑,车辆不能前进,甚至向后倒溜。在泥泞或冰雪路面上行驶经常会遇到这种情况。

(2)因车辆轮廓碰到障碍物而失去通过性。

当车辆越野行驶时,有时会由于车辆前、后、底部的突出部碰到障碍物而不能继续前进。这种情况包括:车辆的底部碰到凸形障碍,即所谓"托底",使车辆悬起而失去通过性;车辆的前突出部碰到凹形障碍,使车辆被卡住而不能通过;若车辆尤其是轮式车辆的后悬架较长,车的尾部也可能发生类似被凹形障碍卡住的现象。

若凸形或凹形障碍的强度不高(如松软的土壤),车辆有可能冲撞障碍物而强制通过。

(3)因车辆失去稳定性而引起通过性的破坏。

车辆的稳定性包括横向稳定性和纵向稳定性,失稳包括横向倾覆和纵向倾覆。

(4)因植物类障碍物挡住去路而影响通过性。

若树木的间距大于车辆宽度,车辆可减速通过;若树木的间距小于车辆宽度,且树干直径足够大,则车辆无法通过,而不得不绕行,导致平均车速降低。这两种情况均使车辆的通过性变坏。

12.4.2　车辆越障通过的条件

车辆通过障碍物的能力不仅取决于障碍物的几何尺寸,也和车辆本身的几何尺寸及重心位置等有关。只有二者适当组合,才构成车辆通过的条件。

(1)因车身悬起而失去通过性的条件。

假设车辆是静止的,由两个相交平面形成的凸起障碍物运动。那么,障碍平面交点所描出的 A 点的轨迹如图 12-8 所示。该轨迹理论上是帕斯卡螺线,但可近似地看作一个直径等于 D_r 的圆,该圆和前、后轮相切。圆 D_r 和车轮接触的 B、C 点由角 α_0 决定。而 α_0 又取决于车辆的极限位置,即当两个车轮正好要从障碍物的一个平面滚入另一个平面的情况。$\overline{BO}$、$\overline{CO}$ 和轴距 l 中心线的交点就是直径为 D_r 的圆的中心,而且 $\overline{BO} = \overline{CO} = \dfrac{D_r}{2}$。

直径为 D_r 的圆决定了车轮间障碍物所占位置的总量,因此,由于车辆被抬起而丧失通过能力的条件为 $h \leqslant 0$。此条件对横向通过的情况(图 12-9)也同样适用。

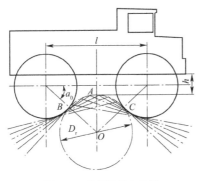

图 12-8　车辆的纵向地隙

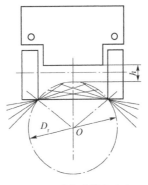

图 12-9　车辆的横向地隙

直径可按图 12-10 所示的简图确定。根据图 12-10 所示的几何关系,有:

$$\delta = \alpha_0 - (90° - \beta) \tag{12-65}$$

$$(D + D_r)\cos\alpha_0 = l \tag{12-66}$$

$$\tan\delta = \frac{\cos\delta - \sin\alpha_0}{\dfrac{2l}{D} - \cos\alpha_0 - \sin\delta} \tag{12-67}$$

式中:β——坡角。

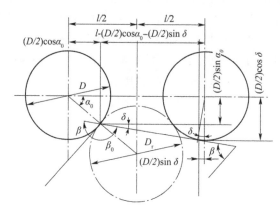

图 12-10　地隙直径 D_r 的几何关系

D_r 是 β 的函数:

$$D + D_r = \frac{2l^2 D(\cos\beta - \cos^2\beta)}{4l^2\sin^2\beta - D^2(\cos\beta - 1)^2} + \sqrt{\left[\frac{2l^2 D(\cos\beta - \cos^2\beta)}{4l^2\sin^2\beta - D^2(\cos\beta - 1)^2}\right]^2 + \frac{4l^2}{4l^2\sin^2\beta - D^2(\cos\beta - 1)^2}} \tag{12-68}$$

根据图 12-11,车辆失去通过性的条件为:

$$h_g + h_1 - \frac{D}{2} \leqslant \frac{D_r}{2} \tag{12-69}$$

式中:h_g——车辆离地间隙。

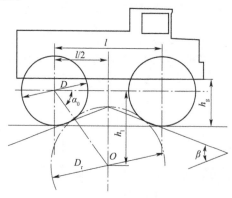

图 12-11　h_g 与 h_1 的几何关系

$$h_1 = 0.5(D + D_r)\sin\alpha_0 \tag{12-70}$$

由式(12-69)和式(12-70)可得出如下的顶起失效(HUF)条件:

$$h_{\rm g} \leqslant 0.5(1 - \sin\alpha_0)(D + D_{\rm r}) \tag{12-71}$$

α_0 和 $D_{\rm r}$ 可分别由几何关系求出,故:

$$h_{\rm g} \leqslant 0.5\left[(D + D_{\rm r}) - \sqrt{(D + D_{\rm r})^2 - l^2}\right] \tag{12-72}$$

令 $h_{\rm e} = 0.5\left[(D + D_{\rm r}) - \sqrt{(D + D_{\rm r})^2 - l^2}\right]$,若已知车辆的尺寸参数,就可绘出 $h_{\rm e}$ 和 β 的关系曲线,并评定不同车辆参数对 HUF 的影响。

(2)因车首碰壁而失去通过性的条件。

车辆因车身悬挂而失去通过性即顶起失效(HUF),主要是由两个平面组成的凸起障碍物引起的,而车首碰壁丧失通过性(栽头失效,NIF)则可能在车辆通过由两个、三个或四个平面组成的障碍物情况下发生。

图 12-12 表示一台通过两个平面组成的障碍物并驶进沟里的车辆的情况。深为 h 的沟底和地平面的角度为 β_1。用圆圈代表的车辆前突出部自前轴向前延伸一个距离 $l_1 - l$。

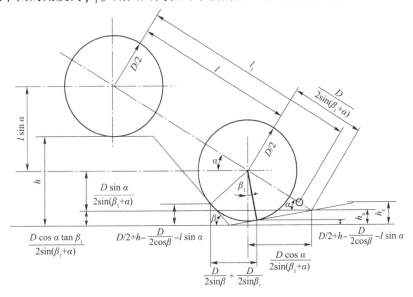

图 12-12　NIF 的几何关系

根据障碍物和车辆的几何关系,NIF 发生的条件是:

$$\frac{D}{2\sin\beta(\beta_1 + \alpha)} \leqslant l_1 - l \tag{12-73}$$

式中:α——车首碰壁时纵轴线的倾斜角。

这里,假定车辆前突出部位于车轮中心线的水平面上,仅仅是为了简化有关表达式。实际上,车辆前凸出部可以放在任何水平面上,因为它所必需的校正既可不改变方法,也可不改变下面的推导。此外,大多数越野车辆的临界突出部位于图 12-6 所示的位置,因此,此处所提到的表达式在大多数情况下能够直接应用。

只要求出角 α,即可解方程(12-73)。而 α 的解可直接从车辆与障碍物的如下几何关系中推出:

$$l\sin\alpha = h + 0.5D - \frac{0.5D\cos\alpha\tan\beta_1}{\sin(\beta_1 + \alpha)} - \frac{0.5D\sin\alpha}{\sin(\beta_1 + \alpha)} \tag{12-74}$$

令 $A = l\sin\beta$；$B = l\cos\beta$；$C = (h + 0.5D)\sin\beta_1 - 0.5D\tan\beta_1$；

$E = (h + 0.5D)\cos\beta_1 - 0.5D$。经代数和三角换算后，式（12-74）转化为：

$$A\sin\alpha\cos\alpha + B\sin^2\alpha - C\cos\alpha - E\sin\alpha = 0 \tag{12-75}$$

式（12-75）可用计算机求解，角 α 在 $0 < \alpha < \beta$ 的范围内选取。

α 确定后，NIF 条件就可建立。在上述例子中，车首碰壁失去通过性将在 $l_1 \geq$ 335.28cm 的情况下发生，即车辆前凸出部自前轴不应该长于 $l_1 - l = 109.22$cm。如果超出这一长度，则车辆碰一坡角等于 β_1、高为 h_r 的那一坡壁面（见图12-12）。若该坡壁面足够坚硬，车辆就不可能继续前进。

对于由不同数目的平面以不同方式组合的凹形障碍物，可以用上述原理确定相应的 NIF 条件。

（3）车辆超越垂直路障的条件。

轮式车辆超越阶状障碍及垂直凸起障碍的性能主要由它们所能克服的垂直障碍的高度来评定。现以 4×4 轮式车辆为例进行越障计算。

①前轮越障。

图12-13 示出了 4×4 轮式车辆前轮超越阶状障碍的瞬间，即前轮即将离地时作用在车辆上的力及有关的几何尺寸。N_1 和 N_2 是地面作用于前后轮的反作用力。φN_1 和 φN_2 是前后车轮与地面接触点处的推力，而 φ 是车轮与地面的附着系数。由此可列出整车垂直及水平方向力的平衡方程及前轴的力矩平衡方程：

$$N_1(\sin\alpha + \varphi\cos\alpha) + N_2 = W \tag{12-76}$$

$$N_1(\varphi\sin\alpha - \cos\alpha) + \varphi N_2 = 0 \tag{12-77}$$

$$\varphi r N_1 + (\varphi r - l)N_2 + aW = 0 \tag{12-78}$$

式中：W——车辆重量的一半；

$\quad\alpha$——作用于越障车轮上的反作用力与水平面的夹角；

$\quad a$——前轴至车辆重心的水平距离；

$\quad l$——车辆轴距；

$\quad r$——车轮半径。

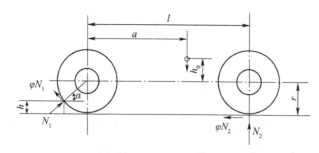

图12-13　前轮越障时作用在车辆上的力及有关尺寸

由式（12-76）和式（12-77）可求得 N_1 和 N_2：

$$N_1 = \frac{\varphi W}{(1 + \varphi^2)\cos\alpha} \tag{12-79}$$

$$N_2 = \frac{(\cos\alpha - \varphi\sin\alpha)W}{(1 + \varphi^2)\cos\alpha} \tag{12-80}$$

将 N_1、N_2 代入式(12-78),可得:

$$[l - \varphi r - (1 + \varphi^2)a]\cos\alpha W - (l - \varphi r)\varphi\sin\alpha W = \varphi^2 r W \tag{12-81}$$

设 $A = \varphi W; B = \left[1 - \varphi\dfrac{r}{l} - (1 + \varphi^2)\dfrac{a}{l}\right]W; \eta = \dfrac{B}{A};$ 式(11-60)等式两边除以 $\varphi l W$,则:

$$\eta\cos\alpha = \left(1 - \varphi\frac{r}{l}\right)\sin\alpha + \varphi\frac{r}{l} \tag{12-82}$$

若阶状障碍物的高度为 h,将 $\sin\alpha = 1 - \dfrac{h}{r}$ 代入式(12-82),可得:

$$\frac{h}{r} = \frac{1 - \varphi\dfrac{r}{l} + \eta^2 - \eta\sqrt{1 - 2\varphi\dfrac{r}{l} + \eta^2}}{\left(1 + \varphi\dfrac{r}{l}\right)^2 + \eta^2} \tag{12-83}$$

式(12-83)为 4×4 轮式车辆前轮可超越障碍高度的无因次表达式。

②后轮越障。

4×4 轮式车辆的后轮开始超越阶状障碍物时,作用在车轮上的力与相应的几何尺寸如图 12-14 所示。此时,前轮处于阶状障碍物的上部,车身呈 β 角倾斜。

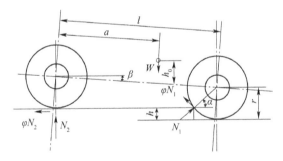

图 12-14　后轮越障时作用在车辆上的力及有关尺寸

由图 12-14 可得,整车垂直及水平方向力的平衡方程及后轴力矩的平衡方程为:

$$N_1 + N_2(\sin\alpha + \varphi\cos\alpha) = W \tag{12-84}$$

$$\varphi N_1 + N_2(\varphi\sin\alpha - \cos\alpha) = 0 \tag{12-85}$$

$$N_1[l\cos\beta + \varphi(r - l\sin\beta)] + \varphi r N_2 = W[(l - a)\cos\beta - h_0\sin\beta] \tag{12-86}$$

由式(12-84)和式(12-85)求出 N_1 和 N_2:

$$N_1 = \frac{(\cos\alpha - \varphi\sin\alpha)W}{(1 + \varphi^2)\cos\alpha} \tag{12-87}$$

$$N_2 = \frac{\varphi W}{(1 + \varphi^2)\cos\alpha} \tag{12-88}$$

将 N_1、N_2 代入式(12-86),可得:

$$\left\{\varphi\frac{r}{l}+\left[(1+\varphi^2)\frac{a}{l}-\varphi\right]\cos\beta+\left[\varphi-(1+\varphi^2)\frac{h_0}{l}\right]\sin\beta\right\}\cos\alpha$$

$$=\varphi\left[\left(\varphi\frac{r}{l}+\cos\beta-\varphi\sin\beta\right)\sin\alpha-\varphi\frac{r}{l}\right] \tag{12-89}$$

而 $\sin\alpha=1-\dfrac{h}{r}$ 和 $\sin\beta=\dfrac{h}{r}=\dfrac{r}{l}-\dfrac{r}{l}\left(1-\dfrac{h}{r}\right)=\dfrac{r}{l}(1-\sin\alpha)$。即使将以上 $\sin\alpha$ 和 $\sin\beta$ 代入计算,也不能如前轮那样求得 h/r_1,但可用试算法解决。可选定重心的前后位置比 a/l,重心高度比 h_0/r,车轮半径比 r/l 及附着系数 φ,并代入式(12-89),用计算机进行反复计算,以寻求适当的阶状障碍物高度比 h/r,使式(12-89)成立。

履带式车辆跨越垂直障碍物的能力显然比轮式车辆强得多,当履带式车辆部分驶上垂直障碍物时,如果它的重心位于障碍物边缘的前方[图12-15a)],那么,它就会恢复水平位置。如果使代表车重的向量向后转动,并使垂直于此向量的线与履带后边相切[图12-15b)],则当车辆在不同的倾斜角度 α 时,1-1′、2-2′、3-3′及4-4′即为车辆在这样的角度下能超越的障碍物高度 h_w。

由图12-15b)可以求得最大的 h_w 值及相应的车辆最大倾斜角 α,也可直接求得在最大 h_w 时履带的离去角 δ,并能提供最优的前轮高度 h_i。一般认为 $h_i\approx h_{wmax}$,一切高于 h_{wmax} 的障碍物都会使车辆纵向倾覆。

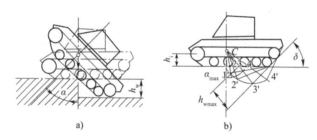

图 12-15 履带式车辆超越垂直障碍物的能力

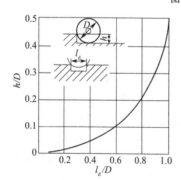

图 12-16 l_d/D 与 h/D 的关系曲线

(4)车辆通过壕沟的条件。

轮式车辆所能克服的壕沟宽度在很大程度上取决于车轮直径和轴距等几何参数。因此,轮式车辆跨越壕沟的性能也和超越垂直障碍物的情况一样,可以用壕沟宽度 l_d 与车轮直径 D 之比来评定。贝克认为,对同一轮式车辆来说,所能克服的垂直障碍高度与车轮直径之比 h/D 可以和 l_d/D 相互转换,如图12-16所示。因而,若已知 h,就可按图12-16中曲线确定 l_d。

库纳(K. Küner)研究了履带式车辆的越障性能。他认为,如果车辆的重心位于 $s+0.7(r_f+r_r)$ 的一半距离,则车辆可以越过宽度为(图12-17):

$$l_a=\frac{4}{9}\left[S+0.7(r_f+r_r)\right] \tag{12-90}$$

式中:S——履带式车辆前、后轮中心的距离;

r_f、r_r——前、后轮的半径。

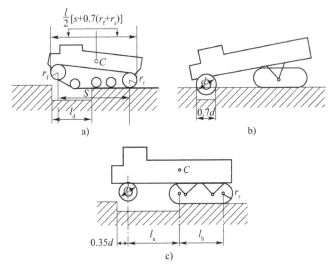

图 12-17 履带式车辆的越壕沟性能

12.5 车辆的软土通过性

车辆在松软土壤上的通过性与土壤的可行驶性密切相关。一方面,车辆在松软土壤上通过的可能性取决于土壤条件;另一方面,土壤保障车辆在其上通过的能力,又与车辆的若干特性有关。因而,本节将把二者联系起来进行讨论。

12.5.1 车辆在松软土壤上运动的能力

贝克认为,车辆在松软土壤上运动的能力取决于挂钩牵引力 F_{KP},即土壤推力 F_K 与行驶阻力 F_f 之差:

$$F_{KP} = F_K - F_f \tag{12-91}$$

F_{KP} 既表示土壤的强度储备,也表示使车辆产生加速度、爬坡或牵引负荷的能力。

现已公认,车辆每单位重量的挂钩牵引力 F_{KP}/G_S 能更准确地评定车辆的软土通过性。车辆的软土通过性,不仅与车辆的设计参数、土壤参数有关,还与滑转率密切相关。

图 12-18 示出了在砂壤土中同吨位级别的履带式及轮式拖拉机的挂钩牵引力比较。12.8t 的履带式拖拉机在 8% 滑转率时可获得 78.45kN 的挂钩牵引力,而 11.3t 的轮式拖拉机在 40% 滑转率时才能获得 58.84kN 的挂钩牵引力。由此可见,履带式车辆比轮式车辆的软地通过性要好得多。

12.5.2 土壤的可行驶性

土壤的可行驶性是指土壤支承车辆通过的能力。土壤承受由运动着的车辆施加的负荷和变形,因此,它的可行驶性必须根据土壤的强度特性及其与车辆性能的函数关系进行评定。它必须既包括土壤值又包括车辆值。

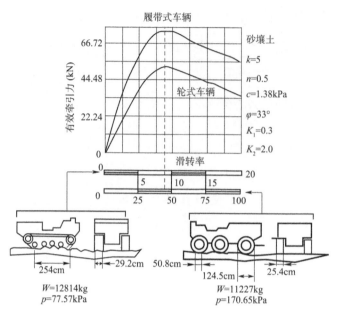

图12-18　履带式及轮式拖拉机的滑转率曲线

这个问题目前还不可能得到严格而完整的解,但简化解经过试用,其实用价值经过了检验,在未找出更好的方法之前,将一直采用它。贝克提出的土壤可行驶性的普遍概念可用式(12-92)表示:

$$\tau_{\mathrm{n}} = C + p\tan\varphi - f_{\mathrm{f}} \tag{12-92}$$

式中:τ_{n}——在均布接地压力 p 下所发挥的有效土壤净推力;

$\quad f_{\mathrm{f}}$——在均布接地压力 p 下的行驶阻力。

式(12-92)是基于以下假设:①在克服同"压实抵抗"造成的阻力中要消耗一部分地面强度,这一阻力等于因土壤压实而损失的能量除以给定能量被消耗时经过的距离。②加载面积为一个刚性的、大长宽比的矩形,并且是均匀加载。

在式(12-92)中,表示土壤净推力的 τ_{n} 值取决于 p。对于某一 p_0,显然有一最大的 τ_{n},它对设计和性能规定了最佳条件,这是一个很重要的事实,因为车辆设计得总是试图选择能提供最大推力 τ_{m} 的单位载荷 p_0。因此,采用 τ_{m}/p_0 这一比值对给定的土壤确定理想的工作参数和设计参数是有益的。

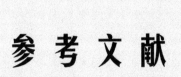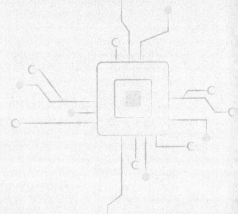

参 考 文 献

[1] 姚怀新.工程机械底盘及其液压传动理论[M].北京:人民交通出版社股份有限公司,2022.

[2] 李文耀.工程机械底盘构造与维修[M].北京:人民交通出版社股份有限公司,2016.

[3] 唐经世.工程机械底盘学[M].2版.成都:西南交通大学出版社,2011.

[4] 王鹏飞.四足机器人稳定行走规划及控制技术研究[D].哈尔滨:哈尔滨工业大学,2007.

[5] BCKKER M G.地面-车辆系统导论[M].《地面-车辆系统导论》翻译组,译.北京:机械工业出版社,1978.

[6] 曹源文,马丽英,归少雄.工程机械发动机原理与底盘理论[M].北京:人民交通出版社,2010.

[7] 洪毓康.土质学与土力学[M].北京:人民交通出版社,1989.

[8] 刘朝红.工程机械底盘构造与维修[M].北京:机械工业出版社,2021.

[9] 代绍军,沈松云.工程机械底盘构造与维修[M].3版.北京:人民交通出版社股份有限公司,2016.

[10] 颜容庆,展朝勇,郑忠敏.现代工程机械液压与液力系统[M].北京:人民交通出版社,2001.

[11] 陈新轩,展朝勇,郑忠敏.现代工程机械发动机与底盘构造[M].北京:人民交通出版社股份有限公司,2014.

[12] 张克健.车辆地面力学[M].北京:国防工业出版社,2002.

[13] 杨红旗.工程机械履带-地面附着力矩理论基础[M].北京:机械工业出版社,1990.

[14] 杨晋生.铲土运输机械设计[M].北京:机械工业出版社,1981.

[15] 王霄锋.汽车底盘设计[M].北京:清华大学出版社,2018.

[16] 郁录平.工程机械底盘设计[M].北京:人民交通出版社股份有限公司,2016.

[17] 赵克利,孔德文.底盘结构与设计[M].北京:化学工业出版社,2007.

[18] 同济大学,西安冶金建筑学院,哈尔滨建筑工程学院.工程机械底盘构造与设计[M].北京:中国建筑工业出版社,1980.

[19] 谭延平,谭喜文,田留宗.工程机械底盘结构原理与维修[M].北京:机械工业出版社,2014.

[20] 王树义.铰接车辆转向力矩的设计计算[J].工程机械,1986(5):12-14.

[21] 王国强,党国忠,程悦苏.多履带行走装置综述[J].吉林工业大学学报,1993(4):113-120.

[22] 王国强,程悦荪,殷涌光.多履带车辆转向性能分析[J].吉林工业大学学报,1994(1):1-9.

[23] 马鹏飞.全液压推土机液压行驶驱动系统动力学研究[D].西安:长安大学,2006.

[24] 王红.混合动力履带推土机动力学建模及控制策略研究[D].北京:北京交通大学,2015.

[25] 姚怀新.工程机械底盘理论[M].北京:人民交通出版社,2002.

[26] 胡永彪,杨士敏,马鹏宇.工程机械导论[M].北京:机械工业出版社,2013.

[27] 姚怀新.车辆液压驱动系统的控制原理及参数匹配[J].中国公路学报,2002(3):117-120.

[28] 顾海荣.160ph 全液压推土机行驶驱动系统匹配参数研究[D].西安:长安大学,2005.